互联网＋职业技能系列微课版创新教材

U0685642

VR全景拍摄与制作
实训教程

束开俊　油锡民　编著

北京希望电子出版社
Beijing Hope Electronic Press
www.bhp.com.cn

内 容 简 介

　　本书详尽介绍了 VR 全景拍摄与制作的基础知识以及实操技巧，并通过商业案例进行讲解剖析，全方位对 VR 全景摄影进行系统介绍。全书注重操作实践，向读者介绍了制作 VR 全景图所需的素材和工具，深入探讨了 VR 全景内容创作以及多媒体应用的原理，包括硬件设备选择、相关软件使用、参数设定、拍摄技巧、后期图像拼接、美化处理以及漫游效果制作等。

　　本书适合职业院校、技工学校、培训机构作为教材使用，也适合对 VR 拍摄与制作有兴趣的读者自学参考。

　　为帮助读者更好地学习，本书提供配套微课视频文件、案例素材文件和源文件，读者可通过扫描书中和封底的二维码获取相关文件。

图书在版编目（ＣＩＰ）数据

VR 全景拍摄与制作实训教程 / 束开俊, 油锡民编著.
北京 : 北京希望电子出版社, 2024. 12. -- (互联网+职
业技能系列微课版创新教材). -- ISBN 978-7-83002
-872-5

Ⅰ. TB864
中国国家版本馆 CIP 数据核字第 20249QK883 号

出版：北京希望电子出版社	封面：汉字风	
地址：北京市海淀区中关村大街 22 号	编辑：祁　兵	
中科大厦 A 座 10 层	校对：龙景楠	
邮编：100190	开本：787mm×1092mm　　1/16	
网址：www.bhp.com.cn	印张：17.5	
电话：010-82626227	字数：415 千字	
010-82620818（总机）转发行部	印刷：北京昌联印刷有限公司	
经销：各地新华书店	版次：2025 年 5 月 1 版 1 次印刷	

定价：46.00 元

编　委　会

前言 PREFACE

随着数码摄影技术的普及，大众对影像品质的追求也日益提高。在追求极致细节的同时，大众对更广阔视角的渴望也随之增强。然而，即便是目前市场上最先进的摄影器材，也难以完全复现人眼所见的景象。为填补这一空白，全景摄影技术横空出世。它突破了传统镜头单一视角的局限，通过旋转拍摄，捕捉人眼视野范围内的全部景物，并利用软件将多张照片拼接成一个完整的全景图像。借助互联网技术，全景摄影技术可以创建VR全景漫游体验，使用户能够实现720°的全方位观景，获得极为真实和丰富的视觉体验。市场对于VR全景摄影的需求正日趋增长，许多行业、公司希望利用这项革新性技术来扩展业务范围。同时，不少摄影爱好者也被全景摄影的独特魅力所吸引，渴望创作出区别于传统照片的全景佳作。

全景摄影不仅要求摄影师具备高超的技术，更需要艺术感的加持。相较于普通摄影，全景摄影在方法与技巧上的要求更为复杂，因此，掌握全景摄影技艺需要投入一定的时间进行学习和实践积累。本书的编写旨在为摄影爱好者和数字内容创作者提供一套完整、系统的专业知识，以助他们迅速掌握VR全景图的创作技巧。本套知识体系不仅融入了720云平台和社区众多摄影师的宝贵经验，还包含了作者在实际拍摄过程中积累的智慧。它为初学者提供了一条系统化学习VR全景摄影的捷径，帮助他们避免常见的陷阱，成为入门者的理想选择。本书的内容设计既注重理论也强调实践，读者不仅能学到操作技能（知其然），还能深入理解其背后的原理（知其所以然）。此外，书中还介绍了如何将所学技艺应用于商业领域，帮助读者实现从初学者到专业人士，再到通过这一技能进行盈利的转变，达成"学以致用，由浅入深，最终实现盈利"的目标。

本书详尽阐述了VR全景拍摄与制作的商业案例，从基础知识到实操技巧一应俱全。全书分为11章，前4章主要讲解初识VR全景、VR全景拍摄设备与软件、工作流程和拍摄实践以及软件PTGui Pro概述，介绍了制作VR全景图所需的素材和工具，包括硬件设备选择、相关软件使用、参数设定、拍摄技巧、后期图像拼接、美化处理以及漫游效果制作等，便于读者迅速掌握全景摄影的基本概念；后7章主要讲解了公园景点、VR眼镜展馆、中式样板间、博物馆、学校、城镇（航拍）和城堡别墅实践案例，其中包括综合应用3ds Max三维建模和VRay灯光技术制作VR全景图，以及使用无人机航拍技术制作VR全景图两个专业案例，可帮助读者一步步地完成不同类型的全景作品，全面掌握拍摄及快速拼接技术。

为了帮助初学者更好地将理论知识与实践操作相结合，本书提供了配套的教学视频和随书素材，以便读者在学习的同时进行动手实践，真正实现"教学做"的一体化学习体验。

本书由束开俊、油锡民编著。何伟、梁志鹏、张宝艳、姜笔支、姚金平和720云平台的全景创作者为本书的编写提供了素材和帮助，在此表示诚挚的谢意。同时也感谢新华集团研究院所有老师和北京希望电子出版社的编辑老师给予的帮助和支持。

由于编者水平有限，书中难免有错漏与不妥之处，恳请广大读者批评指正。

编　者

2024年6月

- AI伴学助手
- 配套资源
- 精品课程

扫码获取 · 进阶训练

VR 全景拍摄与制作实训教程

PREFACE

目　录 CONTENTS

第 1 章　初识VR全景

第 2 章　VR全景拍摄设备与软件

第 3 章　工作流程和拍摄实践

第 4 章　PTGui Pro的概述

第 5 章　公园景点VR全景的拍摄与缝合

第 6 章　VR眼镜展馆VR全景的拍摄与缝合

第 7 章　中式样板间VR全景的三维建模与发布

第 8 章　博物馆VR全景的拍摄、修补与分享

第 9 章　学校VR全景的拍摄与缝合

第 10 章　城镇VR全景的航拍与缝合

第 11 章　城堡别墅VR全景的拍摄与缝合

· AI伴学助手

· 配套资源

· 精品课程

· 进阶训练

第1章

初识VR全景

◢ 本章导读

人类，通过眼睛看世界；摄影，通过镜头看世界。

VR是"Virtual Reality"的缩写，指的是虚拟现实技术。虚拟现实全景技术是一种在全球范围内迅速发展并逐渐普及的新型视觉技术。这项技术通过专业相机捕获整个场景的图像信息，然后借助拼接软件将这些图片合成为一个完整的视图，或是利用三维建模软件创建并渲染出完整的空间图像。

利用VR全景内容制作和分享平台，可以创造可供用户通过VR设备进行全景漫游的虚拟环境（允许用户在全景中自由切换视角）。此技术将二维平面图像转换为模拟的三维空间，为用户带来前所未有的真实感和互动体验。VR全景漫游因其强烈的沉浸感和交互性，受到了越来越多人的喜爱。

这些进步并非偶然，它是随着人们对影像品质日益增长的追求所催生的必然结果。商业应用的需求与互联网的自由分享精神相结合，加速了摄影技术，尤其是VR全景摄影的发展速度，它超越了以往任何时期。现在，让我们共同探索VR全景摄影的奥秘，踏入这个充满创新的摄影新领域吧！

◢ 效果欣赏

"秦始皇兵马俑博物馆"VR 欣赏，如图 1-1 所示。

图 1-1 "秦始皇兵马俑博物馆"VR 欣赏

◢ 学习目标

了解 VR 全景的几个名词的含义。

了解 VR 全景摄影的由来与发展。

了解 VR 全景的应用领域。

理解 VR 全景摄影的特点。

· AI伴学助手

· 配套资源

· 精品课程

· 进阶训练

◢ 技能要点

掌握全景照片的分类。

掌握 VR 全景的分类。

掌握 VR 漫游制作工具的基本操作。

◢ 实训任务

"清华园全景游校园"VR 欣赏，如图 1-2 所示。

图 1-2 "清华园全景游校园"VR 欣赏

1.1 VR全景的起源和发展

在全书的开篇，我们先对 VR 全景的几个名词的含义进行介绍。

1. 全景摄影

全景摄影是一种摄影方法。摄影是指使用某种专门设备进行影像记录的过程。而全景摄影是在摄影的基础上在水平面或竖直面上转动相机进行的一种摄影方式。

2. 全景接片

全景接片，也称全景合成或全景拼接，是指将多张单独的照片按照一定的规则和算法组合在一起，以模拟出一种全景体验。在本书中也指一种图像类型的名称，通过从左到右，或者从上至下的顺序分别采集若干张照片，再进行拼接形成矩形长画幅照片。

3. 全景图

全景图是一类图像的总称，涵盖了 VR 全景图、全景接片和矩阵图等多种格式。例如，当使用手机相机的全景模式进行拍摄时，所产生的照片通常被称为全景图。鉴于市场上普遍将普通的宽幅接片也称作全景图，为了明确区分并便于理解，本书将720°的全景图特别定义为 VR 全景图。

4. VR 全景图

VR 全景图是一种可以支持720°观看的图像类型，它能够覆盖一个场景的所有视角。本书将重点讲解如何制作这种图片，包括720° VR 全景图和球形 VR 全景图等，这些术语虽然叫法不同，但意义相同，都是指可以全方位观看的全景图像。

5. 全景视频

全景视频是一种能够提供720°观看体验的视频类型，包括 VR 视频和180°视频等格式。为了术语的统一，本书所指的全景视频特指那些可以实现全方位观看的视频影像类别。

6. VR 全景漫游

VR 全景漫游是指将单张或多张全景图片编排成一套完整的视觉材料，用户可以通过计算机、手机或 VR 眼镜等设备进行交互式观看，实现在场景中虚拟漫游的效果。

> **提示** 自摄影技术发明以来的180多年时间里，摄影师们一直不懈追求的是能够捕捉到与人眼相媲美、甚至超越人眼分辨率和视野范围的图像。至今，摄影技术在这两个方面的发展水平与人眼相比仍存在差异。在分辨率方面，现代相机可以捕获极其精细的细节，但在极端条件下，如低光照或高动态范围场景等，人眼的处理能力往往优于相机。在场景大小方面，虽然相机可以通过广角镜头和全景技术捕捉广阔景象，但人眼拥有更自然的广角视野和无缝拼接的能力。此外，人眼对于快速移动物体的追踪和在不同光线下的适应能力也是现代摄影技术努力追赶的目标。总之，尽管摄影技术取得了巨大进步，但在某些方面，它仍无法完全达到人眼的表现水平。

1.1.1 全景绘画

"全景"一词实际上已经深深融入我们的日常生活中。传统上，任何比普通图像更大且更全面的视觉表现都可以被称作全景。例如，在古代，画家就已经开始创作全景艺术作品了。全景艺术作品因其更广阔的画面将带给观者更强、更震撼的视觉冲击力。

让我们从北宋时期画家张择端所绘制的《清明上河图》（见图1-3）开始探索全景艺术的历史。这幅画超过5 m，详细记录了北宋时期都城东京（今河南开封）的城市景观和当时居民的生活状态。这表明，早在北宋，就已有艺术家渴望通过一件作品来展示信息量庞大的场景。张择端希望将整个都市的生活百态集于一幅画之中，这可谓是最早的全景图之一。而今随着摄影技术的不断进步，创作一幅全景图已远比过去简便。现在，我们可以借助相机轻松地记录下一个充满活力的全景场景。

图1-3 "清明上河图"VR欣赏

1.1.2 全景摄影

早在1860年，意大利战地摄影师菲利斯·比托（Felice Beato）就在北京的南城墙上架设了他的相机，将古老都城的风貌收入镜头之内。每拍完一张照片，他就会调整相机的镜头方向，就这样，他拍下了多张照片，完全依靠肉眼的观察和判断来保证影像的连续，最后呈现在人们眼前的照片是由6张照片组成的"全景接片"。

这是与北京有关的最早的全景摄影作品。这幅作品拼接后宽165 cm、高20.3 cm，是菲利斯·比托最著名也是最重要的作品之一（见图1-4）。因早期采用的摄影技术的工艺非常复杂，拍摄全景接片时，想要将多张照片完美地拼接起来，需要摄影师具有高超的技法。

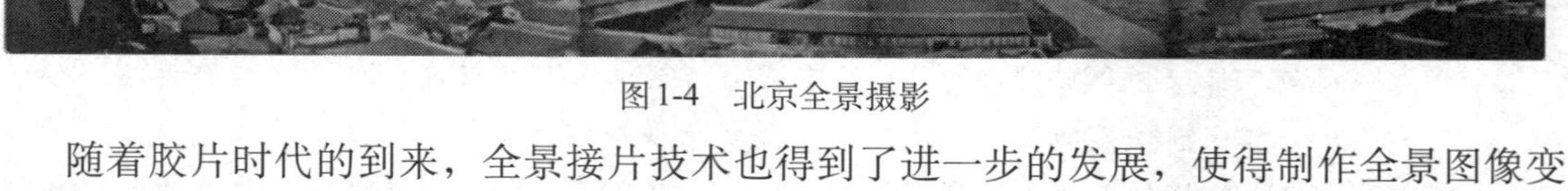

图1-4 北京全景摄影

随着胶片时代的到来，全景接片技术也得到了进一步的发展，使得制作全景图像变得更加容易。如今我们经常听说的"剪辑师"这一职业，在胶片时代主要负责对电影胶片进行物理剪裁、排序和组合。剪辑师在剪辑电影胶片时会使用剪辑台来挑选合适的镜头，然后用剪刀将胶片剪开，形成可以自由组合的片段。接着，他们会根据自己的创意和叙事需求，使用接片工具将各个镜头拼接起来，并在剪辑台上预览效果。确定无误后，再将胶片粘合（见图1-5）。

图1-5　胶片拼接

在胶片时代，全景照片的后期制作过程也是类似的。首先，摄影师会冲洗拍摄得到的胶片，再通过仔细比对进行后期处理，将各张照片精准重合拼接。接着，他们会在剪辑台上检查拼接效果，一旦满意，就将胶片粘合在一起，最后进行照片洗印。

胶片拼接主要适用于那些被拼接的照片之间重叠部分没有严重扭曲变形的情况。如果使用鱼眼镜头等造成严重畸变的镜头拍摄，那么画面将很难准确拼合。因此，胶片时代的全景照片多是对使用长焦镜头拍摄的照片进行拼接。这就是在数码相机普及之前，全景照片的主要生产方式。

1.2　VR全景图

VR全景图并非普通的图片，它包含了720°的影像内容，记录了完整的空间，因此它不仅仅是一个大画幅的图片这么简单。那么何为VR全景图呢？

1.2.1　何为VR全景图

首先通过数码相机把完整的空间环境一览无余地捕捉、记录下来，形成图像信息，再使用拼接软件进行图片拼合（或者使用建模软件直接渲染出完整空间的图片），将视角范围达到720°的内容全部展现在一个二维平面上，这就形成了VR全景图。图1-6所示为展现大唐不夜城的一张VR全景图。

图1-6　"大唐不夜城"VR欣赏

随着数字影像技术和互联网技术的快速发展，现在人们已经能够使用一个专用的VR全景播放软件在计算机或移动设备中显示VR全景图，并可以调整观看的方向。也可以在一个窗口中浏览真实场景，将平面照片变为720°VR全景漫游进行浏览。如果带上VR头显（虚拟现实头戴式显示设备），还可以把二维的平面图模拟成三维空间，使观者有身临其境的感觉。观者通过交互操作可自由浏览，体验VR世界（见图1-7）。

图1-7　VR头显

1.2.2　VR全景摄影的由来

数码摄影时代的到来彻底打开了全景摄影这扇大门，人们现在能够利用后期处理软件轻松拼接出大幅的全景图像。而在早期，制作全景照片需要摄影师在暗房内手工处理胶片，这不仅耗时耗力，成本也相对较高。现如今，借助数字技术合成一张全景图像变得简单快捷，而且利用图像编辑软件进行数字影像的处理和编辑也变得异常便捷。

VR全景摄影是数码全景接片技术的演进和升级。许多摄影师在涉足VR全景摄影之前，已经积累了丰富的接片经验。所谓"接片"，是指利用相机有限的镜头视角，对超出该视角范围的场景进行连续、顺序的拍摄，以捕捉全部所需场景。随后，通过将各个场景画面拼接在一起，形成一张完整的照片。例如，手机相机中的全景模式就是一种接片技术的应用。用户通过移动手机来记录更宽广的画面，手机会自动处理并拼接这些画面，从而得到一幅宽幅的接片图像。这样的宽幅照片可以视为VR全景的一部分。当记录下来的空间内容达到720°范围时，便构成了一个完整的VR全景图。本书主要介绍VR全景图的拍摄和制作方法。通过学习VR全景摄影，可以掌握全景接片的技巧。全景接片的应用非常广泛，如拍摄银河拱桥、风光大片等。图1-8所示为华清池夜景的VR全景图。

图1-8　"华清池夜景"VR欣赏

1.2.3　全景照片的分类

全景照片可以分为单张平面图片、宽幅接片、柱形全景图、VR全景图4类。

1. 单张平面图片

单张平面图片（见图1-9）指的是那些水平视角小于100°的图像。在通常情况下，使用标准镜头拍摄的照片都可以归类为单张平面图片。在尝试捕捉宽阔的大场景时，摄影师往往会选择使用广角镜头。这样做的一个常见现象是，照片的四个角落可能会出现偏暗的情况，这种现象有时被摄影师作为一种创意手法，利用角落的暗化（也称为"影晕"）来突出主体元素。但如果想避免这种情况，就需要拍摄第二类全景照片——"宽幅接片"。

图1-9　单张平面图

2. 宽幅接片

宽幅接片是指水平视角大于100°、小于360°的接片图像。之所以将水平视角定为大于100°、小于360°，是因为目前的主流镜头厂商所推出的超广角镜头（除了鱼眼镜头之外）的水平视角大都在100°以下，拍摄者需要通过接片的方式来形成超宽幅的图像。这种方式一般用于风光摄影，是使用频率很高的一种接片方式。图1-10展现的就是使用70 mm镜头获得的宽幅接片。

图1-10　宽幅接片

3. 柱形全景图

柱形全景图（见图1-11）是指水平（垂直）视角达到360°，而垂直（水平）视角小于180°的图像。从图1-11中可以观察到，这种图像呈现出左、右两边连接在一起的柱状形态。柱形全景图通常用于拍摄人像合影。在拍摄多人合影时，被摄者需要围成一圈，然后摄影师旋转相机环绕一圈进行拍摄，以捕捉到所有人的影像。拍摄完成后，通过后期软件将这些影像拼接起来，制作出完整的合影。

图 1-11　柱形全景图

4. VR 全景图

VR全景图（也称为球形VR全景图）是指具有360°的水平视角和180°的垂直视角的图像（见图1-12）。这种类型的图像有多个名称，包括360°VR全景图、球形VR全景图和三维VR全景图等。VR全景图的应用范围非常广泛，包括但不限于室内建筑摄影、风光摄影、航拍等领域。本书的后续章节将详细介绍这些不同的应用场景。

图 1-12　VR全景图

1.2.4　VR全景的分类

2016年被众多媒体誉为"VR元年"。随着VR技术的迅猛发展，各个行业开始涉足VR领域，涌现了大批与VR相关的创业公司。VR全景作为其中的一个重要分支，也受到了媒体的广泛关注，并逐渐成为大众所熟悉的领域。当前的VR全景技术主要分为全景视频和VR全景图像两大类。

关于全景与VR的关系，存在不同的观点。有人认为全景即是VR，而有人则认为VR全景只是VR的一部分。实际上，VR全景内容是VR产业的一种初级且重要的形态，它属于广义上的VR范畴。作为一种易于普及和传播的影像方式，VR全景在影像产业中占据着举足轻重的地位。结合终端显示设备（见图1-13），VR技术能够为用户提供沉浸式体验，使用户仿佛置身于一个虚拟空间之中。这种技术的发展极大地丰富了我们获取信息的方式，为用户带来了全新的视觉体验。

图1-13　终端显示设备

虚拟现实场景主要分为两大类：一类是虚拟的场景，类似于游戏场景或虚拟建模刽作的场景；另一类就是本书主要讲解的通过数码相机采集的真实场景（实景）。

接下来介绍VR全景的分类。

1. 虚拟场景

虚拟场景是指那些通过软件创建并最终呈现给观众的环境。例如，在电影《头号玩家》中（见图1-14），故事设定在2045年，讲述了一个现实生活中感到迷茫、沉迷于VR游戏的青年，依靠对虚拟游戏的深刻理解，历经挑战，成功完成了游戏任务。当男主角戴上VR显示设备时，他仿佛踏入了一个现实的世界，一切都显得极为逼真，场景的交互性和真实感都表现得非常强烈。

图1-14　《头号玩家》

2. 真实场景

真实场景通常是通过实地拍摄来捕捉并记录现实世界的样貌，然后再展示给观众。

VR技术以其强大的沉浸感著称，能够将观众带入一个仿佛真实的虚拟空间。例如，淘宝开发的Buy+虚拟购物平台就运用了这项技术，这个平台主要用于在线购物体验，其中融合了虚拟和真实场景的元素。用户首先在虚拟的环境中选择不同区域（见图1-15），随后可以切换到基于真实世界拍摄的VR全景场景中，以此模拟出一种接近现实的购物体验。

图 1-15　Buy+ 虚拟购物平台

3. 实景 VR 全景的地面图

实景 VR 全景的地面图是指将全景相机安装在三脚架上，再把三脚架固定在地面拍摄取景的一种方式。通常使用一体式 VR 全景相机或单反相机对空间进行完整记录，再通过拼接形成对应空间的 VR 全景图片。地面 VR 全景的拍摄角度采用人视角度，拍摄采用的高度不同则对拍出 VR 全景图的视觉将大有不同。根据相机机位的高低可分为普通视角 VR 全景图（人视 VR 全景图）、高杆 VR 全景图和悬空 VR 全景图等。

（1）普通视角 VR 全景图

普通视角 VR 全景图是指人站立时平视下拍摄的全景图。这类图的视角高度和人正常站立平视时的高度一致，所以也称人视 VR 全景图，这种 VR 全景图在视觉上感受更真实，如图 1-16 所示。

图 1-16　人视 VR 全景图

（2）高杆 VR 全景图

高杆 VR 全景图是指使用比较高的摄影三脚架等设备将相机的机位架高，让相机在离地面 3 m 以上的情况下拍摄的图像。在比较空旷的场景下适合使用此种方法，如剧院、广场、古建筑等。高杆 VR 全景图会给人一种视界宽广大气的感觉，如图 1-17 所示。

图 1-17　高杆 VR 全景图

（3）悬空 VR 全景图

悬空 VR 全景图大致可分为两种，一种是普通视平线高度，但在机位悬空的位置，用横杆将相机伸入自己不方便进入的地方拍摄的 VR 全景图，例如用横杆伸入的方式拍摄汽车内饰的 VR 全景图。

另一种是在高大建筑物高层的窗口或露台上，用横杆将相机伸出窗外拍摄的 VR 全景图。需要注意的是，这种拍摄方式通常风险偏高，拍摄时需要做好安全措施。例如，唐山抗震纪念碑广场夜景，灯光五彩斑斓，高楼大厦林立，如图 1-18 所示。

图 1-18　悬空 VR 全景图

4. 实景 VR 全景的航拍图

实景 VR 全景的航拍图是通过无人机或者摄影师乘坐直升机等交通工具进行俯瞰拍摄的，目前大多使用民用无人机进行拍摄。以大疆的民用无人机为例，无人机都带有相机及云台，可以远程操控云台从而控制相机的取景。航拍 VR 全景拍摄时通过旋转无人机云台的方式对空间进行完整记录，并通过后期拼接处理对无人机无法记录的天空部分进行弥补，从而制作出航拍 VR 全景图。这种航拍视角所带来的视觉效果极为震撼，展现了从高空看到的地面景观，如图 1-19 所示。

图1-19　实景VR全景的航拍图

5. 虚拟 VR 全景的效果图

这类的全景图通常是通过软件制作的，创建虚拟场景会用到的三维软件主要有 SketchUp、Maya、3ds Max、U3D、UE5等。这些软件通过对环境进行搭建和对场景里的物体进行建模，来制作VR虚拟场景。

常见的方式是使用3ds Max软件构建空间，并将相应的模型放置其中，然后对灯光和材质贴图进行精细调整（详细步骤将在后续章节中进行介绍）。场景构建完成后，设置一个VR全景相机，渲染出画面比例为2：1的VR全景图，以此来模拟真实空间。这样就生成了建模场景的虚拟VR全景图，如图1-20所示。

图1-20　虚拟VR全景效果图

6. 虚拟 VR 全景的游戏图

在三维游戏中，如《赛博朋克》等作品，都是先搭建完整的空间，然后再呈现给玩家。这些精心构建的空间同样可作为VR虚拟场景。目前，有一类专业人士被称为"游戏摄影师"，他们的工作是先确定一个视角，然后捕捉每个角度的图像，最后通过软件进行拼接，从而生成一张虚拟VR全景图，如图1-21所示。

图 1-21　《赛博朋克》三维游戏

7. 虚拟 VR 全景的手绘图

　　虚拟 VR 全景的手绘图是原画师或插画师在软件中以手绘方式完成的。他们通常使用 VR 全景的网格参考线来确定透视关系，有些甚至直接在三维空间中进行绘制。首先，他们会构想出 VR 全景的场景空间，然后直接绘制出 VR 全景图，并通过不断修正以达到理想的效果。《赤壁之战》就采用了手绘的 VR 全景图，生动地再现了当时的战争场景，如图 1-22 所示。

图 1-22　《赤壁之战》VR 全景图

1.2.5　VR全景的应用领域

　　VR 全景的应用领域包含 VR 全景漫游技术，可应用于多个领域。作为一种 H5 漫游作品，它具有跨平台兼容性和易于访问的特点，这使得它可以被应用在各种不同的场景中。例如，用户可以通过 VR 全景漫游来欣赏世界各地的自然风光、参观著名的历史建筑、挑选酒店、评估学校环境、查看汽车内饰细节、体验云端旅游等。

1. 纪念馆全景展示

　　在线上展会和红色旅游领域，我们常常在参观纪念馆时产生"不识庐山真面目，只缘身在此山中"的感觉。为了解决这一问题，景区 VR 全景展示应运而生。它利用无人机航拍技术捕捉景区的全景图像，并以高空视角展现景区的整体环境。通过VR全景播放器，游客可以获得身临其境的体验。此外，结合景区游览图的虚拟导览展示，还可以制作出各类纪念馆纪念品，如VR地图、VR旅游线路指引等，为游客提供更丰富的互动体验。

接下来，将以纪念中国人民志愿军抗美援朝70周年数字展馆的VR全景展示为例进行介绍。中国人民志愿军抗美援朝代表了每个中国人"铭记伟大胜利，捍卫和平正义"的使命，每个中国人都应纪念这些英雄的伟大事迹。现在，借助科技的力量，我们可以"穿越"到纪念中国人民志愿军抗美援朝70周年的数字展馆中，通过VR全景的方式沉浸地体验这段历史。只需使用手机扫描图1-23中的二维码，就可以打开数字展馆的VR全景内容。在VR全景内容中，游客可以在线上自由漫游数字展馆，还可以在平台上发表自己的感想，这将带给游客一种非常独特和奇妙的体验。这项技术能够更生动、更真实地展现中国人民志愿军抗美援朝的英雄视角，让人们无论身处何地，都能随时参观纪念中国人民志愿军抗美援朝70周年的展览，如图1-23所示。

图1-23　数字展馆VR全景

2. 校园 VR 全景展示

在VR云看校、云招生、云教学以及VR毕业合影等方面，校园VR全景展示技术为学校宣传提供了新的可能。通过这项技术，人们无论身处何地，都可以随时参观优美的校园环境，这无疑能吸引更多学生对该学校产生兴趣并报考。学校可以制作以"迎新季""毕业季"等主题的VR全景图，将其发布到网络上进行宣传，让潜在的学生和家长在决定是否报考或选择该学校时，能够更加直观、全面地了解学校环境及设施。同时，这些线上VR全景图也可以作为智慧校园平台的一部分，展示学校的风光、设施、活动等各方面的信息，增强学校的现代化教育形象。

例如，2017年全国百所高校VR迎新生公益活动是由720云平台与中国教育在线共同打造的线上公益活动。该活动旨在为高校提供一个高品质、全方位的校园VR全景展示平台。借助迎新季的契机，此活动在全网范围内真实地展现了校园的优良办学环境，广泛传播了院校的优质品牌形象，从而提升了高校的社会知名度与关注度。西北工业大学的校园展示便是该活动的一部分，如图1-24所示。

图1-24　西北工业大学校园VR

参与此活动的同学，在单击进入高校VR全景图后，屏幕会直接展示校园内真实的迎新场景。同时，精确的地图导航功能可以帮助大家快速了解从自己所在地到学校的最优路线。此外，包含迎新信息的精美卡片还能为新生提供完整的报道流程、学校住宿条件等实用信息。

3. 旅游景区全景展示

在线上文博馆、3D文物方面，许多知名的旅游景区都以VR全景展示的方式来吸引游客，例如陕西省西安市兵马俑景区。秦始皇兵马俑是世界考古史上最伟大的发现之一，1987年，秦始皇陵及兵马俑坑被联合国教科文组织批准列入《世界遗产名录》，并被誉为"世界第八大奇迹"，先后有200多位国家领导人来此参观访问，成为中国古代辉煌文明的一张金字名片。目前，秦始皇兵马俑已挖掘出3个俑坑，其中的兵马俑陪葬坑是世界最大的地下军事博物馆。然而，通过VR全景技术，参观者可以不用亲自到现场，就能体验仿佛置身其中的感觉。只需使用手机扫描图1-25中的二维码，便能在线上开始兵马俑的虚拟漫游之旅，享受沉浸式观赏体验。

图1-25　"秦始皇兵马俑"VR欣赏

4. 酒店公寓全景展示

使用VR全景酒店公寓展示可以增加商家在网上的订房量，展示酒店的地理位置、舒适的环境、品质的服务，更能增强客户的体验感，在手机端就可以提前浏览观光酒店的外貌以及内部的功能，在VR全景中可以预订功能和体验服务，如图1-26所示。

图1-26　全景酒店公寓

5. 房产土地全景展示

随着VR全景技术在房地产领域的广泛应用，传统的平面图展示方式已逐渐被立体的VR全景漫游所取代。这种技术的运用打破了只能线下看房的限制，为潜在购房者提供了全新的线上看房体验。例如，利用VR售楼部，客户可以实现720°全方位浏览楼盘的不同户型，从而更加直观地感受空间布局与设计。通过VR电子楼书、VR小区和VR看房等应用，用户无须离开家门，即可深入了解房产的详细信息，包括小区环境、配套设施、交通状况等，如图1-27所示。

图1-27　全景房地产

6. 数字政企全景展示

随着VR技术的融入，智慧园区、企业、政务服务乃至党建工作都迈入了一个新的数字化时代。利用VR技术，这些领域能够通过网络实现远程虚拟浏览，让用户能够在移动端轻松查看政务和党建设施，无须亲自到访即可体验线下实景空间。这种线上展示方式不仅方便用户随时随地进行远程考察，还能有效消除他们的疑虑并增强信任感。通过VR技术的应用，线下办事流程和服务窗口被转化为情景化的直观展现，使得群众可以通过虚拟导览快速定位并找到相应的办理窗口，如图1-28所示。

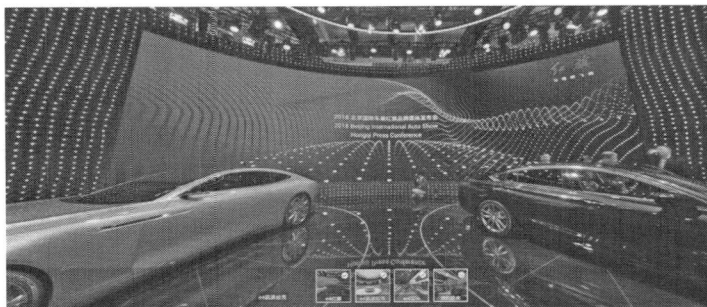

图 1-28　全景智慧园区

7. 生产制造全景展示

VR智慧工厂、VR智慧农厂以及VR车展等应用，为生产制造与农业产业提供了全方位的数字化展示和推广解决方案。这些解决方案包括VR/3D漫游展示、虚拟数字人接待、产品3D模型和环境展示等，使得这些行业能够展现其核心竞争力，并增加远程"云对接、云交易"的机会。通过利用VR技术进行线上营销，企业能够在激烈的同行业或区域竞争中凸显自己的差异化优势，提升品牌形象，如图1-29所示。

图 1-29　VR车展

1.2.6　VR全景摄影的特点

VR全景摄影具有如下3个显著特点。

第一，VR全景摄影技术能够捕捉并记录更加广阔的场景。当观众通过专门的播放器观看VR全景图像时，他们能够与图像内容进行互动，就好像自己置身于画面之中一样，能够自由地从任意角度观看想要看到的场景（见图1-30）。

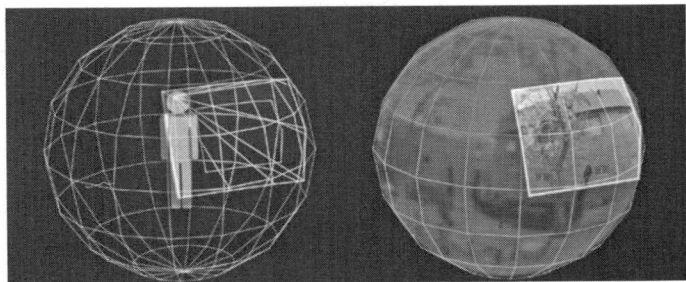

图 1-30　VR全景图像

第二，VR全景摄影采用的大像素拍摄技术让画面拥有极高的清晰度，有时甚至能达到亿万像素级别。举例来说，在图1-31中所示的全景图像中，放大后也能清晰地观察到远处高楼上的细节（如铆钉等）。

图1-31　亿万像素图

第三，VR全景摄影技术结合包围曝光合成技巧，能够捕捉到现实生活中的绝大多数光线变化，从而记录下接近人眼所见实际场景的色彩和光线。这种技术极大地扩展了光线记录的动态范围。在图1-32展示的VR全景漫游作品中，我们可以看到通过包围曝光合成实现的丰富光线效果。图片中远处云彩的细节清晰可见，展现了VR全景技术的高动态范围优势。

图1-32　曝光合成图

1.3　VR漫游制作工具

随着科技的不断进步和人们审美水平的提升，VR全景技术也在经历快速的迭代发展。从古代的《清明上河图》全景绘画，到现代的VR全景摄影，再到沉浸式的VR全景漫游，内容的呈现方式虽然在不断变化，但人们对信息获取方式的便捷性、对内容全面性的渴望却始终未变。接下来，我们将探讨 VR 全景漫游是如何制作的。

第一步，访问 720 云平台网站，打开如图 1-33 所示的页面。由于该网站在不断更新，看到的画面与图 1-33 有可能不一致，但基本操作步骤相同，请根据理解进行操作即可。

图 1-33　720 云平台

第二步，注册或登录。单击右上角的"注册/登录"按钮，弹出"账户登录"界面，如图 1-34 所示。如果之前已经注册过账号，使用密码或微信登录即可。如果还未注册，可单击"账户注册"选项，按照账号注册流程进行注册。

第三步，开始创作。登录后单击右上角的"开始创作"→"720 漫游"选项，如图 1-35 所示。在打开的页面（见图 1-36）中单击"从素材库添加"或"从本地文件添加"按钮，选择或上传所需的图片、视频等素材文件。上传后可在页面右侧区域（见图 1-37）中设置"作品标题""界面模版""作品保存到""作品分类"等信息，完成后单击"创建作品"按钮，即可完成新作品的创作。

图 1-34　登录界面

图 1-35　开始创作

图1-36　创建作品页面

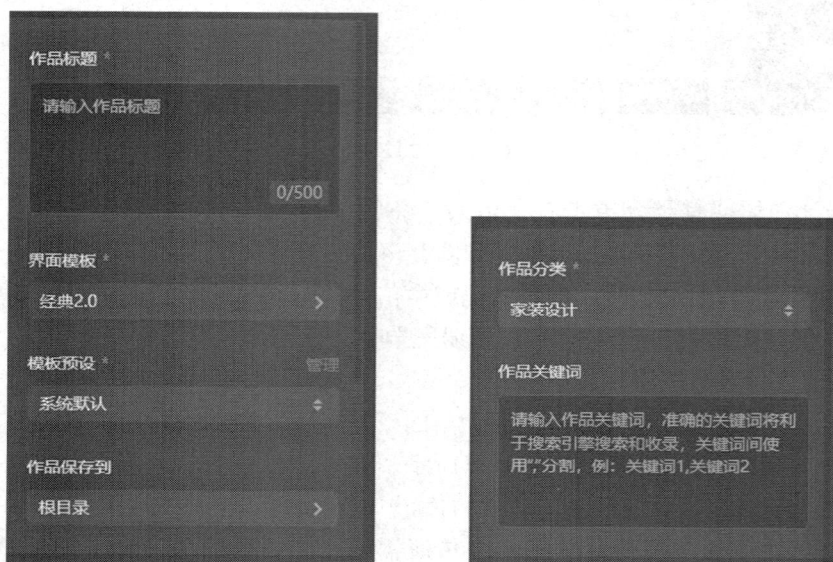

图1-37　设置作品信息

第四步，细节编辑。创建完成后，还可以对作品进行各种细节的编辑，如图1-38所示。

图1-38　细节编辑

第五步，分享作品。单击右上角的"保存"按钮，保存设置好的效果。然后单击"分享"按钮，在如图 1-39 所示的界面中按需分享即可。

图 1-39 分享作品

只有掌握了 720 VR 全景漫游的使用技巧，我们才能更深入地去理解 VR 全景图像的拍摄和制作过程。

❖ 项目攻略 制作 VR 全景纪念相册

【项目导入】

本项目为 VR 全景纪念相册的制作，用以表示对袁隆平的深切怀念和敬仰，效果如图 1-40 所示，可用手机扫描二维码观而敬仰。

图 1-40 VR 全景纪念相册

【项目说明】

2021 年 5 月 22 日 13 点 07 分，被誉为"杂交水稻之父"的中国工程院院士、"共和国勋章"获得者袁隆平在湖南长沙逝世，享年 91 岁，深切缅怀并以 VR 全景相册表示纪念。

【项目操作】

步骤 01 使用 Photoshop 软件，制作长、宽比例为 1：1（30 cm × 30 cm）的 6 张图像，并命名为 top.jpg、bottom.jpg、front.jpg、back.jpg、left.jpg、right.jpg，如图 1-41 所示。

back bottom front

left right top

图 1-41 制作 6 张图像

步骤 02 启动 pano2VR 软件，软件界面如图 1-42 所示。

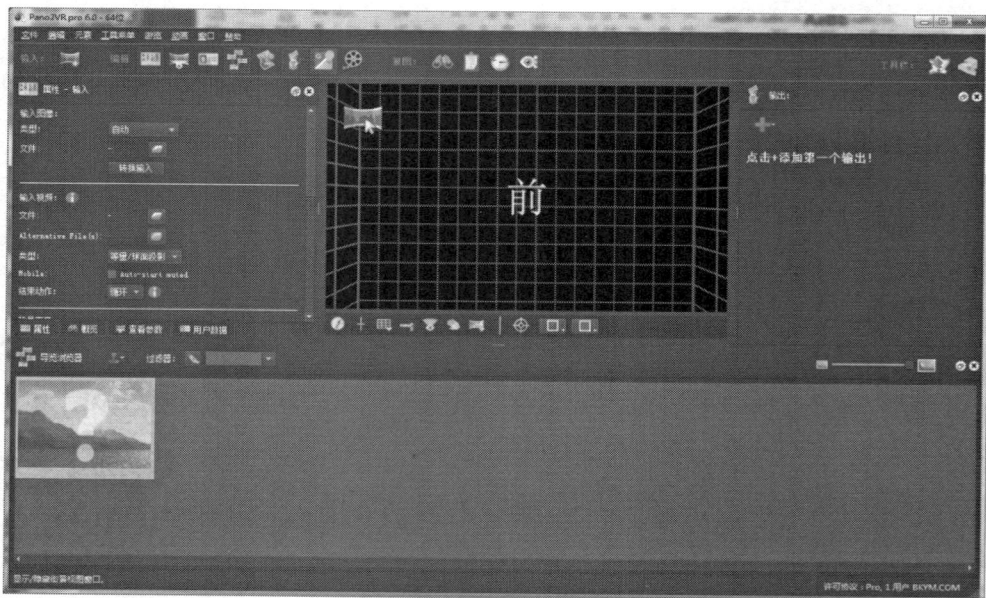

图 1-42 软件界面

步骤 03 在界面左侧的"属性 - 输入"面板中（见图 1-43），单击"输入图像"→"文件"右侧的 ▨ 按钮，选择在 Photoshop 中已编辑好的 6 张素材图像 top.jpg、bottom.jpg、front.jpg、back.jpg、left.jpg、right.jpg，打开其中一张。

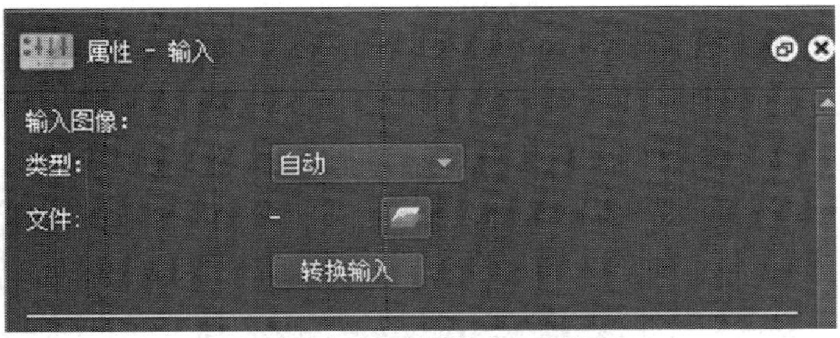

图1-43 "属性 - 输入"面板

步骤 04 打开后的效果如图1-44所示。

图1-44 输入后界面

步骤 05 在"输入图像"区域中单击"转换输入"按钮,在弹出的"转换全景"对话框中进行相应设置,如图1-45所示。

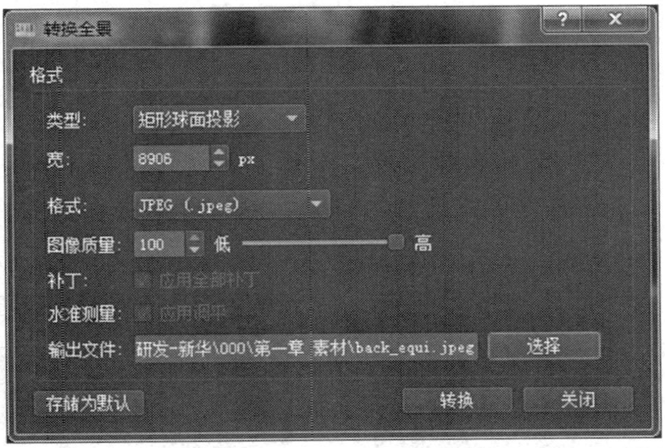

图1-45 "转换全景"对话框

步骤 06 单击"选择"按钮,设置输出文件路径,然后单击"转换"按钮,输出的全景效果图如图1-46所示。

图1-46　输出的全景图

在完成全景图的制作后，可以使用Pano2VR软件进行编辑并将其导出为720全景格式，但请注意这样的全景图只能在计算机端进行浏览。为了达到更佳的展示效果并便于分享，可以选择在互联网平台上进行编辑和发布。

步骤 07　使用浏览器访问官方网站，注册并登录。单击右上角的"开始创作"→"720漫游"选项，如图1-47所示。在打开的页面中单击"从本地文件添加"按钮，弹出"版权保护提醒"界面，如图1-48所示，保持默认设置，单击"上传素材"按钮，上传步骤6中制作的全景图。

图1-47　开始创作

图1-48　版权保护提醒

步骤 08　在网页界面上可以看到上传进度，如图1-49所示。待上传结束后，将显示缩略图，如图1-50所示。在左侧的栏目里输入作品标题、作品分类等信息，如图1-51所示。完成后单击"创建作品"按钮。

图1-49　上传进度

图1-50　缩略图

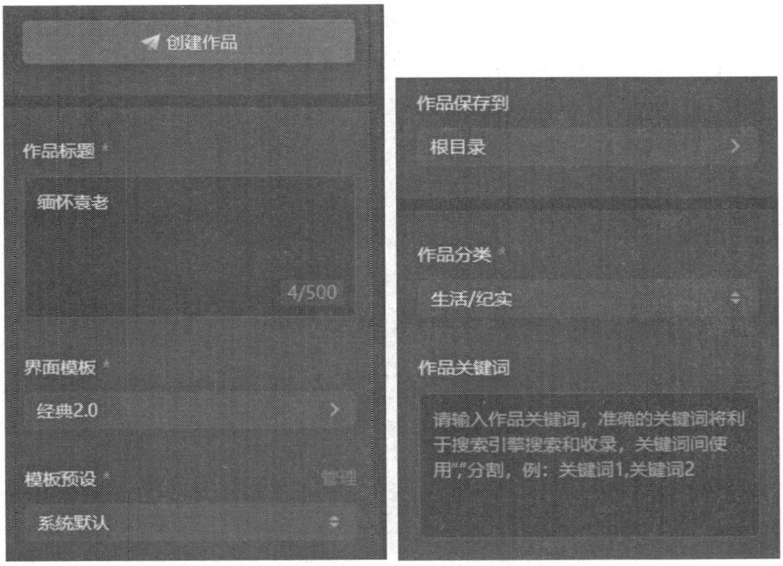

图1-51　设置作品信息

步骤 09　创建完成后会打开如图1-52所示的页面，单击"编辑作品"按钮。

图1-52　创建成功页面

步骤 10　此时将打开作品设置页面，具体参数如图1-53所示。

图1-53　作品设置页面

步骤 11 单击左侧工具栏里的"音乐"按钮，然后在右侧的属性区域中单击"选择音频"按钮，将弹出"音频素材库"界面，如图1-54所示。依次选择"系统音乐"→"抒情"→"伤心的爱"，单击"确认操作"按钮，添加背景音乐。

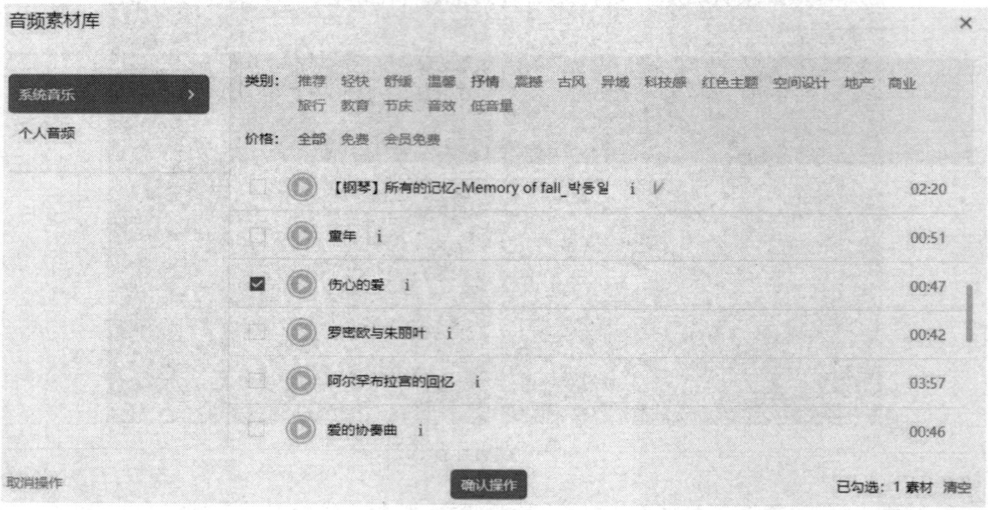

图1-54 "音频素材库"界面

步骤 12 先单击图1-53所示页面右上角的"保存"按钮，保存当前作品设置。然后单击"分享"按钮，打开图1-55所示的分享界面，按需设置后即可使用手机扫描二维码，观看或分享制作的VR全景效果。

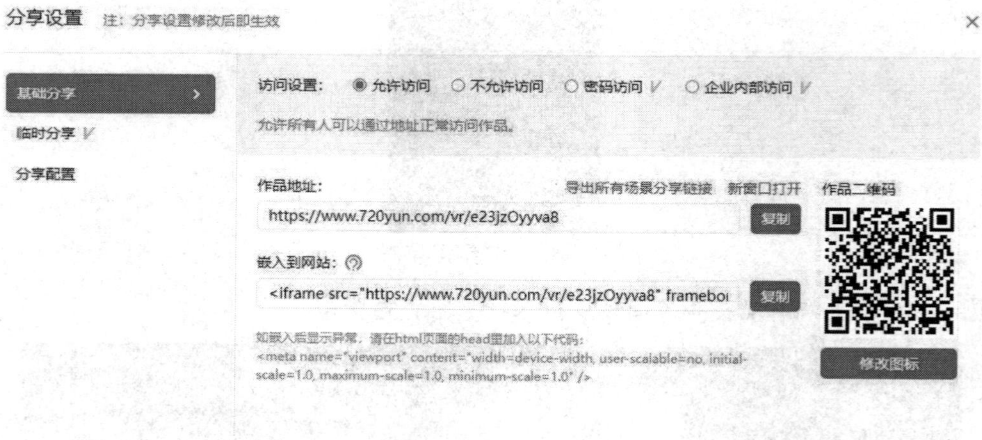

图1-55 二维码分享

本章总结

通过本章的学习，读者应能了解全景的起源和发展，了解什么是VR全景图，掌握VR全景漫游制作工具，并制作VR全景纪念相册。

练习与实践

全景相册设计	
项目背景介绍	将自己参加过的活动照片制作为全景图，生成二维码分享给家人
设计任务概述	1. 根据要求创建 30 cm × 30 cm 的画布 2. 将照片制作 6 张 1∶1 的图片 3. 将制作好的图片导入 Pano2VR，制作完成后导出 2∶1 的全景图 4. 将全景图在网站平台编辑，分享二维码 5. 要求完成时间为 45 min
设计参考图	
实训记录	
教师考评	评语： 辅导教师签字：＿＿＿＿＿＿

第 **2** 章

VR全景拍摄
设备与软件

▲ **本章导读**

全景摄影与普通单幅摄影不同，拍摄和创建全景图需要专门的设备和专业软件：设备分为拍摄设备和后期处理软件两类，专业软件包括全景图像缝合软件、全景图生成软件和可供分享的全景图发布平台。

▲ **效果欣赏**

尼亚加拉大瀑布宽幅全景图欣赏，如图2-1所示。

图2-1　尼亚加拉大瀑布

此张全景图拍摄于2007年9月15日，使用哈苏H3D-39相机，150 mm镜头，光圈f/7，曝光1/125 s，共由16张图像缝合拼接而成。

◢ 学习目标

了解全景拍摄使用的单反相机。

了解全景拍摄使用的镜头。

了解全景拍摄使用的全景云台。

◢ 技能要点

掌握后期处理软件Photoshop的基本应用。

掌握后期处理软件PTGui和Pano2VR的基本应用。

掌握VR全景云台、相机及支架的组装方法。

◢ 实训任务

VR全景云台的组装过程和应用，如图2-2所示。

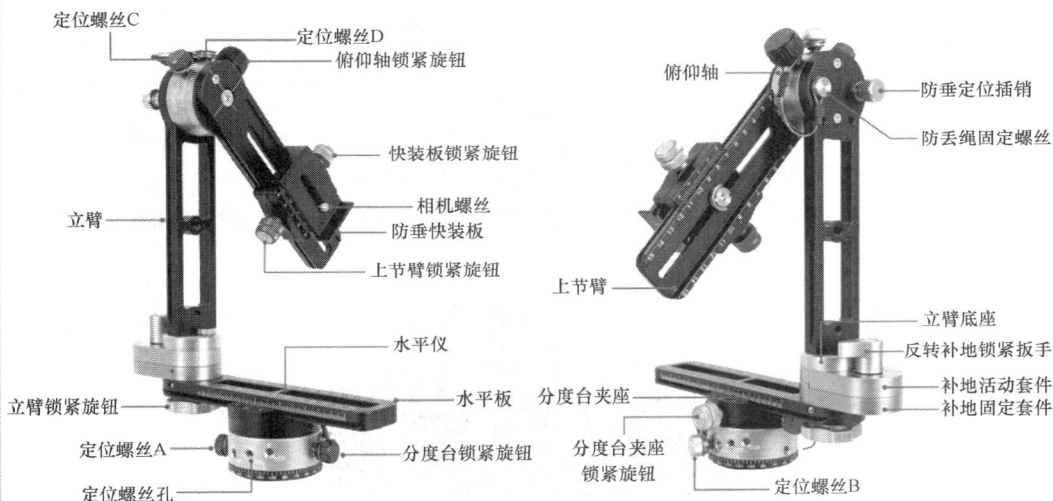

图2-2　VR全景云台的组装图

· AI伴学助手

· 配套资源

· 精品课程

· 进阶训练

扫码获取

2.1 VR全景拍摄的设备

　　正所谓"工欲善其事，必先利其器"，有一套好的拍摄设备对VR全景摄影来说至关重要。全景摄影与普通单幅摄影相比较，区别在于全景图的拍摄设备要解决围绕节点旋转拍摄这个关键。因此，在相机、镜头和三脚架这些设备上，二者的区别不是很大，不同之处主要在云台和安装系统上。一个功能全面的全景图拍摄设备系统如图2-3所示。

图2-3　全景图拍摄设备系统

2.1.1　单反相机

如果想要拍摄出高质量的VR全景图，建议使用专业相机进行拍摄。初学者在购买单反相机时要注意相机与镜头的配套：一是相机画幅的配套，全幅相机要购买相应的全幅镜头，半幅（APS-C）相机要购买半幅镜头；二是品牌的配套，目前市场上各个品牌的相机镜头是不能够直接相互使用的。因此，在购买之前一定要做好功课。

能够满足手动调焦、光圈、快门速度、曝光等功能的相机，都可以拍摄全景图，最好是单反相机，如图2-4所示。

图2-4　全幅单反索尼A550相机

对于VR全景拍摄，建议使用全画幅相机来减少图片的拍摄数量。下面介绍几款主流品牌的全画幅相机。

1. 尼康系列单反相机

全画幅单反相机Z6ll和D850，如图2-5所示，都是非常优秀的选择。尽管它们的价格相差并不明显，但建议那些经济条件允许的摄影爱好者考虑D850。这款相机不仅综合性能出色，还能拍出锐度极高的画面。不过，它的一个不足之处在于机身稍显沉重。

图2-5　全画幅单反相机Z6ll和D850

2. 佳能系列单反相机

全画幅单反相机EOS 200D II和EOS 6D Mark II（图2-6）是佳能品牌中的两款高端机型，它们采用精湛的制造工艺，提供了卓越的握持感和操控体验，并且以高画质和高像素著称。不过，这些相机价格较高，机身尺寸较大。

图2-6　全画幅单反相机EOS 200D II和EOS 6D Mark II

2.1.2　镜头

拍摄全景图使用什么镜头，取决于所期望拍摄的场景大小、图像分辨率高低以及图像类型。

就场景大小而言，当拍摄距离一定时，取决于镜头的焦距和拍摄源图像的张数。镜头焦距短，则拍摄的源图像数量少；反之则拍摄源图像的数量多。

就最终图像分辨率而言，在相机传感器一定时，所选镜头的焦距越长，最终图像的分辨率也就越高，反之则越低。

就图像类型而言，可大致分为两种：一种是高动态平面类型图像，另一种是高动态柱形全景或球形全景类型图像。拍摄高动态平面类型图像的可选镜头很多，几乎所有类型和焦距的镜头都可使用，从鱼眼镜头到超长焦镜头都包括在内。

场景确定后，摄影师可以根据所希望达到的最终图像分辨率来决定拍摄方式。可以采用拍摄单行多组图像的方式，这通常被称为"条片"法；也可以采用拍摄多行多组的方式，形成一种"矩阵接片"的效果。这些方法各有优势，摄影师可根据实际情况和创作目的来选择最合适的拍摄技术。

拍摄高动态柱形全景或360°全景图像时，理论上任何镜头都可以使用，就像平面类型图像一样。然而，在实际的拍摄和后期处理中，选择合适的镜头显得尤为重要。使用中长焦镜头虽然可行，但它会导致需要拍摄大量源图像，这不仅延长了拍摄时间，也增加了近景深度的控制难度，进而使得后期处理工作量激增。此外，由于文件尺寸巨大，最终的图像在原尺寸打印和展示方面将会面临挑战。

因此，拍摄高动态柱形全景或球形全景图，一般都使用鱼眼镜头和超广角镜头。即便是使用焦距极短的8 mm鱼眼镜头配合半画幅（APS-C）1 600万像素相机，所得到的720°全景图也将超过3 000万像素，这对于大多数应用来说已经足够。当然，根据个人偏好和特定的需求，也可以选择使用稍长焦距的镜头（如18 mm、24 mm等）进行拍摄。目前大部分全景图摄影爱好者使用的多是鱼眼镜头。

鱼眼镜头（Fisheye lens）是一种特殊的超广角镜头，其特点是通过相对更大的镜面弧度和更短的焦距，获得独特的拍摄效果。与普通的超广角镜头相比，鱼眼镜头的视角更广阔，可以接近、等于、甚至大于180°。拍摄全景图像，镜头最好选择经过数码优化的镜头，并注意所选镜头的视角和像场。

按像场分，鱼眼镜头有圆形鱼眼镜头、对角线形鱼眼镜头和鼓形鱼眼镜头3种类型。

1. 圆形鱼眼镜头

圆形鱼眼镜头的视角在水平和垂直两个方向上都是180°左右，生成的图像是圆形的，如图2-7所示。与对角线形鱼眼镜头相比，用圆形鱼眼镜头拍摄360°全景图是最方便、最简单的。一般旋转拍摄3张，每隔120°拍摄一张，覆盖率为33%。建议拍摄4张，每隔90°拍摄一张，覆盖率为50%，这样在后期接片时处理余地大一些。通过精心拍摄，仅使用两张鱼眼镜头拍摄的照片也可以生成720°全景图，但图像品质不如3张以上的。

当使用相同的相机传感器时，圆形鱼眼镜头拍摄的全景图较之鼓形和对角线形鱼眼镜头拍摄的像素低。

图2-7　圆形鱼眼镜头

2. 对角线形鱼眼镜头

对角线形鱼眼镜头，也叫直线形鱼眼镜头，视角在对角线方向上为180°。大多数厂商对此类镜头的对角线视角标称180°，实际上有一些不到180°，大约在170°~180°。目前，单反、单电或微单相机传感器的宽高比大多数都是3∶2（4/3画幅类型的传感器为4∶3），在传感器的对角线约为180°时，宽高比3∶2传感器的水平视角（横拍时的宽度视角）大约为140°，垂直视角（横拍时的高度视角）为水平视角的2/3，大约90°，如图2-8所示。

图2-8 横拍对角线形鱼眼镜头

在拍摄360°全景图时，一般都用竖拍的方法。这样，宽度视角就变成了垂直视角，而高度视角就变为水平视角。在后续讨论视角时，都将基于竖拍的前提。垂直视角指的是宽度视角，而水平视角指的是高度视角，如图2-9所示。

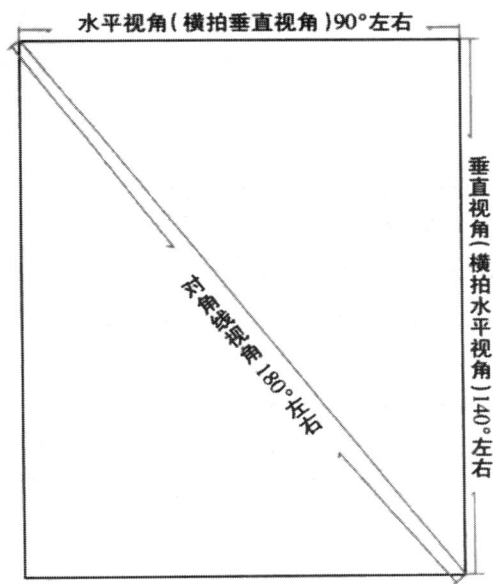

图2-9 竖拍对角线形鱼眼镜头

使用对角线视角鱼眼镜头拍摄柱形全景图时，建议旋转相机一圈360°，每隔90°拍摄1张图片，共拍摄6张，相邻源图像的覆盖率为1/3，最终图像的垂直视角约为140°，水平视角为360°。如果是高动态图像，那么在每个角度应拍摄一组曝光包围的源图像。

拍摄球形全景图时，除了水平方向旋转一圈360°、拍摄6张图像外，还需要额外拍摄天空和地面的图像以填补顶部和底部的空缺。通常，补天较为简单，只需一张图像即可；而补地则较为复杂，可能需要多张图像来确保质量和覆盖范围。因此，至少需要拍摄6张水平旋转图像、补天和补地的图像各1张，共计8张。在某些情况下，为了获得更好的补地效果，可能还需要增加更多的补地图像。这些拍摄都是基于水平一圈的基础上进行的。

3. 鼓形鱼眼镜头

严格来说，厂商并没有生产专门具有鼓形像场的鱼眼镜头。之所以出现这种鼓形像场，主要有以下3个原因。

一是有的变焦鱼眼镜头有鼓形像场的焦段。例如，佳能8~15 mm变焦鱼眼镜头，在10~12 mm焦段的像场为鼓形。

二是有的厂商生产的全幅圆形鱼眼镜头可以在半画幅（APS-C）的相机上使用，于是就出现了鼓形像场。

三是有的厂商生产的半幅（APS-C）对角线形鱼眼镜头的镜片直径较大，其像场之所以呈对角线形，是由于遮光罩的遮挡，如果去掉遮光罩，在全幅上使用，就会呈现鼓形鱼眼镜头的像场。例如，尼康10.5 mm对角线形鱼眼镜头，去掉遮光罩后，用到尼康全幅相机上会出现鼓形鱼眼镜头像场。

鼓形鱼眼镜头像场的垂直视角（横拍水平视角）在180°左右，水平视角（横拍垂直视角）在120°左右，如图2-10所示。拍摄全景图很方便，4张即可，且不用补天。

图2-10　鼓形鱼眼镜头

如果使用非鱼眼镜头（包括超广角镜头），只要水平视角小于100°，就要拍摄两行，即水平旋转两圈拍摄。第1圈拍摄完后，要垂直旋转镜头，设置覆盖率为25%~30%，仰拍或俯拍（取决于第1圈的拍摄角度）第2圈。为了精确控制这种垂直和水平的旋转，必须使用矩阵云台组件。以竖拍100°垂直视角，设置覆盖率为30%、垂直视角约为170°，可以不补天。

目前，许多从事VR全景摄影的摄影师使用的是佳能的 EF 8-15 mm / 4L USM鱼眼镜头，如图2-11所示，以及尼康的 8-15 mm F3.5-4.5E ED鱼眼镜头，如图2-12所示。这些镜头广受好评，甚至使用索尼相机的摄影师也会通过转接设备来使用这些镜头。尽管这些镜头的价格略高，但它们的性能被认为值得这个价格。特别是尼康的这款鱼眼镜头，在画面表现和控制方面都优于其上一代的16 mm鱼眼镜头，因此，如果正在考虑购买鱼眼镜头进行VR全景拍摄，建议考虑这两款。

图2-11　佳能鱼眼镜头

图2-12　尼康鱼眼镜头

2.1.3 全景云台

全景云台，通常包括云台和快装组合等组件，在国外的资料和书籍中，这类装备通常被称为VR云台。“VR”是Virtual Reality的英文缩写，这个术语源自计算机图形技术领域，中文翻译为“虚拟现实”。将这一概念引入摄影领域时，其命名可能会引起一些混淆，因为摄影作为一种艺术形式，其本质在于捕捉和记录现实，与“虚拟”这个词似乎不太相符。尽管如此，VR云台用于拍摄可以创建出一种全景视角，这种视角超越了人类单眼或双眼的视野范围，因此得名VR云台，意指能够拍摄到可用于虚拟现实场景的全景图像。尽管命名上可能存在争议，但VR云台在全景摄影和创建沉浸式体验方面的作用是不容置疑的。

虽然从技术上讲，任何云台搭配合适的镜头都可以用于拍摄全景图，包括球形全景图。但要准确、方便、快捷、适用性强，还是使用专业性强的全景云台为好。

全景云台是专为360°全景摄影设计的设备，其组件通常包括：

1. 相机快装组件

相机快装组件是连接相机和云台的部分，它让更换设备变得快速简单。虽然初学者可能不太在意它，但它对于拍摄效率和设备安全都很重要。相机快装组件有两种：

一种是相机L形快装组件，由L形板加上直板组成，如图2-13所示。直板的燕尾槽要与云台的快装夹相匹配，一般多用瑞士的雅佳标准。

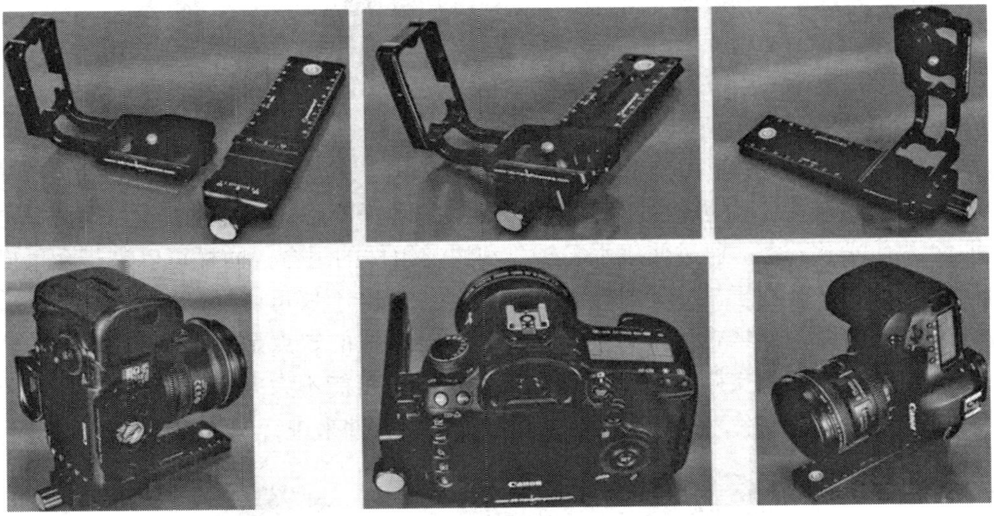

图2-13　相机快装组件

L形快装板平时可固定在相机上，不同的相机有不同的L形快装板。

直板，也被称为微调板或调节板，其上标有刻度，便于标记和调整，以适应不同镜头焦距下的最小视差点。只要规格一致，同一个L形板可以适配多种相机。将直板插入L形板上后，两者组合成为完整的相机快装组件，简化了与云台的连接过程。

相机快装组件的方便之处是：

- 可以快速插入云台上的快装夹。
- 可以很方便地横拍、竖拍。

● 可以在云台上前后移动，准确调节到镜头"节点"的位置。

● 可以与矩阵云台协同工作，实现围绕视点的精确水平旋转和垂直旋转。这种配置不仅允许进行360°的水平旋转来拍摄柱形或球形的全景图像，而且还能进行垂直旋转，捕捉多行柱形和球形全景图，以及大型平面矩阵图形。

另一种是鱼眼镜头箍，特点是：

● 可以直接安装在鱼眼镜头上，平时不用取下来。

● 可以旋转调整，以便横拍和竖拍。

● 底部的快装板可以直接插到云台的快装夹上。

● 结构紧凑，质量轻，非常适合使用高杆拍摄。

● 水平旋转拍摄一行。

● 与鱼眼镜头的型号配套，特定的鱼眼镜头箍只能用于特定的鱼眼镜头，如图2-14所示。

图2-14　鱼眼镜头箍

2. 水平转盘（水平底座）

水平转盘是一种连接相机快装组件与云台或三脚架的设备，如图2-15所示。它的上部配备了一个快装夹，使得相机能够进行360°的水平旋转，这是拍摄全景图的基本要求。即便没有球形云台，通过使用水平转盘和快装组件的组合，同样可以进行全景摄影。使用水平转盘的好处在于减少了球形云台的需求，这样不仅可以提高设备的稳定性，还能减轻装备的质量，使携带更加方便。然而，这种方法的缺点是在调整拍摄水平时可能需要通过伸缩三脚架的支脚来实现，这在某些情况下可能不太方便。作为替代方案，可选择在拍摄时不调整水平，而是在后期处理阶段使用软件来进行调整和修正。

图2-15　水平转盘

还有一种是带分度机制的水平转盘，可以定位每张源图像旋转的度数，且度数可调，如图2-16所示。然而，在嘈杂的环境中，分度定位时产生的声音和手感可能会被周围噪声所掩盖，这可能导致在拍摄时出现漏拍或多拍的情况。在购买时要注意分度定位的声音是否清晰，手感是否明显，或者直接看转盘的刻度。

图2-16 分度机制的水平转盘

3. 云台

云台作为连接相机快装组件或水平转盘与三脚架的设备，确保了相机能够被调整到水平状态。在全景摄影中，常用的云台主要有两种类型。

第一类，可以水平旋转360°的云台，如图2-17所示。基本配置为：

● 带有水平泡。
● 云台顶部快装夹的型号与相机快装组件匹配。
● 云台锁死机制稳固可靠，阻尼可调。
● 云台承重在相机、镜头和其他云台组件的质量之和范围内。

第二类，半球形云台，可以与水平转盘配合使用来替代球形云台，可做倾斜15°的水平调整，比通过伸缩三脚架支脚调整方便得多，如图2-18所示。

图2-17 360°云台

图2-18 半球形云台

4. 矩阵云台组件

矩阵云台组件的主要特点是其能够在水平和垂直两个方向上进行旋转，围绕视点拍摄，这使得它成为目前功能最为全面的全景图云台组件，通常我们将其称为矩阵云台。在这里使用"组件"一词，是因为该设备并不包括能进行水平调整的球形云台或半球形云台。

矩阵云台组件包括3个部分：

①水平转盘及快装夹位于云台的底部，如图2-19所示。它的主要功能是实现相机的水平旋转拍摄。此外，也可以使用可360°水平旋转的球形云台来替代，以便于调整至水平状态，有时还可以配合半球形云台使用。

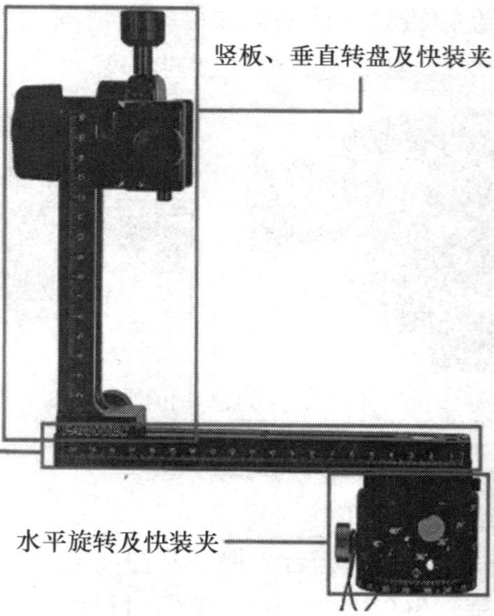

竖板、垂直转盘及快装夹

横板

水平旋转及快装夹

图2-19　矩阵云台组件

②横板。主要作用是支撑上部组件和相机、镜头，同时允许水平移动，以便调整镜头位置，确保其能够精确对准三脚架的中轴。

③竖板、垂直转盘及快装夹。主要功能是支撑相机和镜头，并允许垂直旋转，以进行拍摄。它的快装夹设计用于插入相机上的直板（也称为调节板或微调板），这有助于调整并精确对准镜头的视点。

可以看出，所谓矩阵云台组件，就是将相机悬空支撑的装备，目的就是使镜头能够围绕视点做水平和垂直的旋转运动。

有了矩阵云台组件，我们可以很方便地拍摄全景图。对于补天的照片，能够精确对准视点；而在补拍地面时，通过垂直向下旋转90°拍摄2张（头部朝下水平旋转90°1张），也能确保对准视点。剩余的云台和三脚架的支脚部分，可以通过补拍或使用Photoshop等软件轻松修补。此外，矩阵云台组件同样适合拍摄大型矩阵平面图。因此，矩阵云台组件是一种全功能、高动态且适用于接片摄影的装备。

矩阵云台组件的缺点在于它会增加装备的整体质量，并可能引入不稳定因素。当与半球形云台结合使用时，整个设备的质量通常超过1 kg，这可能在旋转和按下快门时产生运动惯性。如果操作不当，这种惯性很可能会影响源图像的清晰度。为了减少这种影响，建议使用稳定性较高的三脚架，并配备快门线或遥控器，设置2 s的拍摄延迟，以减少按下快门时相机的震动，从而确保获得清晰的源图像。

5. 补地附件

在矩阵云台组件上，可以额外加装一个专门的补地附件。如图2-20中的方框所示，这个附件被放置在矩阵云台的横板和竖板之间，它允许相机进行180°的水平旋转，这使得相机能够方便地垂直向下拍摄用于补地的图像。这样的设计简化了全景摄影中补拍地面的过程，提高了拍摄效率。

图2-20　补地附件

6. 三脚架

三脚架有多种品牌和型号，价格也相差很大。对于拍摄高动态全景来说，最基本的要求有如下3点。

①稳定性至关重要。在选择三脚架时，首先要确保其稳定性，同时也要尽可能选择轻便的型号。为了确保稳定，需要注意以下几点。

- 三脚架的承重能力应与装备的总质量匹配，一般建议承重能力在5 kg以上。
- 根据不同的地面情况（如沙滩、泥地等松软地面以及室内硬质光滑地面），需要使用不同类型的脚钉，以适应不同的地面条件。
- 养成在三脚架中轴挂钩上吊挂重物后再进行拍摄的习惯，以增加稳定性。

②耐用性。初学者往往容易忽视三脚架出现故障的问题。常见的故障主要包括脚管锁紧组件失效和最粗脚管的大螺丝松动。因此，在拍摄前一定要仔细检查三脚架的各个部分，确保其正常工作。

③高度。在拍摄全景图时，视平线的高度是构图的重要内容之一。三脚架的高度直接影响到拍摄的视角和构图效果。如果可能的话，尽量选择高度较高的三脚架，以便更好地调整和控制拍摄角度。

综上所述，选择三脚架时应注重其稳定性、耐用性和高度，以满足拍摄高动态全景的基本要求。

7. 全景云台的几个组合

按照不同的需求形成不同的组合。

（1）轻便组合

圆形或鼓形鱼眼镜头搭配水平转盘和相机快装组件，有时还会加上镜头箍，如图2-21所示，这是目前非常轻便的全景图摄影装备组合。这种配置允许摄影师通过仅仅水平旋转拍摄3~4张图片，便能完成一组全景图的捕捉。在使用这种装备时，通常不需要额外补拍天空（补天），但是可能需要拍摄额外的图片来补全地面（补地）。如果选用对角线形鱼眼镜头，为了完整捕捉天地，可能需要进行额外的拍摄，这有可能导致偏离节点，从而影响拼接的准确性。然而，随着经验的积累，摄影师也能使用这类镜头拍摄出高品质的全景图像。

图2-21　全景云台的轻便组合

将轻便组合中的水平转盘替换为垂直（俯仰）旋转微调组件，可以得到另一种轻巧的全景摄影装备。这种垂直旋转微调组件允许在垂直视角上进行±15°的精细调整。虽然这种微调的垂直旋转轴并不严格位于鱼眼镜头的节点上，但由于其设计的巧妙性，偏离非常小，对拍摄效果的影响不大。使用时请注意区分图2-22所示的方框内镜头箍快装板和下方快装夹的不同组合位置。

图2-22　俯仰旋转微调组件

（2）完整组合

全景摄影的完整装备组合通常包括：鱼眼镜头或超广角镜头（用于捕捉宽广的视野，如果拍摄平面或宽幅全景，也可以使用其他类型的镜头）、相机快装组件（方便快速安装和调整相机）、矩阵云台组件（提供精确的水平和垂直旋转），以及水平转盘或半球形云台或球形云台（使相机能够进行360°的水平旋转）。这些组件共同为摄影师提供了必要的工具来捕捉全方位的场景，如图2-23所示。

图 2-23 完整组合

（3）全能组合

全景摄影的全能组合由完整组合和补地附件组成，如图 2-24 所示。这个组合提供了最全面的功能，但同时也是最为笨重的。需要注意的是，由于组件较多，各个组件之间的公差累加可能会影响节点的精确性。

补地附件

图 2-24 全能组合

7. 航拍设备

航拍时，通常会使用无人机进行拍摄，这些无人机配备了由无线电操控的云台和平面相机。在市面上，大疆品牌的无人机常被用于 VR 全景的拍摄。

（1）便携式无人机

大疆"御"Mavic 2 专业版无人机支持一键拍摄 VR 全景，能够轻松捕捉高品质的 VR 全景图像。其小巧的机身设计是一个显著优势，飞行结束后，可以简单地将机臂折叠起来携带（见图 2-25），无须拆卸螺旋桨。这款无人机的质量为 907 g，最长飞行时间可达 31 min，飞行速度可达每小时 75 千米。它配备的相机是与高端影像品牌哈苏合作的云台相机，拥有 1 英寸 CMOS 传感器，最大 ISO 值为 12 800，即便在暗光条件下也能拍摄清晰的图片。无论是用于商业用途还是摄影爱好者的日常拍摄，它都是一款非常实用的无人机。其机臂展开画面如图 2-26 所示。

41

图2-25　机臂折叠

图2-26　机臂展开

（2）专业级无人机

大疆"悟"Inspire 2无人机是大疆"悟"系列的可变型无人机，其飞行稳定性和影像画质都远超"精灵"系列，并且支持多种可更换镜头，如X3、X5、X7等系列的镜头。它的缺点是续航能力相对较弱、价格偏高，但对于高要求的商业拍摄来说，"悟"系列无人机是一个不错的选择，如图2-27所示。

图2-27　大疆"悟"Inspire 2

2.1.4　VR全景相机

VR全景相机分为单目全景相机、双目VR全景相机、多目VR全景相机和组合式VR全景相机和组合式VR全景相机，这些类型的相机各有各的定位：单目全景相机用于拍摄高质量的全景图片；双目VR全景相机的特点是方便快捷，便于记录日常生活；多目VR全景相机定位于拍摄VR视频内容。

1. 单目全景相机

单镜头相机是很常见的，如单反相机、手机、运动相机等都是一个镜头，但是这里提到的单目全景相机是指专门用于拍摄全景的单镜头相机。例如，小红屋单镜头全景相机（图2-28）可以拍摄出分辨率为8K的全景图片。它利用相机的鱼眼镜头，通过机身自带的电机进行转动并前后左右取景4次，将拍摄的图片传到软件App中进行拼接处理，最终合成一个完整的VR全景图。由于其拍摄时围绕的节点更加准确，因此使用该相机拍摄全景图片比较有优势。

2. 双目VR全景相机

双目VR全景相机，顾名思义是拥有两个镜头的相机，镜头通常为鱼眼镜头。例如，Insta360 EVO全景相机具备两个鱼眼镜头和两块传感器，带有WiFi功能，如图2-29所示。

这类全景相机通常是通过连接移动WiFi的方式来控制相机进行拍摄的，拍摄完毕后相机会自动合成一张画面比例为2:1的VR全景图。

图2-28　小红屋单镜头全景相机

图2-29　Insta360 EVO全景相机

目前市场上主流的双目VR全景相机包括理光THETA相机、Insta360全景相机等。这些相机非常适合在极限运动时使用，可以全方位记录运动过程，并可在后期剪辑成平面视频。对于Vlog（Video Blog，视频博客）创作者来说，双目VR全景相机也是一个很好的辅助拍摄设备。它们能够快速获取全景图像和视频，并且通过相应的网站平台，用户可以迅速上传并分享内容。

3. 多目VR全景相机

多目VR全景相机是包含4个及以上镜头的相机，它能通过多个镜头同时取景并拼接组成VR全景图。目前多目VR全景相机主要用于全景视频的拍摄，市场上主流的多目VR全景相机品牌有Insta360、泰科易、KanDao、得图等。如图2-30所示为得图F4四目全景相机。

一般多目VR全景相机能够自动拼接出4K分辨率的全景图，其机内拼接功能适用于VR直播服务。通过对每个镜头单独采集的视频内容进行后期拼接，可以实现更优良的画质。然而，这种影视级设备的价格也相对较高。

4. 组合式VR全景相机

组合式VR全景相机由多个独立相机组合而成，通常通过支架将不同品牌的运动相机或单反相机固定在一起，形成类似图2-31所示的VR全景相机。这类相机能够自动拼接出4K分辨率的全景图，适用于VR直播服务。后期拼接每个镜头单独采集的视频内容，可以进一步提升画质。不过，这种专业级别的设备价格往往较高。

图2-30　得图F4四目全景相机

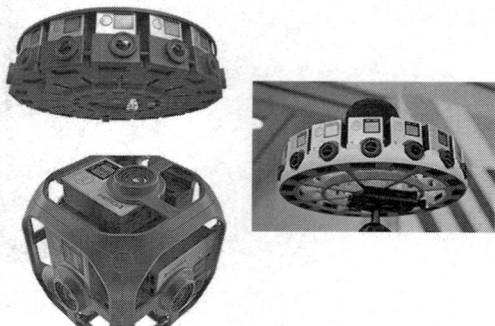

图2-31　组合式VR全景相机

组合式VR全景相机主要适用于全景视频的拍摄，对于制作VR全景图来说意义并不大。如果用这种设备来创建VR全景图，仍然需要通过复杂的后期拼接处理。相比之下，使用单反相机进行拍摄不仅更为方便，而且所得到的图片清晰度更高。

目前市场上的一体式VR全景相机在成像效果和色彩表现上，还无法与单反相机或成熟的运动相机相媲美。因此，专业的全景视频制作团队往往还是倾向于使用组合式VR全景相机进行拍摄。

2.2　后期处理软件

众所周知，摄影是一门结合技术和艺术的活动。虽然有些人认为摄影七分靠拍摄，三分靠后期处理，而另一些人则认为三分靠拍摄，七分靠后期处理，但在VR全景摄影领域，后期处理是必不可少的。本节先对相关软件进行简要介绍，让读者了解每个软件在后期制作过程中的功能。后续章节还将详细讲解这些软件的操作方法。

2.2.1　后期处理流程

VR全景图的后期处理大致有RAW格式批量转化及初步调色、多图拼接及补地操作、主题突出及细节调整、生成富媒体文件4个流程。

在VR全景图后期处理的4个流程中，我们会使用不同的软件工具来进行处理。尽管有些软件试图将VR全景图后期处理的所有步骤都集成到一个平台上，但目前还没有一款软件能在所有方面都做到最佳效果。因此，为确保最终的VR全景作品具有高质量，我们仍然需要依赖多款专业软件来进行细致的后期处理。

后期处理所使用的软件及具体步骤如下：

第一步，将拍摄完毕的JPG或RAW格式的VR全景图导入Photoshop或Lightroom软件中，并调整图片曝光值等参数，对同组图片进行同步处理后导出JPG或TIFF格式的图片。

第二步，将经过初步调整的图片导入PTGui软件进行拼接、补地等操作，创建画面比例为2:1的VR全景图。

第三步，对处理合成好的VR全景图进行检查，通过Photoshop软件进行细节调整，可按喜好进行调色。

第四步，将最终调整好的VR全景图上传到全景平台，对其进行漫游编辑并分享。

2.2.2 Photoshop软件

首先，对于任何类型的图像处理，通常的步骤有修补瑕疵、色调调整、润色和锐化等，在大多数情况下都会交由Photoshop来完成，如图2-32所示。在这方面，能够与之媲美的软件相当少。其次，自Photoshop CC版本起，其增加了图像缝合功能。这项功能在拼接平面图像方面非常强大，这得益于其先进的混合算法，甚至在某些方面超越了专门的拼接软件。然而，Photoshop并不支持全景图生成，也无法进行手动优化，处理速度相对较慢，大型图像的拼接耗时较长，且可能遇到程序崩溃等问题。就专业性而言，它不如专门的拼接软件。再者，Photoshop的高动态范围（HDR）功能自CC版以来有了显著提升，表现接近某些专业HDR软件。但它不能与图像拼接功能结合使用，这是一个遗憾。

图2-32　Photoshop

综上所述，尽管Photoshop在高动态范围和全景图生成方面的功能存在局限，但在图像的最终处理阶段，它仍然是一个不可替代的工具。Photoshop是进行图像处理时必须使用的软件之一。

2.2.3 Lightroom软件

Lightroom是Adobe公司开发的一款专注于后期制作的图像处理软件，已成为数字摄影领域不可或缺的工具。它提供了丰富的图像校正工具、强大的图片组织功能和灵活的设置选项，这些都有助于加快图片后期处理速度，让我们能有更多时间专注于拍摄。Lightroom主要面向数码摄影师、图形设计师等专业用户和高端爱好者，其支持各种图像格式，主要用于数码照片的浏览、编辑、整理和打印等工作，如图2-33所示。

图2-33　Lightroom

Lightroom是一款性能优良、功能齐全且使用方便的图像处理软件。从图片的导入到最终输出，Lightroom都能提供强大而简单的一键式工具和步骤，它可以根据图片的不同类型进行相应的个性化处理，轻松实现图片的组织、润饰和共享。

在处理VR全景图的过程中，主要利用Lightroom的功能对RAW格式的图片进行解码、调色、美化和参数同步等操作。尽管Photoshop中也配备了Adobe Camera Raw插件来实现这些功能，但在需要高效批量处理VR全景图时，使用Lightroom会更加便捷。

2.2.4　PTGui软件

这类软件种类繁多，包括商业软件和免费软件。免费软件通常用户友好度较低，主要面向具备一定计算机图形学专业背景的用户。而商业软件则在功能性上更为全面和强大，且通常更易于使用，适合广大摄影爱好者。然而，截至目前为止，能同时提供图像拼接和高动态范围处理功能的软件还很少，且很少有提供中文版本的。国内外使用比较多，功能比较强、比较均衡的软件有PTGui、Pano2VR、全景图浏览软件等，下面逐一进行介绍。

PTGui，全称"全景工具用户图形界面"，如图2-34所示，最初是为全景工具的先驱——德国物理和数学教授Helmut Dersch所开发的Panorama Tools——设计的图形用户界面。Helmut教授在全景摄影界享有极高的声誉，自1998年起，他陆续推出了一整套全景处理工具。然而，这些工具最初没有图形用户界面，只能通过命令行操作和手动输入控制点来使用，这使得操作复杂而烦琐，对于一般的摄影爱好者来说并不容易上手。因此，一群热衷于全景摄影的人围绕Helmut教授的全景工具，开发了多个图形用户界面，显著提升了这些工具的易用性和智能化水平，有效地促进了全景摄影技术的普及和发展。在这些图形用户界面中，PTGui Pro是最成功的一个。目前，它已经发展成为全球使用最广泛的高动态全景图软件工具之一。

图2-34　PTGui

PTGui Pro有两个版本：普通版和专业版。其最新版本为13.0版，但截至目前，尚未提供中文版。本书将在后续章节中详细介绍PTGui Pro的操作使用方法。

2.2.5　Pano2VR软件

Pano2VR是一款具有独特功能且不可或缺的全景图创建软件，如图2-35所示。该软件提供了中文界面。它的主要功能有以下5项。

①转换全景图的类型和格式。

②修补全景图的局部缺陷，多用于补天补地。

③生成能够在屏幕上完整浏览的全景图，支持 Adobe Flash、HTML5 或 QuickTime VR 格式。

④在图像中添加"热点"，能够将多个全景图以及其他类型的图像、标签、说明、音频和视频等信息链接整合在一起，实现无缝切换。这使得它能够创建可在网络上进行虚拟漫游的互动式全景体验。

图 2-35　Pano2VR

⑤允许用户定制和编辑全景图的"皮肤"，即浏览界面上方便使用的导航控件。

本书将在后续章节中介绍 Pano2VR 的具体使用方法。

2.2.6　全景图浏览软件

在创建出全景图之后，如果使用普通的图像浏览软件，通常只能看到全景图的平面展示。想要完整地旋转浏览柱形全景图和360°全景图，则需要借助专门的显示设备或观看工具才能体验到全方位的视觉效果。具体的方法如下：

其一，以已有的 JPEG 或 TIFF 格式的全景图作为源图像，生成可在网页浏览器中观看的图像格式。目前，最广泛使用且普及的格式是 Adobe Flash，其文件扩展名为 swf，全球拥有超过7亿用户。另一种是 HTML5 格式，它是一种开放的、跨平台的新技术。前文提到的 PTGui Pro 和 Pano2VR 都支持生成这些格式的文件。这类格式的全景图不仅可以上传到互联网供人欣赏，还可以在计算机显示器上通过网络浏览器查看。

其二，使用图像浏览软件直接在计算机显示器上查看和欣赏 JPEG 或 TIFF 等常用格式的全景图。市面上有几十种此类软件可供选择，特别推荐的是国内外众多全景摄影爱好者广泛使用的 DevalVR，如图2-36所示。这款软件小巧、易用且速度快，提供了共享版供下载使用，但需要注意的是它可能不支持某些 JPEG 格式的图像。如果创建的是 TIFF 格式的全景图，那么使用 DevalVR 将会非常方便。

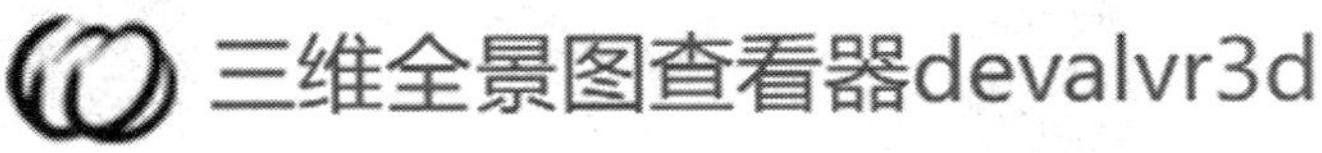

图 2-36　DevalVR

2.2.7　全景图展示平台

720云平台是由北京微想科技有限公司开发运营的、面向全球的 VR 全景内容创作分享平台。该平台为全球的 VR 爱好者和创作者提供了包括上传、编辑、分享、互动功能在内的一站式 VR 全景制作分享工具，如图2-37所示。

图2-37　720云平台

针对不同的用户场景，该平台使用起来简单高效，同时支持Windows、MacOS等多种操作环境，无论是对于初入门的摄影师还是专业摄影师来说都十分友好，只需采用单击或拖动的方式就可添加丰富的漫游效果。此外，用户可添加作品专属1D水印，让版权保护更完善，最大化保证创作者的利益不受侵害。

720云平台的用户账户分为普通账户和商业账户。普通账户享有不限量素材库空间、热点、沙盘、音乐等多样化展示效果，以及快捷的分享功能，能够满足用户的日常需求。普通账户可按需升级为商业账户。商业账户拥有电话导航链接、自定义Logo、密码访问、离线导出等功能，能够满足更多的商业需求和个性化、稳定性需求，有助于实现作品价值的最大化。

❖ 项目攻略　VR全景云台的组装

【项目导入】

本项目完成云台组件的组装，具体包括：①支架　②水平板　③补地套件　④坚臂旋钮　⑤分度台　⑥防垂快装板　⑦双面夹座　⑧转换螺丝　⑨转换螺丝扳手　⑩内六角扳手，如图2-38所示。

图2-38　云台组件

【项目说明】

安装好的效果如图2-39所示。

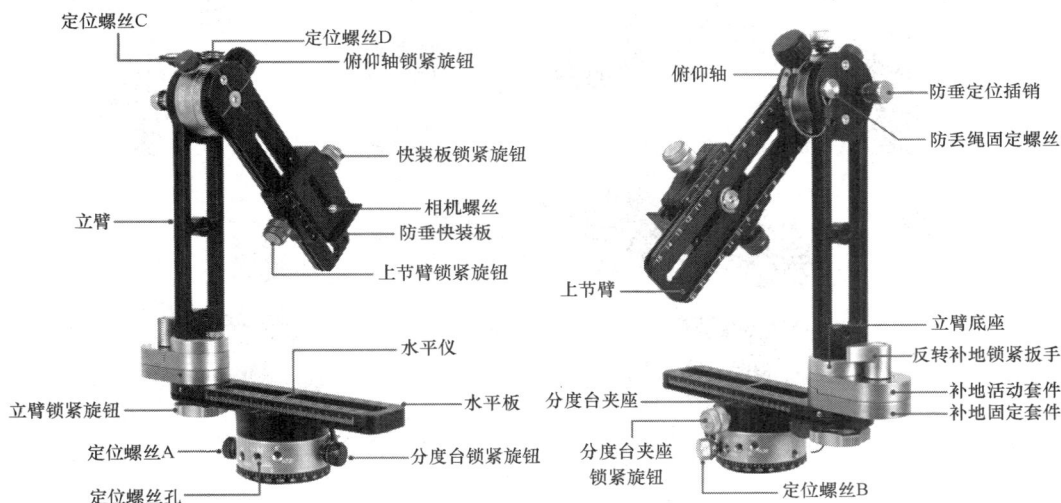

图2-39　云台组装效果图

【项目操作】

以分度台为例,进行组装操作的讲解。

步骤01　将分度台安装到脚架上。

分度台有3种不同的安装方式,用户可根据自己的脚架类型,选择对应的安装方法。

安装方法1:直接夹到带有雅佳标准的夹座上,如图2-40所示。

图2-40　分度台安装

①松开夹座旋钮,把分度台放进夹槽内。

②拧紧夹座旋钮,安装即完成。

安装方法2:装在三脚架自带的快装板上,如图2-41所示。

①快装板的螺丝是标准的1/4英制螺丝,安装时需要用到3/8转1/4的转换螺丝。

②在安装前,需要把分度台的夹板拆下来,用六角板手把夹板的两个螺丝拧下来,夹板即可拿下。

③转换螺丝装上分度台底部的螺丝孔,实现螺丝口径大小的转换。

④将三脚架上自带的快装板取出,再把快装板螺丝拧到分度台的螺丝孔里并锁紧。

图2-41　分度台安装

⑤重新把分度台装到脚架云台上。

⑥拧紧云台旋钮锁紧固定，即可完成分度台的连接。

安装方法3：直接安装在三脚架螺丝样上，此方法安装简单，稳定性最好，如图2-42所示。

图2-42　安装分度台

①先把脚架球台旋转锁紧，以便更好地拆卸脚架云台。

②握紧球形云台并逆时针旋转，云台即可松开。

③取下球形云台，此云台暂时用不到，可以放好备用。

④安装前把分度台的夹板拆下来。

⑤把分度台底部螺丝孔对上脚架螺丝柱，顺时针方向旋转锁紧。

⑥顺时针方向锁紧固定，即完成分度台的连接。

步骤 02 支架安装步骤如图2-43所示。

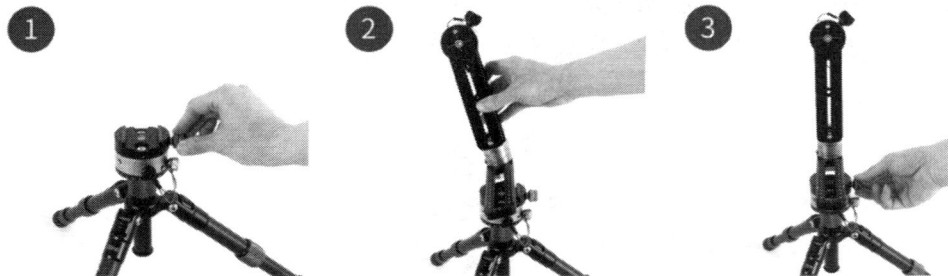

图2-43 安装支架

①先把分度台夹座旋钮松开。

②把支架放到分度台上，夹槽对上分度台的夹口。

③最后拧紧分度台旋钮即可。

步骤 03 双面夹座安装步骤如图2-44所示。

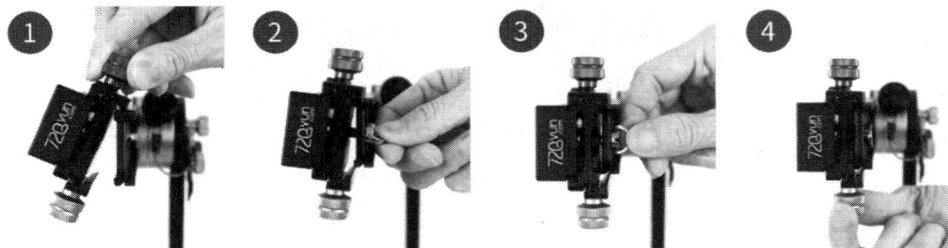

图2-44 安装双面夹座

①把双面夹座云台的一边夹口全部松开，先把夹槽一边放到上板夹槽中。

②把上板的螺丝对准双面夹座中间的螺丝孔。

③把螺丝拧紧螺丝孔，此时不用锁紧，调节点时需要来回调整距离。

④把双面夹座的旋钮拧紧即可，双面夹座安装完成。

步骤 04 相机安装到云台上的步骤如图2-45所示。

图2-45 相机安装到云台

①松开双面夹座另一边的旋钮，取下快装板。

②把快装板装在相机上，注意快装板有挡板的一边须贴平相机背面。

③快装板贴平相机背面锁紧，以达到防垂效果，节点准确。

④把相机装上云台支架，锁紧旋钮，即完成相机的安装。注意检查相机的朝向，应与云台俯仰轴同方向。

步骤 05 俯仰轴定位插销的使用方法如图2-46和图2-47所示。

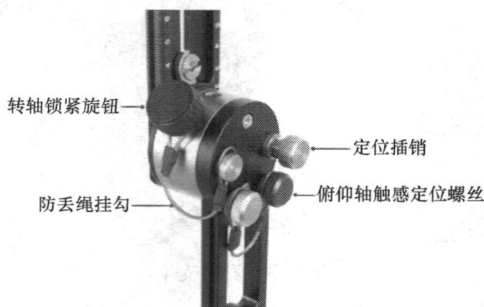

转轴锁紧旋钮——
——定位插销
防丢绳挂勾——
——俯仰轴触感定位螺丝

图2-46 俯仰轴

图2-47 定位插销

①把定位插销向后拉出并旋转90°，可以卡住防退回，此时俯仰轴可自由旋转。

②上板可自由旋转。如需在任意角度固定，可在拧紧侧面的锁紧旋钮时进行固定。

本章总结

通过本章的学习，读者应了解全景拍摄的设备，包括相机、镜头、全景云台、三脚架等，了解相关的后期处理软件，重点掌握全景云台的组装和应用。

练习与实践

云台组装	
项目背景介绍	将全景云台进行组合，可以分组组合进行比赛
设计任务概述	1. 将全景云台全部拆开 2. 分组，每组出一个代表进行比赛 3. 用时短并没有错误的组别获胜 4. 要求完成时间为 20 min
设计参考图	
实训记录	
教师考评	评语： 辅导教师签字：_____

第**3**章

工作流程和
拍摄实践

◢ 本章导读

通过本章学习，可了解VR全景图拍摄的工作流程和实际设备的设置方法，掌握全景拍摄的实践方法，掌握独立进行VR全景拍摄的技能。

◢ 效果欣赏

贵州黄果树瀑布宽幅全景图，如图3-1所示。

图3-1　贵州黄果树瀑布

此张全景图拍摄于2020年8月10日，使用尼康D7200-39相机，200 mm镜头，光圈F3.5，曝光1/125 s，共由12张图像缝合拼接而成。

▲ 学习目标

了解全景图缝合的原理。

了解全景缝合的方法。

了解全景图细节的优化。

理解透视视差的概念。

▲ 技能要点

掌握VR全景拍摄的5项基本原则。

掌握公园全景的拍摄与缝合制作。

▲ 实训任务

VR全景图拍摄实践，将拍摄的8张图缝合为全景图，如图3-2所示。

图3-2 缝合前后的全景图

3.1 工作流程与拍摄实践

    VR全景摄影不同于普通的单幅摄影，也不仅仅是多张单幅照片的简单组合。它是一个涉及充分准备、精心操作和细致检查的完整过程。拍摄失败的风险不仅与源图像的数量成比例增加，还包括普通单幅摄影不必考虑的其他因素。例如，之前提到的节点定位错误、场景中移动物体的处理，以及由于拍摄时间延长导致的光线变化等。因此，遵循一个严格的工作流程是至关重要的，它是降低出错率的关键。接下来，我们将依据以下步骤详细讲解拍摄流程。

3.1.1 拍摄前的准备

    首先要做好对拍摄对象的前期准备，包括检查相机、镜头、三脚架、清洁工具、快装组件和全景云台等装备是否齐全且功能正常。特别需要注意的是对电池和存储卡的检查，这些是经常被忽视但又极其重要的方面。拍摄VR全景和矩阵接片会大量占用存储空间，并且在使用相机显示屏取景对焦时，也会大量消耗电池电量。因此，在外出拍摄前，要确保检查并携带足够数量的电池和存储卡。如果存储卡内有已经备份的图像，应当将其删除，以腾出足够的存储空间。建议制作一份装备清单，并在每次拍摄前按照这份清单进行检查，以确保不会在关键时刻缺少任何关键装备。

1. 调整相机拍摄模式为手动模式，设置图像格式、白平衡和对焦点

    建议在拍摄时使用RAW格式，如果可能的话，还可以采用RAW+JPEG的格式组合。对于多数场景而言，RAW格式提供了后期调整的灵活性，能够有效解决白平衡的问题。但在面对复杂光源的情况下，最好在场景中放置一张色卡以辅助色彩校正。一般而言，如果白平衡和曝光设置得当，JPEG格式已经足够应对大多数需求。然而，拥有RAW格式的原始文件至关重要，即使当前看似不需要，作为图像资源它具有极高的保存价值。至于对焦，最好设置为单点对焦模式，以提高准确性。

2. 支稳三脚架，对准节点

    在使用三脚架进行拍摄时，一定要反复检查其稳定性，并调整至水平状态，锁紧所有旋钮。建议进行承重测试，即手握中轴向下用力，以确保在旋转拍摄过程中三脚架保持稳定、不移动。接下来，要仔细对准节点。如果使用矩阵云台，首先要确保镜头中心与三脚架中轴对齐，然后检查镜头节点位置是否与竖板转盘中心重合，确认无误后锁紧相机快装组件。完成这些步骤后，转动相机再次检查其稳定性。如果使用的是圆形鱼眼镜头或鼓形鱼眼镜头，由于不进行垂直旋转拍摄，只需将镜头节点对准三脚架中轴即可。

3. 设置景深

    景深是指摄影机镜头或其他成像器前沿能够取得清晰图像的成像所测定的被摄物体前后距离范围。在一般情况下，使用超焦距是最方便最好的选择，其前提是前景在超焦距范围内。如果前景在超焦距范围之外，则要考虑调整拍摄距离，或是调整光圈。

4．光圈

在通常情况下，f/8是一个常用的光圈值，适合多种场景。当拍摄远景或距离不太远的室内场景时，可以选择稍大的光圈，如f/5.6或f/7等，以获取更多的光线，但尽量避免使用镜头的最大光圈，因为这可能会导致图像质量下降。在室外，如果光线好，用全画幅相机拍摄，可以用更小一点的光圈，如f/9、f/11等，但最好不要超过f/13，以避免光线衍射造成的模糊。

5．超焦距

在拍摄柱形和球形全景照片时，最佳做法是使用超焦距。如果是鱼眼镜头，焦段大都在16 mm以下。使用超焦距的光圈和对焦距离如表3-1所示。

表3-1　全画幅16 mm以下镜头超焦距表

镜头焦距/mm	光圈	对焦距离/m	超焦距（最近景深～无限远）
16	5.6	1.53	0.76～无限远
	8	1.09	0.54～无限远
	11	0.78	0.39～无限远
	16	0.55	0.27～无限远
15	5.6	1.35	0.67～无限远
	8	0.96	0.48～无限远
	11	0.68	0.34～无限远
	16	0.49	0.24～无限远
12	5.6	0.87	0.43～无限远
	8	0.62	0.31～无限远
	11	0.44	0.22～无限远
	16	0.32	0.16～无限远
10	5.6	0.6	0.3～无限远
	8	0.43	0.21～无限远
	11	0.31	0.15～无限远
	16	0.22	0.11～无限远
8	5.6	0.39	0.19～无限远
	8	0.28	0.14～无限远
	11	0.2	0.1～无限远
	16	0.15	0.07～无限远

6．对焦

将对焦点调整至预定的对焦距离上，然后半按快门进行自动对焦，接着将对焦模式切换到手动模式以固定焦点。若镜头是手动对焦类型，需仔细调整至精确对焦。根据

表3-1提供的数据，8 mm~16 mm焦距的鱼眼镜头在使用超焦距技术时，对焦距离通常都在1.5 m以内。如果设定光圈为f/8，对焦距离一般都会落在1 m以内，而最近景深则大约在0.54 m以内。对于球形全景摄影而言，这样的设置可以满足大部分场景的需求。

然而，当使用16 mm镜头并以f/8光圈拍摄时，如果近景主体距离相机小于0.54 m，且该近景是画面的重要组成部分，就需要特别注意对焦设置。例如，如果拍摄的主体位于0.3 m处，此时应查阅超焦距表来确定合适的对焦距离，并考虑远景深范围内的场景是否重要等因素。在这种情况下，通常建议调整光圈值来获得理想的景深效果，因为仅靠调整对焦距离很难达到完美的前景和背景清晰度，通过景深表可以辅助做出更明智的调整决策。

7. 设置曝光值

建议在进行HDR全景摄影时使用矩阵测光或平均测光模式。在晴朗的天气下，如果场景中包含太阳，建议分别对着太阳的方向和背对太阳的方向各测一次光。重要的是，在对准太阳测光时，切勿将镜头中心直接对准太阳，以避免损伤眼睛和相机传感器。举例来说，如果设置的光圈为f/8，面向太阳测得的曝光值可能是1/2 000 s，而背向太阳的曝光值可能是1/125 s。取这两个曝光值的中间值（即1/500 s）作为拍摄的基准曝光值。需要注意的是，面向太阳进行测光非常关键，因为对于过亮的场景，不同相机的测光结果可能有所不同。大多数相机对于明亮场景的测光结果偏低，这就是通常所说的"亮加暗减"原则。

因此，在阳光明媚的日子里，应该对相机的测光特性进行仔细的测试。如果发现相机对于非常亮的场景测光读数偏低一挡或两挡，那么在计算曝光中间值时，应该相应地增加半挡或一挡的曝光补偿。这样可以确保在HDR全景摄影中，无论面对亮部还是暗部，都能获得准确的曝光。

8. HDR

在摄影中，当遇到动态范围超出相机能力的场景时，可以使用包围曝光来捕捉更多细节。一般拍摄3张曝光值相差2 EV的照片，这样可以将相机的动态范围扩展1.5倍左右。例如，如果相机的动态范围是9 EV，使用包围曝光可以实现大约13.5 EV的动态范围，这通常足以应对大多数场景。

测光时，要特别注意标准曝光的照片，其直方图分布应该在中间区域，确保亮部和暗部的细节都有所体现。过曝光和欠曝光的照片分别显示亮部和暗部的细节溢出。通过这样的方法，后期可以合成一张细节丰富的HDR照片。

9. 快门速度和 ISO

除了特定需要使用低速快门的场景，如拍摄流水、雨丝或夜景等，以捕捉动感和流动效果外，一般来说快门速度越快越好。使用高速快门可以减少相机震动带来的影响，降低出现"鬼影"的可能性，并且能够更清晰地定格动态画面。

ISO设置对于提高快门速度至关重要。随着数码摄影技术的进步，现代相机传感器的信噪比有了显著提升。例如，近几年生产的许多单反相机在ISO 800的设置下拍摄的照片质量，已经不亚于过去ISO 200的效果。此外，随着图像处理软件在噪声降低方面的功能增强，摄影师不必过分拘泥于低ISO的限制。

在大多数情况下，将ISO设置为800是可行的，相比于ISO 200，这实际上提高了两档曝光值，使得在光线较暗的环境中仍能使用较快的快门速度，从而捕捉清晰的画面。

建议使用相机的LCD显示屏进行拍摄。虽然这样会更耗电，但它带来了多种好处：首先，它避免了反光镜震动，这对于减少相机内部震动和提高图像清晰度非常有帮助；其次，它允许通过直方图实时监控曝光的准确性，从而更好地控制拍摄结果；第三，使用LCD屏拍摄时，可以直接对传感器进行对焦，减少了对焦误差；最后，它提供了在成像区域自由选择对焦点的灵活性，这对于执行超焦距拍摄等高级技术尤为方便。

10. 旋转拍摄

建议在拍摄时使用快门线或者设置相机的延迟拍摄功能（如2 s延时等）。在进行全景拍摄过程中，尤其是在旋转相机时，很容易产生晃动，这会影响照片的清晰度。通过使用快门线或延时功能，可以确保在按下快门时相机已经完全停止晃动，从而显著降低模糊和震动的影响。当环境因素（如风等）导致相机晃动时，应该用双手稳固地托住相机，尽量使其保持平稳，并在心情平静、呼吸稳定的时候轻按快门进行拍摄。这样做可以进一步减少因手抖或外部因素造成的不必要的影响，提高拍摄结果的质量。

11. 防止漏拍

在大多数情况下，使用对角线形鱼眼镜头进行全景摄影时，需要水平旋转相机拍摄6张照片，每张相隔60°。对于刻度从0°~360°的水平转盘，拍摄时要记住第1张照片的起始角度，并依次增加60°进行拍摄。这种方法可能比较烦琐，容易出现漏拍的情况。使用带有分度机制的水平转盘可以简化这个过程，但可能会影响稳定性，并且在嘈杂的环境中容易出错。一个简化的方法是忽略水平转盘的刻度，直接将镜头对准三脚架的一条腿拍摄第1张，然后将相机对准两条腿中间的位置拍摄第2张，接着将显示屏对准与镜头相反方向的腿拍摄第3张，依此类推。这种方法简便且不容易漏拍。另一个方法是在水平转盘的刻度上，每隔60°用钢针做一个标记。在拍摄时，只需要对准这些标记即可，这样可以简化拍摄过程并确保准确无误。

12. 球形全景补天和补地拍摄

在讨论全景摄影的补天补地技术时，首先要指出这是一个难点，将在后文中详细探讨。对于使用不同类型的鱼眼镜头，补天的需求有所不同。当使用圆形鱼眼镜头时，由于其视角覆盖范围的特性，通常不需要进行补天。然而，在使用对角线形鱼眼镜头时，因为其视角在140°左右，所以必须进行补天处理。在进行竖拍时，天地各有一部分视角，大约20°，需要通过补拍来捕捉。由于补地的难度较大，建议在拍摄时向下旋转约15°，多捕捉一些地面，以便后期处理时更加方便。这样一来，天顶部分将有大约35°的视角需要补拍。在大多数情况下，只需要向上补拍一张即可。但是，如果在空旷场景中拍摄，周围没有高大的物体，那么仅仅补拍一张可能不够。在这种情况下，可能需要额外加拍一到两张，有时甚至需要水平旋转90°来补拍一张。由于镜头朝上，相机的取景器和显示屏可能会被云台遮挡，使得直接观察补天的情况变得困难。为了解决这个问题，可以在相机和云台之间放置一个小镜子，这样就可以直观地查看并调整补天拍摄的角度。

13. 拍摄后的检查

检查应分为前后两个步骤。前一个步骤是在三脚架上检查，也就是在节点没有移动之前检查，检查的重点是：

● 曝光值。主要看直方图。如果是高动态图像，至少要看欠曝和过曝的两张直方图是否俘获了场景的全部光。欠曝的直方图右侧至少应有1/4没有像素（见图3-3），但如果有太阳，则右侧1/4像素应当较少，且溢出很少。过曝的直方图左侧至少应有1/4没有像素。

● 景深和清晰度。在显示屏放大查看，主要看调焦点处（一般在图像中间）是否合焦，以及近景是否清晰。

● 是否有漏拍。

● 补天图四周是否有足够的细节和纹理，如果没有或很少，要补拍。

● 有太阳的那张图是否有耀斑、光晕。如果比较严重，需要补拍，或微调角度后多拍一两张。

后一个步骤是在移动三脚架拍摄补地图之后检查，主要是检查补地图的清晰度和图像中间是否对准或接近死角中心。

图3-3 曝光直方图

3.1.2 透视与视差

我们可以将世界看作一个三维的空间，镜头将三维景象投射在二维平面上，与镜头距离不同的物体在二维平面上的大小表现也就不同。这种相对大小使人观看时产生远近的感受，这种感受称为透视感。

在绘画中，我们都知道"近大远小"的基本原理。透视感的第一要义就是近大远小，摄影或者绘画主要根据视点的固定或非固定来决定最终呈现的效果。

在建筑摄影中，透视是重要基础，它直接影响建筑摄影整个空间尺寸的比例及纵深感。由于空间场景较大，透视显得较为抽象，难以把握，建筑空间也不容易表现。因此要利用一点透视、两点透视等知识把这些抽象之处用直观的方式拍摄出来。下面首先了解一些透视的基本术语，如图3-4所示。

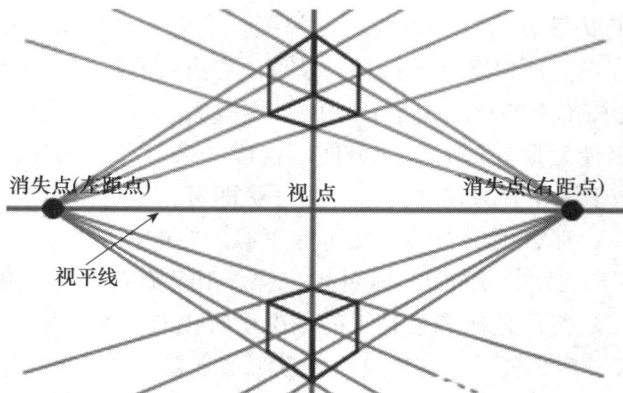

消失点(左距点)　　视点　　消失点(右距点)

视平线

图3-4 透视

①视平线。视平线就是与相机平行的水平线。

②心点。心点就是相机正对着的视平线上的一点，它是一点透视的消失点，图3-4为两点透视结构，无法标注出心点位置。

③视点。视点就是相机的位置。

④消失点（灭点）。消失点就是与画面不平行的成角物体，在透视中延伸到视平线上心点两旁的交点。

1. 透视

透视主要分为一点透视、两点透视和三点透视。透视都与最终的消失点有关，它分别会在一点、两点、三点消失。从视觉上看，距离近的物体看起来更大，距离远的物体看起来更小，并会随着距离不断变远而逐渐消失。离自己近的物体看上去会更清晰、更大、更具体，而离自己远的物体会变得模糊，看上去会更小。下面分别对一点透视、两点透视、三点透视进行简要介绍。

（1）一点透视

一点透视是指有一面与画面平行的正方形或长方形的物体透视，只有一个消失点，视平线与被摄物平行。这种透视给人整齐、平整、稳定、庄严的感觉，如图3-5所示。

图3-5　一点透视

（2）两点透视

两点透视是指任何一面都不与画面平行的正方形或长方形的物体透视，有两个消失点，也是最常见的透视关系，这种透视使构图富有变化，如图3-6所示。

图3-6　两点透视

（3）三点透视

三点透视一般在仰视或鸟瞰物体的时候出现，此时有3个消失点，三点透视适合表现硕大的物体或强烈的透视感。在表现高层建筑时，当建筑物的高度远远大于拍摄画面的长度和宽度时，采用这种透视方法能表现出建筑物的高耸感，如图3-7所示。

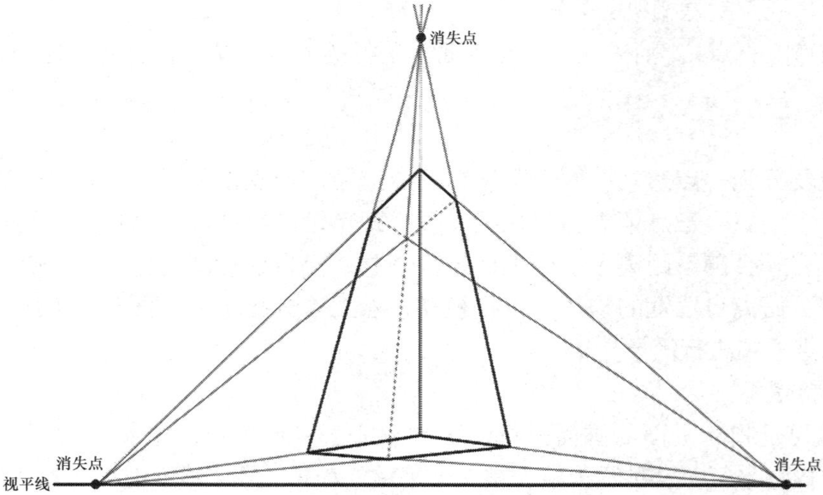

图3-7　三点透视

（4）**固定视点透视**

固定视点透视的原理，是根据人眼的高度固定观察点，将人的眼睛比作一台相机，距离相机越远的物体在视网膜上的影像就越小，在极远处消失在视平线上的点，称为消失点。相反，距离相机越近的物体映在视网膜上的影像就越大。VR全景拍摄主要是运用这种固定视点的透视关系来记录画面，本书也主要针对固定视点进行讲解。

在一般情况下，我们所拍摄的建筑都是矩形的，那么为何会拍出不同的透视效果呢？例如，上小下大，或者近大远小，甚至有时候连线条也不是直的。

这是因为在拍摄物体时，由于相机镜头是凸透镜，与眼睛内的晶状体同理，会产生一定程度的透视，如近大远小、近实远虚等，这使拍摄出的图片空间感十足。

使用超广角镜头或鱼眼镜头时，透视效果会更加明显。这是因为这些镜头具有更宽的视角，能够捕捉到更多的场景。使用8 mm的鱼眼镜头，将相机提升到接近眼睛的高度拍摄正前方时，镜头能够捕获半球形空间内的所有内容，包括三脚架下方的区域。在这种极端的视角下，所拍摄的影像通常在画幅中形成一个圆形，而不是充满整个矩形画幅，如图3-8所示。

图3-8　固定视点透视

（5）**散点透视**

散点透视，也称为非固定视点透视，是一种不同于固定视点透视的绘画技法，它包括散点透视和移动点透视等方法。这种透视法的特点是画家的观察点不固定，可以根据需要在各个立足点上观察，然后将所见的内容组织到同一幅画中。以《清明上河图》为例，这幅描绘北宋都城繁荣景象的长卷采用了散点透视法，如图3-9所示。画家在绘制过程中并没有将观察点限制在一个地方，而是根据需要移动立足点进行观察，将不同视角下的景象融合在一幅画中。这种透视法使得画面更加丰富多元，展现了北宋都城的繁荣与活力。

图3-9　散点透视

2. 视差

视差是数码接片技术中的一个关键问题，无论是在拍摄过程中还是后期处理时都需要特别注意。对于使用鱼眼镜头的摄影来说，视差的影响尤为显著。

那么，什么是视差呢？我们可以通过一个简单的实验来理解。首先，保持头部不动，闭上左眼，伸出右手拇指，用右眼对准前方的某个垂直物体，确保眼睛、拇指和垂直物体呈一条直线。然后，闭上右眼，睁开左眼，你会发现拇指和前方的垂直物体不再在同一直线上。这是因为你的观察位置发生了水平位移，这种现象就是视差，如图3-10所示。

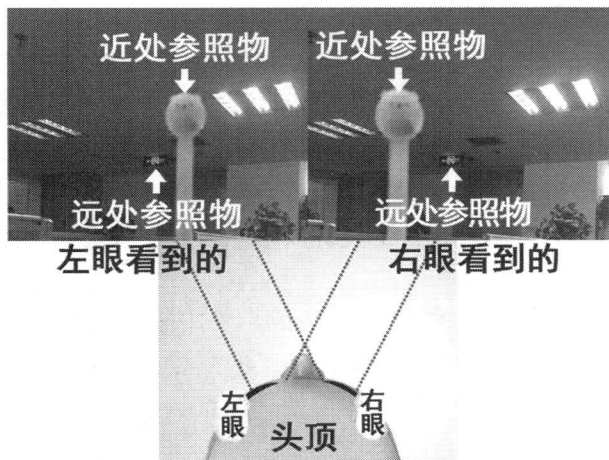

图3-10　视差

视差是指在有前景、中景、后景，或者其中两者的场景中，当观察位置发生位移时，观察到的图像中的物体也会随之出现位移的现象。

在这个实验中，右手拇指可以看作是前景，前方的垂直物体可以看作是中景或后景，而你的眼睛就是观察位置。在透视学中，这个观察位置被称为视点，也叫眼点。需要注意的是，前景和中景或后景实际上并没有发生变化，变化的是视点在水平方向上的位移，结果是我们大脑中的图像也随之发生了变化。

视点位移有3个方向，即水平位移、垂直位移和前后位移。在具有前景、中景和后景的场景中，或者是其中两者的场景中，这3种位移导致的图像视差是不同的。具体如下：

- 水平位移导致图像中的物体水平位移，而不会导致垂直位移，如图3-11所示。
- 垂直位移导致图像中的物体垂直位移，而不会导致水平位移，如图3-12所示。
- 既有水平位移，又有垂直位移，将导致图像中的物体水平和垂直位移。
- 如果场景是一个垂直平面，没有近、中、远景，如拍摄壁画，视点位移不会导致视差。
- 前后位移导致的结果是，图像中的物体似乎发生了垂直方向的位移，如图3-12所示。前后位移还会改变图像的大小和透视关系。因而，如有视差，近距离拍摄会放大视差，远距离拍摄会缩小视差。如果拍摄距离足够远，场景会接近于垂直平面，视差可以忽略。
- 在场景中，近、中、远景之间的相对距离越大，视差越大；反之，则越小。我们虽然用两只眼睛观察世界，但大脑可以自动消除视差。视差对人类非常重要。

图3-11　水平位移　　　　　　　　　　　图3-12　垂直位移

视差是立体视觉和运动视觉的基础，它使得人类能够感知深度和运动。例如，著名的徕卡旁轴相机就运用了视差原理来实现测距对焦功能。然而，在数码接片摄影领域，如何有效消除视差则成为一个关键挑战。与单幅摄影不同，数码接片涉及多幅图像的拼接，因此相机的任何位移都可能引起视差，这会导致图像中的物体出现位移，进而影响到数码接片的配准和对齐，降低接片的整体质量。因此，解决视差问题对于提高数码接片的质量至关重要。

视差的实质是视点位移。在摄影中，如果能够围绕一个固定的视点进行旋转拍摄，便可以避免因视点位移而引起的视差问题。人眼的视点在视网膜上，相机镜头的视点在哪里呢？在最简单的针孔摄影中，针孔本身就是视点，只要围绕针孔旋转，就没有视差问题。

3. 镜头最小视差点

镜头最小视差点又称镜头节点，拍摄VR全景图时需要让镜头围绕一个圆心旋转并进行拍摄。但是在拍摄的过程中，随便找一个圆心是不行的，必须让相机围绕镜头节点旋转，这样才可以拍摄出没有错位的VR全景图素材。

镜头节点，也称为光学中心，是相机镜头中一个关键的点，光线通过这一点时不会发生折射。在镜头的光轴上存在两个重要的点：前方的P点称为物方节点，后方的Q点称为像方节点，如图3-13所示。当光线从物方节点进入镜头时，它会保持相同的方向从像方节点射出，不会发生方向的改变。在进行拍摄时，为了确保图像没有因视差引起的错位，通常会选择物方节点和像方节点之间的一个点作为镜头节点。这个点并不是一个实际的物理中心点，而是选择一个对视差影响最小的点，以实现最佳的成像效果。这样，在拍摄VR全景图时，相机围绕这个选定的节点旋转，可以确保得到的画面没有因镜头位置偏差而产生的视觉误差。

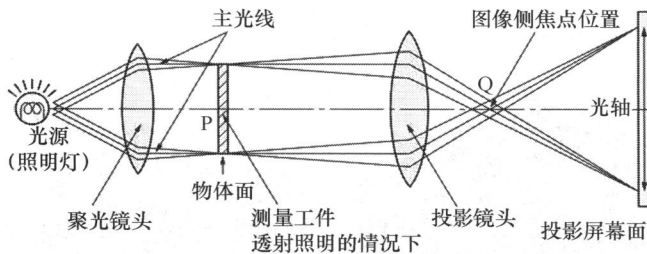

图3-13　镜头视差点

在拍摄VR全景照片时，通过将镜头节点作为旋转的中心点，可以确保光线在成像面上不产生折射，从而避免被摄物体（无论是远处还是近处的物体）在镜头转动时发生任何位移。这种方法保证了拍摄的多张照片中的物体位置保持一致，使得这些照片能够完美地合成为一张无缝的VR全景图。因此，为了制作出高质量的VR全景照片，正确设置镜头节点作为旋转的中心是至关重要的。

视差问题通常与镜头有关。在现代摄影中，大多数镜头都是复合镜头设计，这种设计包含多个透镜元素，以优化成像质量和校正各种像差。对于非鱼眼镜头的常规镜头来说，其视点位于镜头的光轴上的某一点。定焦镜头只有一个固定的视点，这意味着在所有焦距上，光线都会在镜头光轴上的同一点汇聚。相比之下，变焦镜头每个焦段都有一个不同的视点，因为随着焦距的变化，光线汇聚的位置也会发生变化。

镜头的视点在国内外摄影界有不少叫法，如节点、无视差点、最小视差点、光轴、光学中心、入射光瞳等，而使用的比较多的是节点。但在镜头光学中，节点是前节点和后节点的统称。光线进入镜头后，在前节点和后节点之间的方向不变。

近年来，关于镜头视点的理解出现了一些争议。部分专家认为，入射光瞳的位置才是摄影中的真正视点，这一观念已被一些最新的全景摄影书籍采纳。尽管如此，国内全景摄影领域仍普遍采用"节点"一词。需要指出的是，尽管在实践中"节点"可能与光学上的前后节点位置重合，但它们在概念上是不同的。图3-14是一张镜头节点示意图。

4. 相机镜头围绕节点旋转拍摄

在拍摄全景图时，关键在于确保相机镜头围绕节点进行旋转拍摄。这不仅包括在水平方向上的旋转，也涉及垂直方向，如图3-15所示。

图 3-14　镜头节点

图 3-15　围绕节点旋转

如果镜头旋转不在节点上，就会出现节点位移，进而导致视差，如图 3-16 所示。

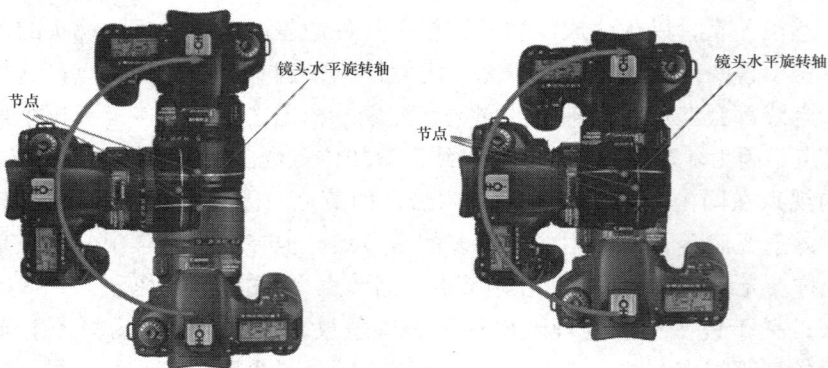

图 3-16　未围绕节点旋转

5. 用试错法确定镜头的节点

用试错法测定镜头节点一般分 6 个步骤。

第一步，在准备拍摄全景图时，首先需要将三脚架设置好。接下来，将安装了快装组件的相机稳妥地插入云台的快装夹上。此时，需要注意调整快装组件的直板与快装夹之间的间隙，使其既不过紧也不过松，以便于在稍加用力的情况下可以前后移动相机。

之后，调整相机至水平位置。如果使用的是变焦镜头，确保镜头设定在想要测试的焦段上。尤其需要注意的是，相机快装组件上的直板必须与镜头节点对齐，以确保旋转拍摄时的准确性和稳定性。

第二步，将相机镜头的中心位置与三脚架的轴心对齐。如果使用的是一种矩阵云台，可以倒转相机，让镜头垂直向下对准三脚架的中心点。然后前后移动相机，直到镜头中心与三脚架的轴心准确对齐。完成对齐后，锁紧云台以固定相机的位置，如图3-17所示。图3-18所示是镜头垂直对准脚架中心的截图。

图3-17　镜头对齐三脚架轴心

图3-18　垂直脚架中心

第三步，在相机前方大约0.5 m~1 m的距离处放置一个垂直竖立的细小物体，如削尖的铅笔、吊线或牙签等。接着，在该垂直物体正前方至少2 m以上的地方，放置另一个垂直物体。调整三脚架的位置，通过移动脚架来确保相机取景器的中心与这两个垂直物体排成一条直线，即形成三点一线的对准方式，如图3-19所示。

务必使相机显示屏中心与牙签、红色笔在一条直线上，如图3-20中右下角放大截图所示。

图3-19　三点一线

图3-20　三者中心在一条线上

第四步，顺时针旋转相机，直到之前放置的两个垂直物体出现在取景器的最右侧。然后仔细观察这两个物体是否在一条直线上。如果它们没有对齐成一条直线，就需要通过调整快装组件的直板来前后移动相机，直至两个物体在视觉上重合、对齐成一条直线，如图3-21中右上角放大截图所示。

第五步，逆时针转动相机，重复第四步的操作，直到取景器左右两侧的垂直物体都重合为直线，如图3-22中左上角放大截图所示。

图3-21　对齐成一条直线 　　　　　　　　　　图3-22　重合为直线

第六步，锁紧相机快装组件的直板，以固定其位置。然后再次进行测定，确认所有设置无误。接着，在镜头体上或相机快装组件的直板上标记节点的位置，以便在今后的全景拍摄中可以快速准确地重现此次设置。建议在相机快装组件的直板上进行标记，因为它更容易访问且便于调整。

不同镜头的节点位置会有所差异，这些差异可能由镜头的品牌、型号或焦段造成。因此，对于每个不同的镜头，都需单独测定其节点位置。

6. 鱼眼镜头的节点

鱼眼镜头通常是定焦镜头，其节点会随光线入射角度的变化而变化，这意味着它们没有固定的节点。

大致而言，鱼眼镜头，尤其是定焦类型，其节点会随着光线入射角度的不同而变化，没有单一固定的节点。在定焦鱼眼镜头中，当镜头中心设为0°时，节点从+30°视角开始向后移动，随着视角扩大至60°或更大，节点逐渐向镜头前端移动，移动距离大约1.5 mm并逐渐减小，且移动比例不一致。变焦鱼眼镜头的最短焦距通常也呈现这种现象。由于鱼眼镜头的边缘区域不可避免地存在节点误差，解决方法是精确测定约100°视角的节点位置。对于大于100°视角的边缘节点误差，常用的方法是增加拍摄张数以进行校正。例如，一个圆形鱼眼镜头理论上通过旋转拍摄3张（每张120°）即可合成球形全景图。但为了补偿边缘节点误差，可以增加至4张，每张90°来拍摄。对于180°对角线的鱼眼镜头，竖拍方法使得水平视角约为90°，将镜头长边的边缘节点误差分配到全景图的顶部和底部。此时，可以通过旋转拍摄6张图像（每张60°）来有效地解决镜头边缘的节点误差问题。这要求对全景图底部进行补拍时采用特殊方法以确保质量。

图3-23所示是佳能8~15 mm变焦鱼眼镜头的节点示意图，由米歇尔使用激光法测定。图中箭头指向的位置是不同焦段的最小视差点（LPP），即最小误差节点。

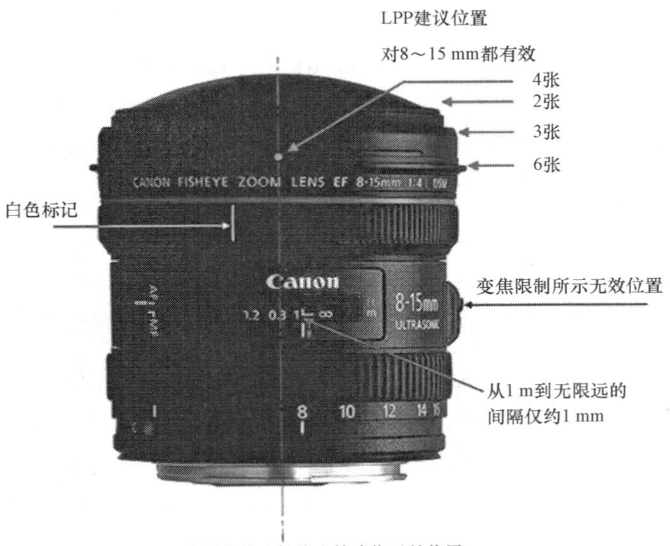

图3-23　节点示意图

7. 节点误差

节点误差是相对的，其标准是在100%放大的最终数码接片图像下，在明视距离条件下肉眼无法察觉到接缝。根据实践经验，如果将节点精度调整到1 mm~2 mm，大多数场景下均可达到这一标准。目前的专业接片软件也配备了一定的节点误差矫正功能，只要节点误差在这个矫正能力范围内，通常都能得到准确的修正。

然而，在实际全景拍摄中，由于各种复杂情况的出现，节点误差难以完全避免。特别需要注意两种类型的节点误差引起的视差：第一种是操作失误造成的节点误差，称为常见节点误差；第二种是当拍摄距离过近时，即使小的节点误差也可能被放大，导致明显的视差，这称为近景节点误差。

8. 常见节点误差

尽管可以通过试错法确定镜头的节点，但在实际拍摄中总会由于各种原因产生一些误差。常见的误差包括：

- 在激动人心的场景下容易忘记对准节点，导致忙中出错。
- 矩阵云台组件间隙公差累加，尤其是当相机和镜头质量较大且重心偏离时，这些间隙会累积形成节点误差。
- 在相机横拍和竖拍转换时，若忘记重新对准节点与三脚架中轴，也会产生误差。
- 如果矩阵组件未锁死而出现松动，将引起节点误差。
- 垂直旋转拍摄时，如果变焦镜头未锁定，其前后移动会导致焦距变化和节点误差。

解决这些常见节点误差的方法关键在于培养严格的工作流习惯，无论遇到什么情况，始终专注于准确的节点定位。

9. 近景节点误差

在讨论视差问题时，已经分析了在包含近景、中景和远景的场景中，由节点误差引起的视差与拍摄距离之间的关系。当拍摄距离较短时，即使微小的节点误差也会被放大，导致明显的视差。尤其是在 1 m 以内的近距离拍摄时，这种效应更为显著。之前提到的鱼眼镜头边缘的节点误差也是类似问题。因此，精确校准节点在进行近距离拍摄时尤为重要。

需要明确的是，视差并不受镜头焦距的影响，而是与拍摄距离相关。广角、超广角和鱼眼镜头对节点精度的要求较高，并不是因为它们的焦距短，而是因为这类镜头拥有较大的视角，这使得在场景中避免近距离物体变得更加困难。

3.1.3 拍摄全景图

手持全景摄影是一种快速、轻便并且灵活的拍摄手法。这种方法尤其适用于那些对时间要求严格、不允许使用三脚架的环境，以及在图像质量不是主要关注点时，例如进行资料性图像采集或者街头摄影等场合。在这些情况下，手持全景技术具有其独特的优势，难以被其他方法所替代。以下是手持全景拍摄需要注意的地方。

1. 镜头选择

手持全景摄影中选择使用的镜头类型取决于想要创建的全景图像的种类。对于平面和宽幅全景图，多种类型的镜头均适用，包括从长焦镜头到超广角镜头。但是，在拍摄柱形或球形全景图时，通常推荐使用鱼眼镜头，这是因为这类全景图覆盖的视角非常宽广。

使用鱼眼镜头进行柱形或球形全景摄影的优势在于，由于其极端的视角宽度，可以减少所需拍摄的图片数量，从而缩短拍摄时间、降低错误发生的概率，并提高成功率。特别是在进行球形全景图的拍摄时，使用圆形鱼眼镜头或鼓形鱼眼镜头是最佳选择，因为通常只需 3~4 张图片就能完成全景的捕捉，不过建议至少拍摄 4 张，以确保质量和覆盖范围。

2. 辅助器材

手持拍摄全景图，建议装备必要的小型器材。主要有以下几种：

①背带或绳索。2 m 以下，直径 0.4 mm~5 mm 以上，用于辅助手臂稳定。

②三向水平泡。可以插入热靴或粘贴在直板上，以随时监视相机水平，如图 3-24 所示。

图 3-24　三向水平泡

③吊锤和橡皮圈（头绳），或其他替代物，用来确定死角中心。常用的是钥匙链4遥控器或快门线，减少手震、机震。

④相机快装组件或镜头箍，加上可以安装在直板上的小转盘或顶部有小转盘的云台，如图3-25所示。

图3-25　相机云台

3. 拍摄要点

● 与三脚架拍摄全景图像不同，手持拍摄很难做到精确地围绕节点旋转拍摄。因此手持拍摄全景图的关键，是采取一切必要的措施，想方设法保持节点稳定，把节点移动尽可能控制在接片软件所允许的误差范围之内。

● 所有拍摄参数均为手动，特别是曝光时间要尽可能短，最好在1/125 s以上，可以配合高ISO确定。

● 拍摄柱形或球形全景图，需使用圆形鱼眼镜头或鼓形鱼眼镜头，按照拍摄4张计划安排。但在拍摄过程中，对需要多拍、补拍或感觉有问题的，宁可多拍，以防万一。

● 尽量避开近景，近景最好在3 m以外。

● 尽可能选择显示屏拍摄，并使用遥控器或快门线，以减少手震和机震。

4. 使用单反全画幅相机进行 VR 全景拍摄

下面以佳能为例，佳能入门级全画幅6D单反相机、鱼眼镜头（8~15 mm）、思锐三脚架 R-2204、思锐云台PB-10，如图3-26所示。

图3-26　VR全景拍摄设备

步骤 01 VR全景拍摄器材及组装。首先将三脚架固定好，然后将云台安装上，最后将相机安装至横轴90°固定，如图3-27所示。按照上图组装好的效果如图3-28所示。

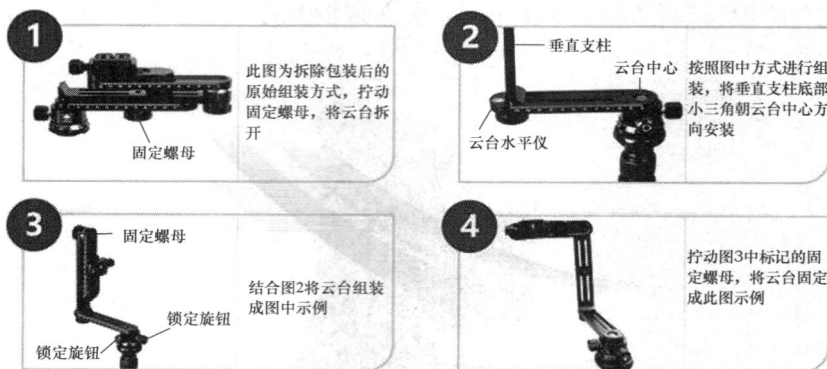

图3-27　器材及组装

图3-28　组装好的效果

步骤 02 VR认识相机及相机操作，如图3-29、图3-30所示。

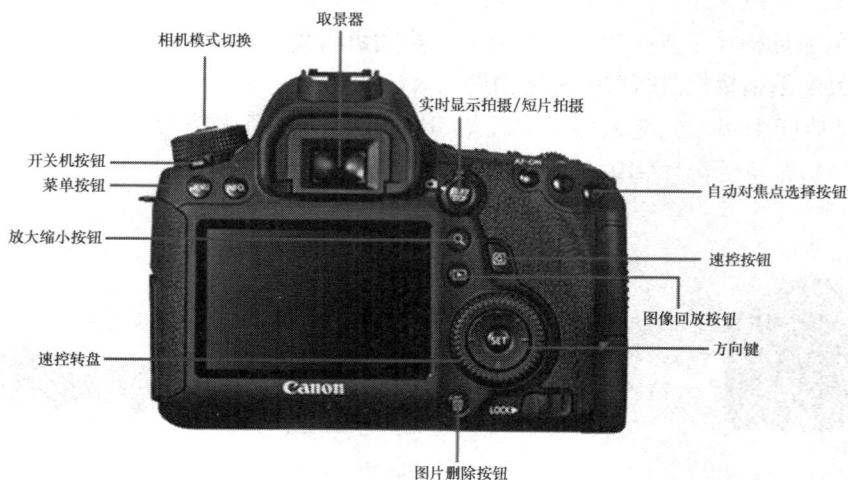

图3-29　相机操作图

图 3-30　相机操作图

步骤 03　相机屏幕操作指示如图 3-31 所示。

图 3-31　屏幕操作指示图

步骤 04　让镜头朝下，通过取景器观察，调整相机中心对焦点与三脚架/云台中心重合。按一下自动对焦点选择按钮，如图 3-32 所示。

图 3-32　调整相机

步骤 05 对准云台螺母中心点后，将云台支撑柱放回到90°，如图3-33所示。将鱼眼镜头焦距调整为12 mm，半画幅的相机将鱼眼镜头焦距调至8 mm，将相机切换到相机实时显示拍摄，放大画面拧动对焦环调至清晰即可，如图3-34所示。通过目镜或液晶屏显示预览图像，观察图像底部，使底部能够显现出中心点螺母的一半，如图3-35所示。

图3-33　云台支撑柱复位

焦距环
对焦环
焦距指示标识
自动/手动对焦按钮
AF自动对焦/MF手动对焦

图3-34　焦距调节

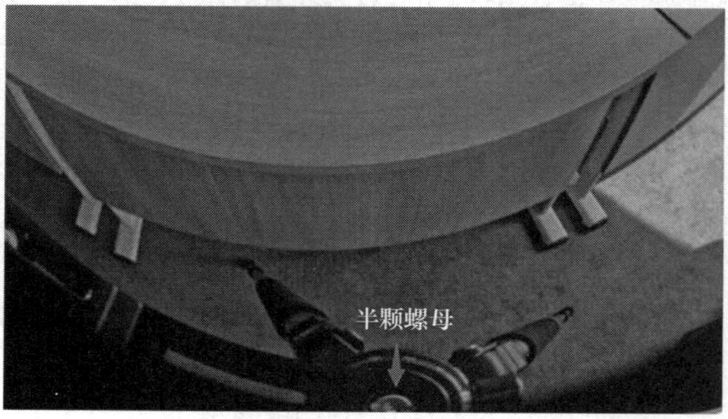

半颗螺母

图3-35　螺母的一半

步骤 06 对焦方式：①可先选择AF自动对焦，半按快门，听见嘀的一声，表示已对好焦点，然后再调置MF手动对焦完成对焦。②直接调置MF手动对焦，单击实时拍摄按钮（见图3-32），液晶屏显示画面后，单击放大缩小按钮，放至最大画面（见图3-33），手转动对焦环，调至清晰即可。以上调试好确认没问题之后，全景拍摄从0°开始拍摄，每旋转60°拍一张（6个面），如图3-36所示。

5. VR相机曝光三要素

①光圈：光圈是一个用来控制光线透过镜头、进入机身内感光面的光量的装置，它通常是在镜头内。光圈大小用f值来表示：数值

图3-36　旋转60°

越大，光圈孔径越小；数值越小，光圈孔径越大。光圈 f 值愈小，在同一单位时间内的进光量便愈多（因为光圈孔径大），而且上一级的进光量刚好是下一级的一倍。例如，光圈从 f/8 调整到 f/5.6，进光量便多一倍，也就是光圈开大了一级。

光圈好比是水龙头。如果把它开大，就能有大量的光线进入；如果把它关小，就只会进入较少的光线。大光圈除了能获得更多的光线外，还能获得浅景深的效果（所谓景深，就是当焦距对准某一点时，其前后都仍可清晰的范围）。光圈越大，景深越浅，说得比较俗就是拍摄的主题清晰，而背景是模糊的，这样突出主题。光圈越小，景深越大，也就是前后景都比较清晰，适合拍风景照。

②快门：快门是控制曝光时间长短的一种机械或电子装置，是镜头前阻挡光线进来的装置。控制进光时间，这是快门的基本作用。它与光圈配合，解决曝光量的需要。为了让大家更容易理解，也可以把快门说成是让相机保持当前设定光圈大小的控制时间。如何设定快门的时间要看被摄主体和光线来定，如果是拍摄运动中的物体（如一场球赛、飞翔的鸟儿等），快门一般就要设在 1/300~1/1 000 s，才能清晰地拍摄到运动的物体。

不同的快门速度和光圈大小的组合是可以得到同样的曝光量的。举例说明，有这样两组曝光组合：A.快门速度是 1/30 s 且光圈 f/5.6；B.快门速度为 1/60 s 且光圈 f/4。虽然这两组的光圈和快门值都不相同，但得到的曝光量是一样的，但并不能证明所拍出照片的效果就一模一样！

③感光度：所谓感光度，就是指对光线的感应能力，也就是 ISO 值，ISO 值一般有 ISO 100、200、400、800 或更高。一般来说，低 ISO，也就是低感光度的情况下，画面更清晰，更细腻，细节表现的更有深度；而高 ISO 则可以在暗光环境下应付自如，不过高 ISO 会使照片上的噪点增加。所以在有条件允许的情况下最好使用低 ISO。

ISO 确定原则：在晴天或者多云光线条件下的室外，使用 100 感光度；在阴天或者下雨的室外，使用 100、200 或 400 的感光度；在自然光条件下的室内或者傍晚或者夜晚的灯光下，使用 100 感光度。

VR 全景拍摄建议参数如表 3-2 所示。

表 3-2　建议参数

M档（手动挡）	光圈（F）	快门（T）/s	感光度（ISO）
室内	F8 ~ F10	0.5″ ~ 2″	100
晴天/阴天	F11 ~ F16	1/100 ~ 1/350	100（在特殊情况下可调更高）
夜景	F16 ~ F22	30″ ~时间更长	100

6. VR 全景拍摄注意事项

拍摄时应在三脚架固定好的时候检查三脚架上的水平仪是否居中；相机的曝光数值调试准确，不要出现过曝过暗；相机的光圈尽量不要小于8，因为光圈越大，景深越浅；感光度尽量不要高于800，否则照片会出现噪点；快门应根据当时的环境进行调试；切记清晰度调至最清晰；拍摄时检查下镜头前有没有污浊物，将镜头擦拭干净；拍摄时三脚架一旦固定好了，就不要有位移。中间如果移动了，须重新拍摄。

7. VR 全景拍摄场景参数说明

（1）白天室内参数

首先可以先调整光圈值 f/8~f/10，之后调整 ISO 为 100，最后调整快门速度 10~30 s（根据现场环境光亮度细致调整，因为不同环境会出现不同光亮度）。图 3-37 所示为一个影楼的二楼大厅，其参数为光圈 f/8、ISO 100、快门 30 s。

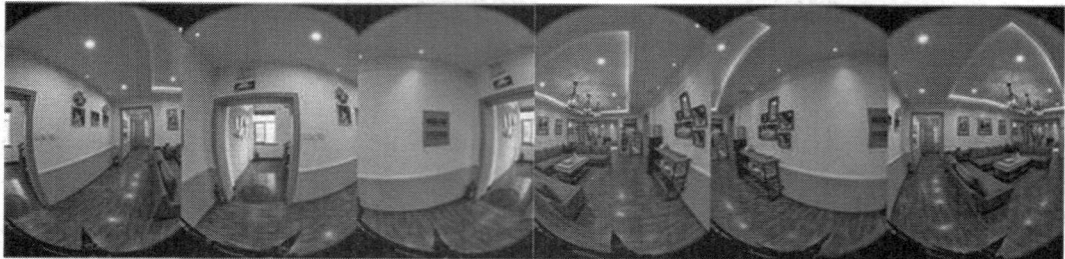

图 3-37　白天室内参数效果

（2）外景晴天参数

因为是在室外、光线足够的情况下，可以先确定 ISO 100（低 ISO 的情况下，画面更清晰、更细腻，细节表现的更有深度），之后确定光圈值 11~16，最后可以把快门值定在 100~160 s。图 3-38 所示为影楼大门外景，其参数为光圈 f/14、ISO 100、快门 125 s。

图 3-38　外景晴天参数效果

（3）夜景参数

夜景环境光线比较暗，为了保证画质，先确定 ISO 100，光圈值可用 f/16，快门为 30 s，如图 3-39 所示。

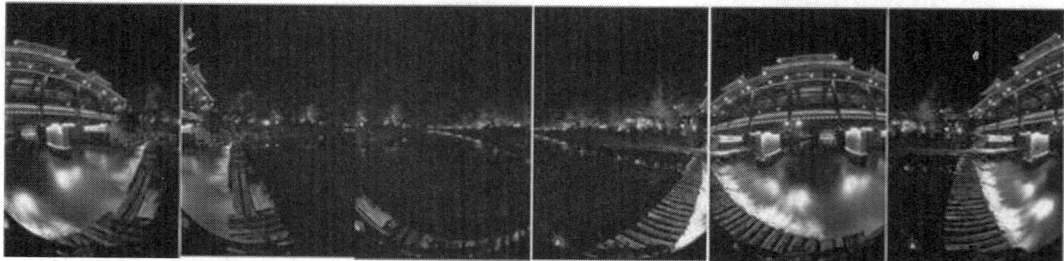

图 3-39　夜景参数效果

3.2　全景图的缝合原理

全景图需要围绕镜头节点旋转并进行拍摄，才可以将相邻的两张图片进行缝合。通常是依靠软件和其内置算法来完成图片的拼接工作。这些软件的核心功能是计算并确定相邻图片之间的相对位置，然后将它们合并成一张连续的全景图像。目前市场上流行的拼接软件包括Adobe Photoshop、PTGui、Autopano Giga等。这些软件主要运用两种类型的拼接算法：基于区域特征的拼接算法和基于光流特征的拼接算法。

3.2.1　基于区域特征的拼接算法

基于区域特征的拼接算法是最为传统和应用最普遍的算法之一。该算法首先考虑的是待拼接图像的灰度值。它通过比较参考图像中的某个区域和另一张图像中相同尺寸的区域的灰度值差异来工作。利用最小二乘法或其他数学方法，计算这些差异，从而评估图像重叠部分的相似性。通过分析这些差异值，算法能够确定图像重叠区域的范围和位置，并据此实现两张图片的精确拼接。

基于区域特征的拼接算法首先从像素信息中提取出图像特征，然后以这些特征为基准去搜索和匹配图像重叠部分的相应特征区域。这种方法在拼接时表现出较高的稳定性。该算法的操作分为两个主要步骤：第一步是提取图像的特征点；第二步是在图像之间匹配这些特征点，以确保正确对准重叠区域。

每对图片之间至少有25%的重叠。首先，从两个图像中提取具有明显灰度变化的点、线和区域，然后再将两个图像的特征集中，利用匹配算法尽可能将具有对应关系的特征位置对齐，最后将对齐的图像进行缝合，如图3-40所示。

图3-40　重叠区域

3.2.2　基于光流特征的拼接算法

光流（optical flow）这一概念最初是在20世纪40年代由詹姆斯·吉布森（James J.

Gibson）提出的。它描述了空间中运动的物体在成像平面上造成像素运动的瞬时速度。光流法是一种利用图像序列中像素随时间的变化以及相邻帧之间的相关性来寻找上一帧与当前帧之间对应关系的方法，进而计算出物体在相邻帧之间的运动信息。在使用基于光流特征的拼接算法时，需要先通过相机镜头的位置关系基本对齐两张相邻的图像，并已经对图像信息进行了分层处理。换句话说，虽然光流特征可以用来进一步细化和优化图像拼接，但是原始图像间的匹配关系还是需要通过基于区域特征的拼接算法来首先建立。

光流通常由场景中前景物体的移动、相机的运动，或二者的联合运动产生。当人眼观察运动的物体时，这些物体在视网膜上形成的图像会连续变化，就像光在图像平面上流动一样，因而得名光流。光流揭示了图像序列之间的变化，并且由于它携带了有关目标运动的信息，观察者可以用它来判断目标的运动状态。通过分析画面中颜色的深浅，可以估计图像的深度信息，如图3-41所示。当目标物体移动时，相机记录下每个像素的移动并对其进行匹配，然后通过局部像素的移动来进行插值，从而生成中间视图。这个处理过程有助于"填补"图像之间的空隙，减少拼接时的伪影，并生成带有清晰对象边界的深度图，最终实现在拼接全景图时避免错位，创建出视觉上连续且无错位的VR全景图像。

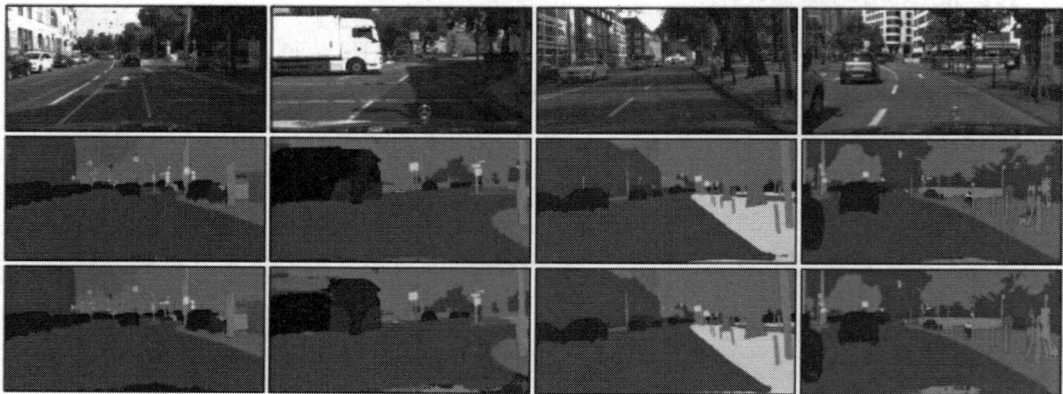

图3-41　光流图像

像素级的密集光流是VR全景相机在拍摄全景视频时常用的一种拼接算法。例如，得图的8K 4目全景相机就利用这种算法，通过计算不同镜头间画面像素的对应关系，来准确地实现实时图像拼接。这种密集光流不仅能够确保图像间的无缝对接，还提供了丰富的深度信息，这对于在全景视频中展现空间效果非常关键。因此，这项技术在全景视频拼接领域得到了广泛的应用。

3.2.3　成功拼接图片的关键

VR全景图的拼接算法依赖于两个相邻画面之间的相关性，这种相关性将作为拼接时的参考依据。为了确保拼接能够成功进行，所拍摄的两张相邻图片必须包含足够的重叠区域，这样计算机才能够识别和计算它们之间的位置关系。这个重叠部分为算法提供了必要的信息，是实现图片成功拼接的关键条件。

在VR全景图的制作过程中，为了确保相邻两个画面能够有效地拼接，每个画面至少应有25%的重叠区域。这个重叠部分非常关键，因为它需要包含足够多的独特特征点，以便算法可以准确地计算出两幅图像之间的位置关系。当相邻的画面主要是相同的纯色，如无云的蓝天、纯白色的墙壁或相似的水面等，缺乏足够的特征点，这就使得计算位置关系变得困难，可能导致拼接失败。为了解决这个问题，我们可以创造一些共同出现在两个画面中的特征点，或者增加两幅图像间的重叠区域比例，以确保拼接过程能够成功进行。

如图3-42所示，当有6张图片素材用于拼接时，会形成6个重叠区域，这些区域代表图片之间的相互重叠部分。通过使用拼接软件，这些图片可以被处理并组合成一张水平视角为360°的全景影像。重要的是，每两张相邻的图片都需要有重叠区域以实现正确的拼接。如果缺少了其中任何一张图片，整个全景将无法完整拼接，因此确保相邻图片之间有足够的重叠是非常必要的。

图3-42　相互重叠区域

3.3　全景图的缝合技术

缝合（接片）技术是一种摄影方法，它将一个实际场景按顺序分解成多个片段。具体操作是使用相机在有限的画幅内对每个片段进行有序的拍摄。完成所有拍摄工作后，在后期制作阶段，这些片段会被无缝拼接在一起，从而生成一幅超大画幅、高像素的图像。理论上，接片技术允许无限数量的片段被拼接在一起。这种技术尤其适用于拍摄广阔的大型场景。使用的镜头焦距越长，在拼接时所需要的照片数量就越多，最终得到的图像尺寸也就越大，相应的细节表现也就越丰富。然而，对于VR全景图来说，并不总是需要如此高水平的细节，因为观看全景图像时观众通常会关注整体视角而非局部细节。

一般场景可以用鱼眼镜头拍摄，而特殊场景，如具有丰富细节和有保留价值的场景，则可以使用焦距较长的镜头来拍摄取景。

由于常规相机的取景范围有限，当需要更大的视野时，通常会考虑使用广角镜头或更换为大画幅相机。在没有广角镜头可用的情况下，接片技术成为一个可行的选择。例如，通过使用专业的野猫S2Pro电动矩阵接片云台，可以拍摄多张照片并将它们合成一张矩阵图片，如图3-43所示。即便在100%的放大倍率下查看，建筑外墙的细节（如条幅文字等）仍然清晰可辨。如今，许多相机乃至智能手机都配备了全景模式，这大大简化了接片过程。用户只需平行移动或上下垂直移动相机或手机，就能轻松捕捉到更宽阔的景象，这是接片功能的一种广泛应用实例。

图3-43　矩阵图

普通的单幅摄影不存在视差问题，而在接片和VR全景摄影中，视差是一个关键的挑战。随着数码接片技术的发展，后期处理软件已经能够在一定程度上解决拍摄时产生的视差问题，并拼接源图像。根据视差的不同，接片技术可以分为两大类：固定机位单视点接片和移动机位多视点接片。

3.3.1　固定机位单视点接片

固定机位单视点接片，又称为无（或最小）视差数码接片，其核心在于将镜头节点作为相机的旋转中心，在水平和垂直方向上进行旋转拍摄。这种方法保证了无论在何种场景下所拍摄的照片都能轻松拼接，且接缝质量高，实现了极佳的视觉效果。除非特别指出，本书中的图像都是采用这种固定机位单视点接片方法拍摄得到的。

如前文所述，VR全景照片的分类影响了接片拍摄的方法。根据不同的VR全景照片类型，接片拍摄方法主要分为3类：球形接片、条形接片和矩阵接片。

①球形接片拍摄（这里指VR全景图）：通过详细记录场景中的每一个细节，可以将这些影像信息完整地捕捉并最终拼接成一幅VR全景图，如图3-44所示。

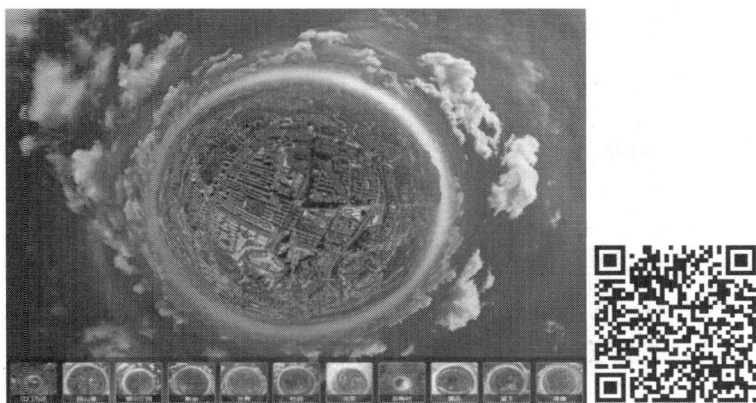

图 3-44　VR 全景图

②条形接片拍摄：当对着景物从左到右拍摄时，如果只捕捉同一水平线上的物体，并将多张这样的照片合成一张，其结果将形成一张条形照片，如图 3-45 所示。

图 3-45　条形照片

③矩阵接片拍摄：通过上下左右地拍摄景物，并使用至少 4 张照片合成，可以创建出一张矩阵列照片。如图 3-46 所示，将 12 张素材照片按照一定的顺序排列后，便能得到这样的效果。

图 3-46　矩阵列照片

3.3.2 移动机位多视点接片

移动机位多视点接片的特点是拍摄时并没有围绕镜头的节点进行旋转，导致源图像之间存在较大的视差，这使得接片的难度增加。然而，如果被摄场景是一个垂直平面或近似垂直平面，并且保持了相同的拍摄距离，同时确保了相邻源图像间有足够高的重叠率，也可以制作出较高品质的接片图像。

在采用散点透视原理绘制的中国画中，通常意味着画家的假想视点是在移动的，也就是说，创作过程中画家的观察点并非固定在一处。同样地，在摄影中，也可以对某些特殊情况采取移动机位的方式进行拍摄。例如，为了记录一幅长形壁画《新清明上河图》，如图 3-47 所示，由于实际观看效果通常是近大远小，可以使用等距平行移动的方式拍摄整幅壁画。完成拍摄后，将得到的多张照片进行拼接，最终拼接完成的图像就能展现出完整壁画的细节。

图 3-47 《新清明上河图》全景图

在采用移动机位进行接片拍摄时，需要特别注意的是保持相机与被摄物之间的直线距离尽量一致。如果在水平移动过程中，相机与被摄物的距离发生变化，就可能导致画面大小不匹配，这会使图像拼接变得困难甚至无法成功，造成最终画面看起来不协调。因此，在拍摄长卷画作或壁画时，应该提前规划好机位。在户外拍摄时，可以利用地砖的直线作为移动路径的参考；而在拍摄悬挂的卷轴画时，则建议提前将画卷挂起，沿着平行方向移动拍摄。

3.3.3 透视下的镜头畸变

镜头畸变是光学透镜固有的透视失真的总称，它指的是由于透视原因造成的图像失真。这种失真一般是沿着透镜半径方向分布的。镜头畸变产生的原因是因为光线在远离透镜中心的地方比靠近中心的地方更加弯曲。在使用普通或廉价的镜头进行拍摄时，这种畸变尤为明显，并且对照片的成像质量有显著的不利影响。

镜头畸变主要包括两种类型：桶形畸变和枕形畸变，如图 3-48 所示。广角镜头常常产生桶形畸变，这种畸变使得图像呈现出向外凸出的效果。相反，长焦镜头则倾向于产生枕形畸变，使得图像的中心区域看起来有凹陷的效果。那么如何避免画面变形呢？

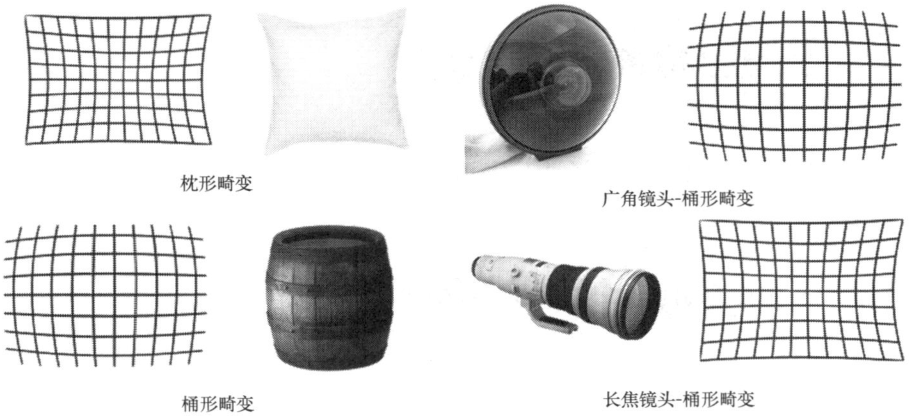

枕形畸变

广角镜头-桶形畸变

桶形畸变

长焦镜头-桶形畸变

图3-48　镜头畸变

1. 选择优质的镜头进行取景

控制畸变对使用广角镜头拍摄来说很重要。为了确保建筑在照片中看起来横平竖直，摄影师应尽量利用镜头的视场，将镜头中心对准建筑物的中心，并保持相机背部与建筑物平行。此外，使用移轴镜头可以有效解决透视引起的畸变问题，因为这种镜头允许谐整成像平面的位置，使被摄物的正面始终与胶片或传感器保持平行，这是消除透视畸变的优选方法。不过，移轴摄影可能会降低拍摄效率，有时由于视场限制，难以完全捕捉到整个被摄物。尽管如此，许多建筑摄影师依然采用这种方法，因为它能够显著提升结构线条的准确性和画面的整体质量。

2. 通过软件矫正镜头畸变

对于使用鱼眼镜头拍摄的画面，通常会产生极端的桶形畸变，但这种畸变可以逼过后期处理软件进行校正，从而将图像调整到接近人眼观看的效果。在拍摄时，应尽量利用鱼眼镜头的广阔视场，以包含更多的场景。在后期处理中，可以使用如Adobe Photoshop中的全景工具等插件来有效矫正失真部分。这些工具能够调整和拉直图像的边缘，减少或消除鱼眼镜头特有的扭曲效果，使得最终的图像更符合人眼的视觉体验。如图3-49所示，经过矫正后的图像与原始的鱼眼视图相比，更能反映现场实际看到的场景。

未经校正前的原始照片　　　　　　　　经过PS校正后的照片

图3-49　矫正前后对比效果

3.4 全景图拍摄与缝合实践

下面我们用全景相机进行拍摄，并将拍摄的素材图片缝合为全景图片。具体的操作如下：

3.4.1 VR全景拍摄的5项基本原则

1. 机位固定

在拍摄用于VR全景图的整组照片时，关键在于所有的照片都应围绕一个固定的中心点进行拍摄。这个中心点通常是镜头节点，即镜头的中心点或光学中心。确保镜头在上、下、左、右旋转时始终以镜头节点为中心，可以保证无论在哪种场景下拍摄，最终的VR全景图都能顺利拼接。遵循这一原则是实现无缝全景体验的基本技术要求。

2. 锁定相机设置

- 白平衡：除自动白平衡以外的任意挡位。
- 感光度：除自动感光度以外的任意挡位。
- 焦点：选择好焦点后将镜头对焦模式设为手动对焦（MF）模式。
- 光圈：使用手动模式（M）设置光圈值，根据现场情况选择光圈值。
- 快门速度：使用手动模式（M）设置快门速度，根据现场情况选择快门速度。
- 镜头焦距：拍摄整组照片时，镜头焦距保持不变。
- 启动相机周边光亮校正功能，防止画面四周出现渐晕（暗角）。

3. 相邻照片重叠率达标

在拍摄VR全景图时，确保相邻照片（包括上、下、左、右）之间的重叠率至少为25%是一个重要原则。这有助于软件在后期处理时能够准确地拼接图像。然而，也不应该盲目地增加重叠率，因为这会导致不必要的重复拍摄和增加后期处理的负担。另一个重要的原则是，在保证相邻照片之间至少有25%重叠率的同时，尽可能减少拍摄的照片数量。这样做可以提高整组照片的拍摄效率，同时在短时间内完成整个场景的拍摄。

4. 拍摄区域宁大勿小

在确定机位和设置相机参数之后，进行拍摄之前，重要的是对计划拍摄的区域有一个清晰的认识。确保实际拍摄的区域比最终需要获得的画面区域要大，这是因为拍摄区域过大可以通过后期剪裁调整，而如果拍摄区域过小，则可能需要重新拍摄，这样会浪费更多的时间和资源。

在拍摄时，即使相机没有完全摆正，或者三脚架放置得不够水平，这些问题都可以在后期通过技术手段进行校正。关键是确保所需拍摄的整个区域都被完整地捕捉到画面中。

5. 拍摄张数宁多勿少

在开始拍摄之前，要对所需拍摄区域的总照片数量有一个预估，并在拍摄过程中按顺序进行，确保不遗漏任何角度。在转动全景云台之前，记下起始画面的拍摄角度，以便在转动到相应的角度时能够准确对接。如果担心忘记或出错，可以采取多拍一张的策略，这样在后期整理时可以有余地删除多余的照片。但是，如果拍摄的照片数量不足，可能会导致无法覆盖整个场景，这种情况是无法补救的，只能重新进行拍摄。

3.4.2 VR全景拍摄补地方式

VR全景拍摄地面时，常常会遇到相机镜头被三脚架和全景云台遮挡的问题。为了解决这一问题，需要采用一些特定的补地方法来捕捉那些被遮挡的区域。根据现场的具体情况，可以选择不同的补地方式。下面讲解常见的3种全景拍摄补地方式。

1. 手持补地方式

通常适用于不复杂、无反光的户外地面和快速拍摄的场景，如草地、柏油里面、展览活动等。手持补地也可以用于去除影子，但缝合拼接精确指数不高。

操作方法是首先应垂直向下记录一张包含三脚架且节点准确的照片，然后进行外翻拍摄以补充地面部分，确保画面的完整性。接下来，将相机从三脚架上取下并移开，如图3-50所示。或者调整相机至水平位置，同时举起三脚架以减少对画面的遮挡。在进行这些操作时，要特别注意手持相机的位置应尽量与正常拍摄时的节点位置重合。这样，在后期补地时，回到节点位置的精准度越高，拼接的便捷性和准确性就越好。

图3-50　手持补地方式

2. 斜拍补地方式

这种方式通常适用于大多数的场景，在室外有阳光照射有三脚架影子的情况下，或者在处理影子的情况下常常采用斜拍补地的方式。

斜拍补地拍摄方法如下：

第一步，拍摄水平照片。水平方向上，将云台顺时针转每60°拍摄1张，一共拍摄6张。

第二步，拍摄"真底"。将相机在水平最后一张拍摄的位置垂直向上翻转90°以拍摄顶图，然后再将相机垂直向下翻转90°来拍摄底图，如图3-51所示。这样垂直向下拍摄得到的底图，通常称之为"真底"。

第三步，拍摄"假底"。在完成"真底"的拍摄后，接下来的步骤是将整个三脚架和相机向后移动大约1 m的距离，确保移动后的三脚架底部区域与移动前的区域没有重叠。这样做是为了避免在拼接全景图时出现重复或不一致的部分，如图3-52所示。

再将云台横轴向下倾斜60°补拍一张地面。补拍的这张地面，称之为"假底"。注意向下60°时云台的刻度显示为30°，如图3-53所示。

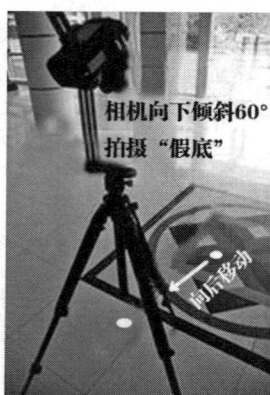

图3-51　真底　　　　　　　图3-52　假底　　　　　　图3-53　云台的刻度显示

> **重要提示**
>
> ①在拍摄"假底"时，务必使用手动对焦来确保焦点准确。如果使用自动对焦，可能会造成云台和三脚架部位变得清晰而地面出现虚化模糊。
>
> ②在后期处理时，需要在"真底"和"假底"的照片上添加匹配点以便拼接。为了便于识别和插入这些匹配点，建议在拍摄时在地面上放置一些容易辨识的标记物，如树枝、青草、花瓣、小石子、硬币、粉笔迹等。

3. 外翻补地方式

这种方式通常适用于大多数的场景，尤其是在没有明显影子的室内环境或者阴天的室外环境中，其优势更为显著。在对VR全景图的质量要求极高的情形下，为了确保地面部分的完整性和准确性，一般也会采用外翻补地的方法。

操作方法是首先垂直朝下对准地面，确保三脚架位置正确且镜头节点精确，记录一张照片。然后，利用具备外翻补地功能的全景云台进行操作，该云台水平板一侧配有旋钮，通过旋转可使相机外翻。外翻后，为确保拍摄VR全景图时围绕的中心点不发生变化，需要平移三脚架，使相机回到原定中心点。越精准地回到中心点位置，后期补地处理时拼接的便捷性和准确性就越高。

相机向右翻转后，高度应保持不变。由于相机向右平行移动了一段距离，为了保持节点不变，需要将三脚架向左平行移动相同的距离。如果此时左侧的地面仍被三脚架遮挡，可以继续将三脚架向右移动，移动的距离为之前的两倍。接着，将全景云台旋转180°，观察到节点没有发生改变，如图3-54所示。

通过外翻补地的方式记录下的两张补地画面如图3-55所示。

图 3-54　外翻补地方式

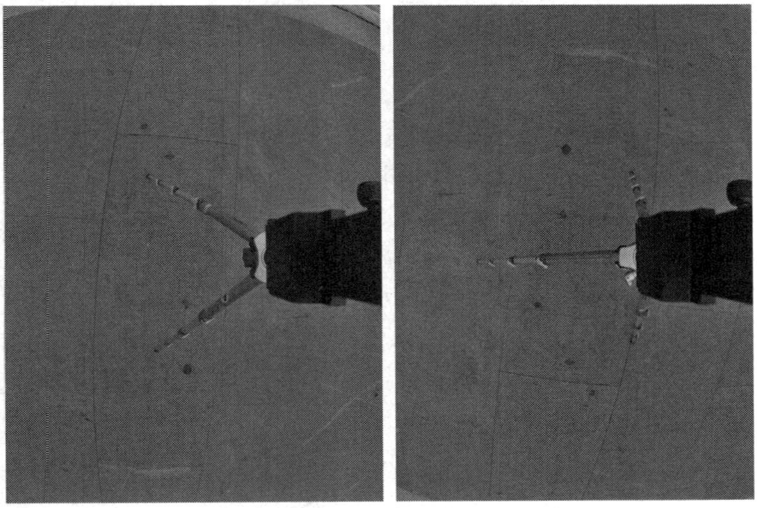

图 3-55　补地画面

3.4.3　全景拍摄

本案例使用的相机型号是Canon EOS 500D，光圈值为f/8，曝光时间为1/160 s，ISO感光度为100，曝光补偿为0档光圈，焦距为10 mm。由于场景是户外公园，且地面为草地，这些设置可以确保得到清晰且色彩鲜明的全景照片。

步骤 01　根据前面章节中介绍的方法，首先调整好相机设置，然后把三脚架稳固地放置在平坦的地面上。将相机镜头对准前方，接着调整全景云台分度台上的定位螺丝，将其锁定在60°的孔位（注意：只需使用一个定位螺丝）。这样设置后，全景云台每转动60°就会有一个卡顿感应，这有助于快速确定拍摄时需要转动的角度。使用遥控器控制快门或手动触发快门进行拍摄。在一个场景的系列拍摄完成之前，切记不要移动三脚架的位置，除非是进行专门的补地拍摄。

步骤 02 调整上节臂刻度为0°，每间隔60°拍摄1张照片，顺时针旋转1圈合计拍摄6张照片，获取水平方向360°的影像，如图3-56所示。

步骤 03 在调整全景云台上的节臂刻度时，将其设置为垂直朝上仰90°，以拍摄一张直指天空的照片，如图3-57所示。在进行这一垂直朝上的拍摄时，注意避开自己的头部，以免出现在照片中。

图3-56　水平拍摄

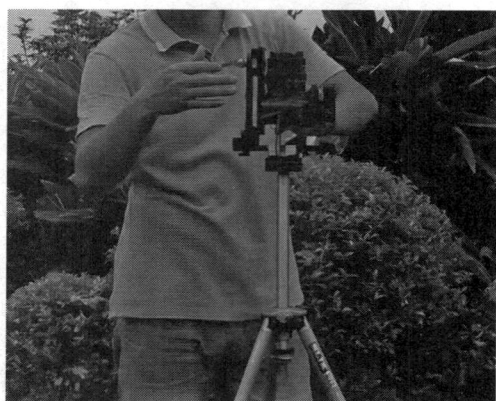

图3-57　拍摄天空

步骤 04 接下来进行地面拍摄时，考虑到草地这种不规整的地面类型，可以不必采用外翻补地的方法。而是选择手持补地的方式，这样操作更加简便。在拍摄过程中，应尽量保持相机节点的稳定，避免过大的移动，从而确保补地照片与之前的拍摄能够良好对接，如图3-58所示。

这样就拍摄了共8张照片，包括水平一周的6张照片，1张垂直朝上仰90°拍摄的天空照片，以及1张手持补地的地面照片，如图3-59所示。

图3-58　拍摄地面

图3-59　拍摄的图像

3.4.4 缝合VR全景图

步骤 01 将全景相机拍摄的图片导入计算机并打开查看，如图3-60所示。

图3-60 检查素材

步骤 02 在计算机上单击PTGui pro 12全景缝合软件图标，打开后的软件界面如图3-61所示。

图3-61 软件界面

步骤 03 单击"加载影象[①]"选项，将拍摄好的照片导入到PTGui中，如图3-62所示。

---

① 正确写法应为"影像"，这里采用"影象"是为与软件保持一致。后续相同问题也采用此方法。

图3-62　导入照片

步骤 04　单击"对齐影象"按钮，软件将自动拼合图片，如图3-63所示。如果使用的是单反镜头拍摄的图片，软件通常能够自动识别相应的参数。若遇到自动识别不了的情况，将在下一节中进行说明。

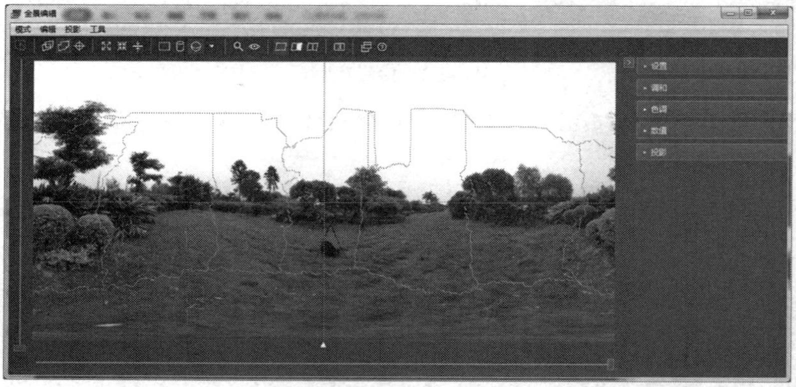

图3-63　对齐影像

步骤 05　在确认所拍摄照片张数完整无误后，可以得到一张不包含地面部分的全景照片。通过单击"显示接缝"按钮 ，可以查看到每张照片拼接时的编号，如图3-64所示。

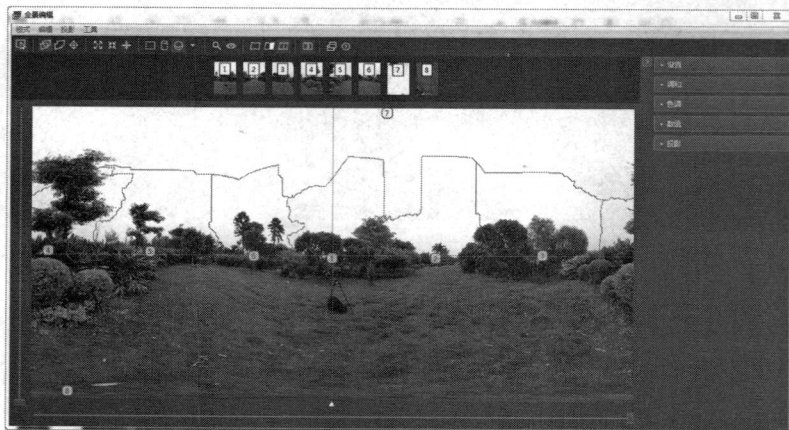

图3-64　显示编号

步骤 06 选择"创建全景"选项后，在右侧区域中单击"最佳尺寸百分比"选项，如图3-65所示。如果打算将合成的全景照片上传到网络平台服务器，为了避免合成的照片大小超过服务器的120 MB限制，建议手动填写一个分辨率，如20 000×10 000像素或以下。

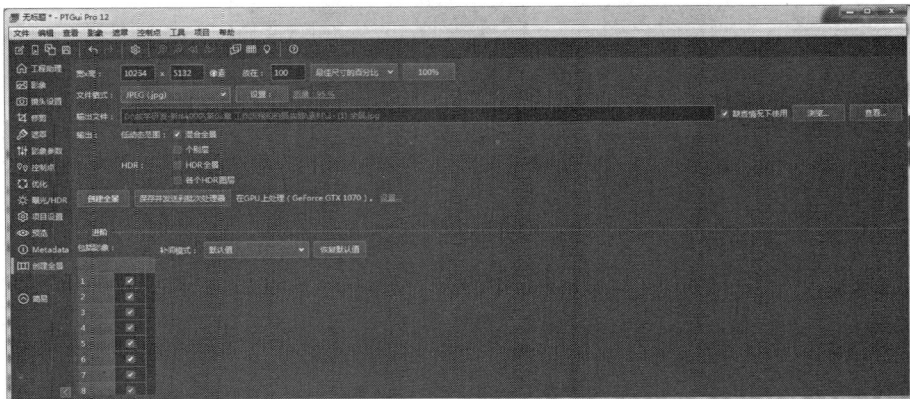

图3-65　创建全景

步骤 07 选择JPEG格式并设定品质为95%（可以选择100%以获得最佳质量）。然后进行全景图的合并，单击"创建全景"按钮，如图3-66所示。软件处理完成后，将得到一张宽、高比为2∶1的全景图片。利用DevalVR播放器，可以体验到与传统平面照片不同的全景照片效果。需要指出的是，本节生成的全景图不包含地面部分。有关如何补全地面的说明将在后续章节中详细讲解。

图3-66　创建全景

❖ 项目攻略　VR全景图缝合

【项目导入】

本案例是将公园的8张景点图片缝合成一张全景图像，并在手机端进行分享和观看，如图3-67所示。

图3-67　素材图片

【项目说明】

图片为使用佳能单反相机（Canon EOS 500D）拍摄，设定光圈值为f/8、曝光时间为1/160 s、ISO感光度为100、焦距为10 mm，固定三脚架。地面的拍摄比较直接，只需用相机对准地面上的主要节点进行拍摄即可。在最终的全景图像中可以看到摄影师的脚，这是因为在拍摄过程中，摄影师站在了画面的边缘。另外，由于拍摄时天气是阴天，若要创造下小雨的效果，需要在后期编辑过程中进行处理。

【项目操作】

步骤 01　启动PTGui软件，单击"加载影象"按钮，在弹出的"添加影象"对话框中找到第3章素材文件夹中的图片素材，如图3-68所示。

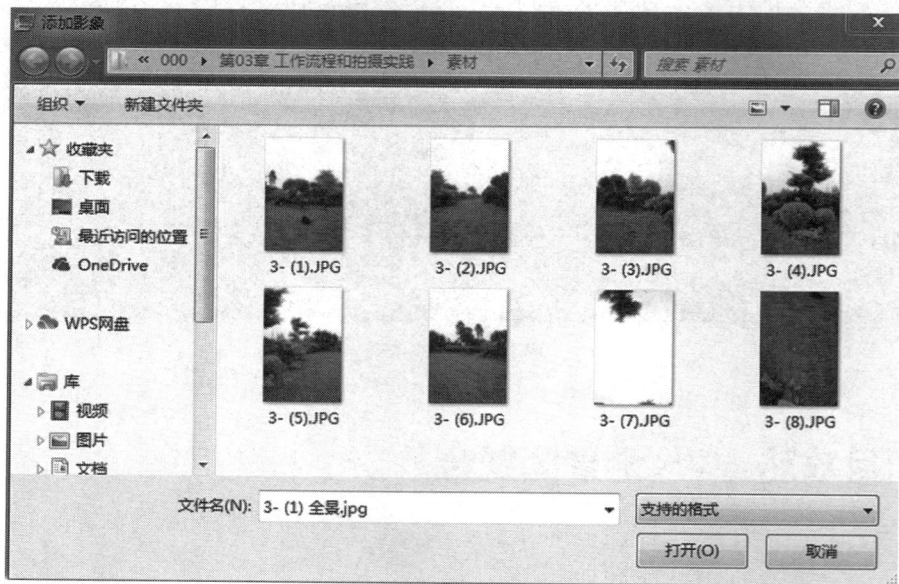

图3-68　添加影像

步骤 02　选择8张图片素材后，单击"打开"按钮，将拍摄的图像导入PTGui软件中，如图3-69所示。

图3-69 导入图片

步骤 03 由于在第8张图片中出现了摄影者的脚，需要进行遮罩处理以将其去除。单击软件左侧的"遮罩"选项，选择第8张图，使用红色画笔在摄影者的脚部区域涂抹，从而将其遮盖，如图3-70所示。通过这种方式，红色标记的区域将在最终的全景图像中被去除。

图3-70 遮罩处理

步骤 04 单击软件左侧的"工程助理"选项，返回主界面。接下来，单击第二步设置全景下的"对齐影象"按钮，如图3-71所示。

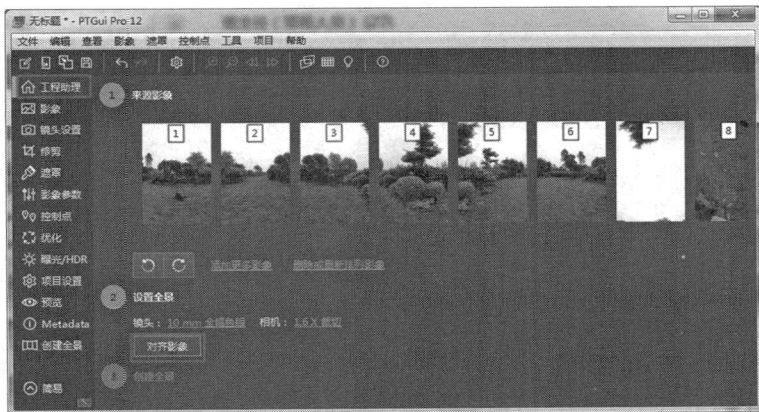

图3-71 对齐影像

步骤 05　在弹出的"全景编辑"窗口下，单击"水平拉直"按钮，对画面进行拉直处理，使得全景图像看起来更加自然和真实，如图3-72所示。

图3-72　拉直处理

步骤 06　关闭"全景编辑"窗口，返回主窗口，单击"创建全景"按钮，如图3-73所示。

图3-73　创建全景

步骤 07　在软件的操作面板中单击"浏览"按钮，设置好输出文件的路径，然后单击"创建全景"按钮开始合成全景图像，如图3-74所示。此时，将出现一个进度条显示处理进度，可以实时查看合成进度。

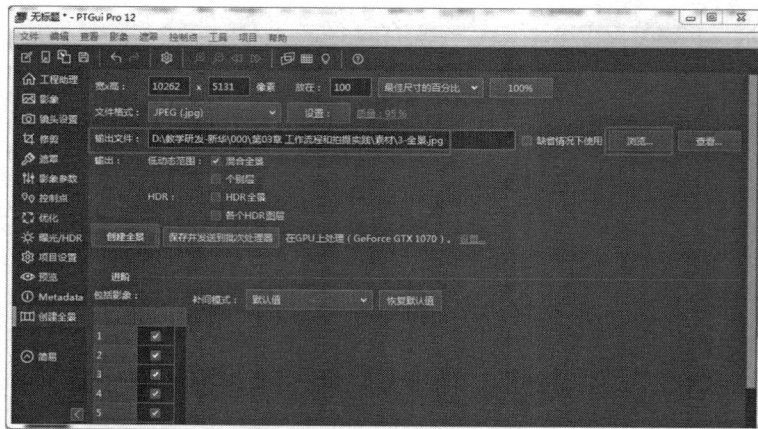

图3-74　输出路径

步骤 08 此时已将创建的全景图片保存到指定位置，打开该文件进行预览，查看合成的最终全景效果，如图3-75所示。

图3-75　查看全景

步骤 09 使用浏览器访问720云平台网站，登录后单击右上角的"开始创作"→"720漫游"选项。在打开的页面中单击"从本地文件添加"按钮，弹出"版权保护提醒"界面，保持默认设置，单击"上传素材"按钮，上传步骤8中制作的全景图，如图3-76所示。

图3-76　从本地文件添加全景图

步骤 10 在右侧区域中设置"作品标题"为"公园一角"、作品分类为"生活/纪实"，如图3-77所示。

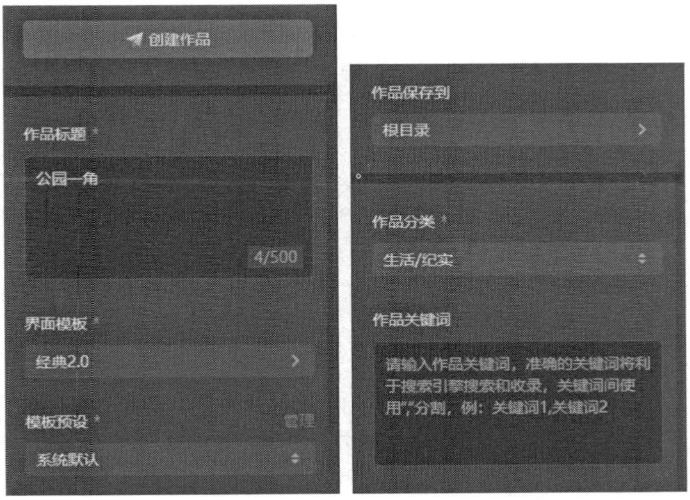

图3-77　设置作品信息

步骤 11 单击"创建作品"按钮，创建成功后单击"编辑作品"按钮，打开如图3-78所示的页面。

图 3-78　编辑作品

步骤 12　单击左侧的"音乐"选项，然后在右侧区域中单击"选择音频"按钮，如图 3-79 所示。

图 3-79　选择音频

步骤 13　在打开的"音乐素材库"界面中，先单击"系统音乐"选项，然后在右侧区域中选择一个音乐文件，完成后单击"确认操作"按钮，如图 3-80 所示。

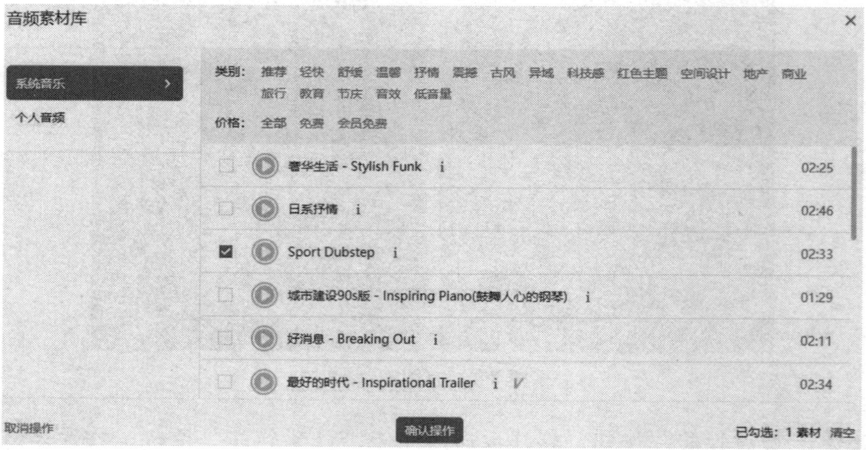

图 3-80　选择音乐

步骤 14 单击左侧的"特效"选项，然后在右侧区域中单击"添加特效"按钮，如图3-81所示。

图3-81　添加特效

步骤 15 在打开的右侧区域中选择"特效类型"为"飘落特效"，按照图3-82所示设置参数，此时可在预览画面中看到下雨的效果，完成后单击"完成设置"按钮，返回编辑作品页面。单击页面右上角的"保存"按钮，系统会提示保存成功。

步骤 16 单击页面右上角的"分享"按钮，打开"分享设置"界面，从中可按需进行设置。完成后使用手机扫描二维码，即可轻松分享全景作品，如图3-83所示。

图3-82　设置特效

图3-83　分享设置

本章总结

通过本章的学习，读者应能了解全景拍摄工作流程和拍摄实践，了解拍摄设备的具体设置方法，掌握全景图缝合的应用。

练习与实践

全景图的缝合	
项目背景介绍	使用佳能单反相机（Canon EOS 500D）进行拍摄。设定光圈值为f/8、曝光时间为1/160 s、ISO感光度为100、焦距为10 mm，使用固定三脚架拍摄。路面由许多的方石转组成，使用了相机外翻拍摄的方法。在最终的全景图像中，将看到两张图片中都有相机，另外，由于拍摄时天气是阴天，若要创造下小雨的效果，需要在后期编辑过程中进行处理
设计任务概述	1. 安装和设置单反相机 2. 使用单反相机拍摄 3. 使用PTGui软件进行图片缝合 4. 使用720云平台进行全景图的发布与分享
设计参考图	
实训记录	
教师考评	评语： 辅导教师签字：_____

第 4 章

PTGui Pro 的概述

▲ **本章导读**

PTGui Pro 最初起源于一个单纯的图像缝合工具的图形用户界面，经过不断的发展，到了最新的 12.0 版本，它已经成长为一款功能全面、性能出色的高动态图像缝合专业软件。

作为一款专业的图像缝合软件，PTGui Pro 的核心和基础功能是图像缝合。具体来说，该软件能够将有部分重叠的源图像进行对齐和配准，然后融合接缝，使得合成后的全景图看起来完美无缝。它能够生成各种类型的全景图，包括但不限于平面全景图、宽幅全景图以及柱形和球形全景图。

▲ **效果欣赏**

效果欣赏如图 4-1 所示。

图 4-1　效果欣赏

◢ **学习目标**

了解 PTGui Pro 的概述。

了解 PTGui Pro 的功能。

掌握 PTGui Pro 的要点和技巧。

◢ **技能要点**

掌握手动控制点的方法。

掌握 VR 全景拍摄缝合。

◢ **实训任务**

通过 VR 全景图拍摄实践,将拍摄的 8 张图缝合为全景图,如图 4-2 所示。

· AI伴学助手

· 配套资源

· 精品课程

· 进阶训练

扫码获取

图4-2　全景图

4.1　PTGui Pro的主要功能

4.1.1　PTGui Pro概述

　　PTGui Pro 是一款功能强大、行业领先的全景图像拼接软件。它主要服务于全景摄影、长焦和广角拍摄的爱好者,能够对这些类型的图片进行专业的修正处理。该软件支持 HDR 拼接,提供蒙版功能,并能进行视点矫正,这些特性都有助于用户迅速制作出完美的全景拼接图像。

　　PTGui Pro 软件最初是作为 Panorama Tools 的图形用户界面而开发的。它通过为全景制作工具 Panorama Tools 提供可视化界面,实现了对图像的拼接,从而创造出高质量的全景图像。在摄影师常用的工具中，PTGui Pro的作用是无法替代的，特别是在制作全景风景图时，它的重要性更为突出。该软件能够协助用户顺利地完成照片的拼接工作，支持长焦、普通、广角以及鱼眼镜头拍摄的照片，并且可以创建普通、圆柱和球形的全景照片。

　　总体来说，PTGui Pro的使用非常方便。利用这款软件制作出的全景风景照片气势磅礴，效果远超一般数码相机的拍摄结果。可以使用数码相机或单反相机拍摄一系列风景照片，然后使用PTGui Pro进行后期处理。当然，这是属于专业摄影级别的工作。该软件支持HDR拼接、蒙版应用、视点校正以及渐晕、曝光和白平衡的调整。此外，它还内置了一个全景查看器，让用户能在本地直接查看全景图像。

1. 功能特点

- 自动拼接：只需单击几下鼠标即可创建全景图。
- 手动模式：完全控制最终结果。
- 使用OpenCL进行GPU加速拼接（仅在支持的硬件上）。
- 实时预览：即时查看不同设置的效果，无须先拼接。
- 多行全景图：可以水平和垂直堆叠图像。
- 全景投影。
- 缝合旋转和倾斜图像。
- 创建巨大的全景图：将数百张图像拼接成多个千兆像素的全景照片。
- 支持JPEG、TIFF和PNG源图像。
- 支持许多相机RAW源图像（通过DCRAW软件）。
- 以JPEG、TIFF或PSD格式创建全景图。
- 分层Photoshop输出。
- 支持每通道16位图像，以获得最佳图像质量。
- 全景编辑器：全景视角的交互式调整。
- 使用常用设置创建模板。
- 批量订书机：当离开计算机时，可将项目发送到批量订书机进行拼接。
- 发布到网站：创建一个网页，使用捆绑的Flash／HTML5查看器以交互方式显示全景图。
- 包括球形全景查看器，用于本地查看equirectangular全景图。
- Batch Stitcher可以生成控制点并设置全景图。
- 批量生成器：扫描文件夹以查看全景源图像，并根据模板自动创建项目。
- 支持批次列表（保存并加载批次装订器的作业列表）。
- 将HDR源图像拼接并混合为HDR全景图。
- 将括号内的LDR源图像拼接并混合成HDR全景图。
- 从括号内的LDR源图像计算相机响应曲线。
- 内置色调映射器。
- 支持OpenEXR（.exr）和HDR Radiance（.hdr）源图像。
- 混合优先级参数（用于在球形全景中混合最低点图像）。
- 视点校正。

- 渐晕、曝光和白平衡校正。
- 全局调整曝光和白平衡。
- 曝光融合。
- 可配置的项目设置：控制模板的行为，自定义默认文件名等。

2. 软件特色

- 快速。得益于OpenCL GPU加速，PTGui能够在适度的硬件上在大约25 s内缝合1 000 Mb像素的全景图。
- 自动。只需将照片放入PTGui，就会弄清楚它们是如何重叠的。PTGui可以缝合多行图像并支持所有镜头，包括鱼眼镜头。
- 强大。PTGui让使用者可以完全控制结果，即使在其他缝合器出现故障的情况下也能创建完美的全景图。
- 球形全景图。创建完全球形的360°×180°全景图。PTGui包括交互式全景查看器，既可以在计算机上进行本地查看，也可以嵌入到网页中。通过单击并拖动鼠标，可在场景中上下左右查看。
- 千兆像素全景图。PTGui能够将数百甚至数千张照片拼接成数十亿像素的震撼图像。这样的高分辨率图像即使在米级别的大尺寸打印时，也能保持清晰细腻的细节，创造出令人赞叹的全景照片。
- HDR全景图。PTGui Pro提供了对HDR（高动态范围）摄影的全面支持，无须借助任何额外软件。用户只需导入一组曝光不同的源图像，PTGui Pro便能将它们合成为一张HDR全景图。该软件内置了高质量的色调映射和曝光融合算法，确保了最终图像的效果。此外，它还支持输出OpenEXR格式的文件，这对于HDR渲染应用来说非常有用。
- 小星球图像。适用多种多样全景图投射，包含equirectangular（用于球形全景图）、平行线（用于具备平行线的建筑物情景）和立体式图像。

3. 图形用户界面

PTGui Pro的众多功能是通过其图形用户界面实现的，包括各种窗口、对话框和选项。这些界面设计分为简单、高级，或者是一级、二级甚至三级，以适应不同层次的用户。仔细分析PTGui Pro的主要功能以及其菜单栏、主要窗口和对话框的设计，我们可以发现其功能的扩展和发展。例如，一些重要的功能被分布在几个窗口、对话框和选项中，而另一些重要的功能则不直接呈现在一级窗口中。

例如，在主界面的菜单栏和主要工具窗口中都有"控制点"选项（见图4-3中的数字编号），这些数字标号相同的控制点就是两幅图重合部分，又有各自独立的部分（数字编号以外区域）。

再如，控制点编辑的一个关键工具——"控制点助手"，并没有被设置在直观的"控制点"窗口内，用户需要通过菜单栏的"工具"选项或使用快捷键才能调用，如图4-4所示。因此，在编辑控制点时，我们有时不得不同时打开多个窗口。PTGui Pro中还存在多处类似的设计问题。

此外，PTGui Pro最重要和最常用的工具——"全景图编辑器"，并没有作为一级窗口出现，而是被放置在菜单栏的"工具"选项中，也可以通过快捷方式访问。

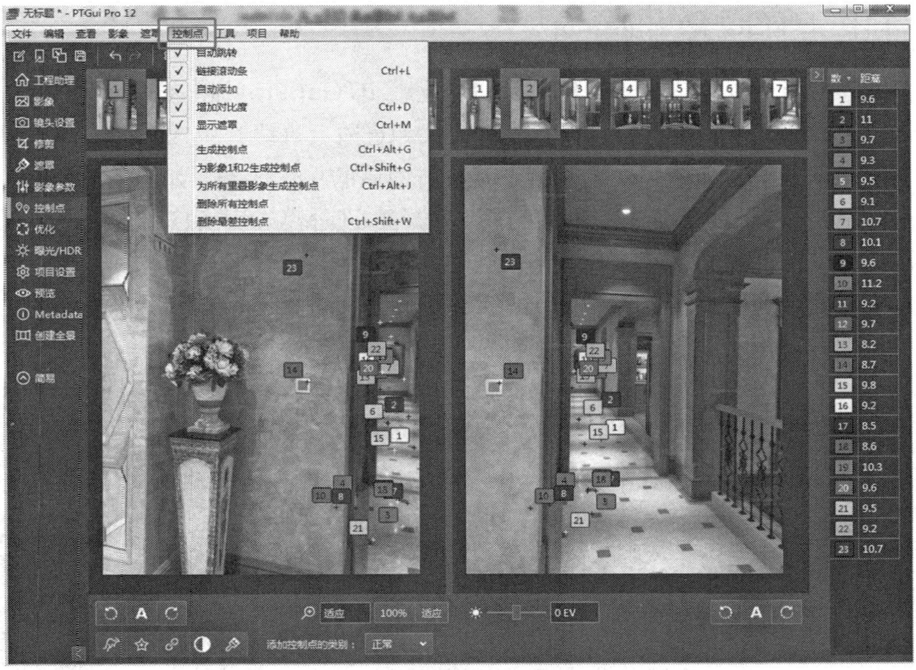

图 4-3 控制点

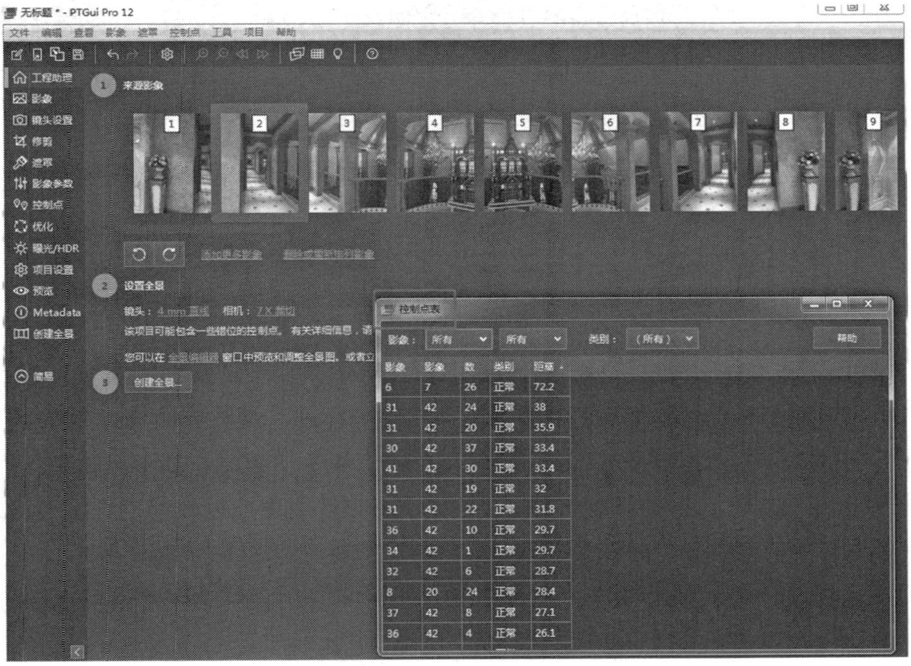

图 4-4 控制点参数

由于主界面的设计方式，按照它来介绍和讨论 PTGui Pro 显得有些麻烦和困难。因此，我们将重点放在主要功能上，围绕这些主要功能来探讨 PTGui Pro 的各种图形界面。也就是说，首先要弄清楚 PTGui Pro 具备哪些主要功能，这些主要功能分布在哪些菜单、窗口、对话框和选项中，以及如何调用这些菜单、窗口、对话框来实现这些功能。

4.1.2 PTGui Pro的界面

PTGui分为两个版本：普通版PTGui和专业版 PTGui Pro。在这里，我们专注于讨论PTGui Pro。PTGui Pro 的主界面设计有简单模式和进阶（高级）模式两种。简单模式主要是为了便于初学者学习和使用，同时也足够应对简单的接片任务，如图4-5所示。

图4-6中方框标记的部分是主界面的简单模式和进阶模式切换按钮。用户可以通过单击这个按钮，轻松地在简单模式和进阶模式之间进行切换。

进阶主界面模式集成了PTGui Pro的全部工具，相对复杂，通常用户需要经过一段时间的实践和学习，才能逐渐了解并熟悉这些工具及其功能。

图4-5　简单模式

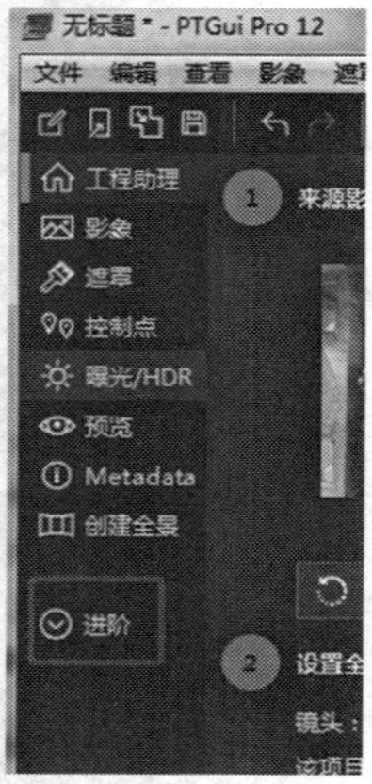

图4-6　切换按钮

PTGui Pro的进阶主界面模式可以分为4个部分。

第一部分，菜单栏，如图4-7所示。共有9栏，分别是"文件""编辑""查看""影象""遮罩""控制点""工具""项目""帮助"。

图4-7　菜单栏

第二部分，快捷方式栏。它包含了15个常用图像处理工具的快捷方式，如图4-8所示。这15个快捷键代表的是菜单栏中经常被使用到的命令，尤其是"撤销""重做""预览上一图像""预览下一图像""全景图编辑器""控制点表格""控制点助手"这7个命令，它们的使用频率非常高。这样的设计体现了PTGui Pro软件对用户操作便利性的考虑。

图4-8　快捷方式栏

第三部分，主要工具窗口。在高级主界面模式下，软件提供了13个不同的工具窗口，以便用户能够更细致地处理和编辑全景图像。这些工具窗口分别是"工程助理""影象""镜头设置""修剪""遮罩""影象参数""控制点""优化""曝光/HDR""项目设置""预览""Metadata""创建全景"，如图4-9所示。

第四部分，提示栏，随着当前窗口和命令提供必要的帮助。

图4-9　主要工具窗口

在上述4个部分中，最关键的部分是菜单栏和主要工具窗口。然而，这两个部分并不涵盖PTGui Pro的所有功能。因此，当使用PTGui Pro时，用户经常需要交替使用菜单栏和主要工具窗口中的选项和命令，有些功能可能会单独使用，而有些功能则可能很少会用到。

下面，我们将根据PTGui Pro的主要功能，对菜单栏和主要工具窗口的关系进行简要概述。

4.1.3　PTGui Pro的功能

1. "影象"窗口

单击主界面的"影象"按钮，就可以通过单击"影象"按钮来切换到"影象"窗口。这个窗口分为5个部分，显示的是源图像的序号、缩略图、文件的路径和名称以及源图像的宽度和高度。通过在此窗口中右击，在弹出的菜单中用户可以对图像执行添加、移除、替换、上下移动和排序等操作。当处理包含数十张甚至数百张图像的大型全景图时，这些工具显得尤为重要（见图4-10）。

● "添加影象"：执行"添加影象"命令，会弹出源图像所在文件夹，选择源图像后，单击"打开"按钮即可。支持多选。

● "去除"：在此窗口中选择源图像，执行"去除"命令，此源图像即可从窗口中移除。支持多选。

● "替换"：在此窗口中选择将被替换的源图像，执行"替换"命令，会弹出源图像所在文件夹；选择替换源图像，单击"打开"按钮即可。不支持多选。

● "提升"和"下移"：在此窗口中选择需要上移或下移的源图像，执行"提升"或"下移"命令，此源图像将在窗口内上下移动，其编号也随之变化。不支持多选。

需要注意的是，如果在PTGui Pro之外的另一个程序中处理了已经加载到PTGui Pro中的源图像，并且在"选项"菜单中进行了相关设置，那么只要源图像的路径和文件名没有发生变化，PTGui Pro会自动用处理过的图像替换掉原来的源图像。

图4-10 "影象"窗口

2. "镜头设置"窗口

"镜头设置"窗口（见图4-11）中的"类别""焦距"选项与"工程助理"工具窗口中的"相机/镜头参数"对话框实际上是相同的功能。这意味着用户无论是在主界面的这一部分还是在"工程助理"窗口中调整这些参数，效果是等同的，因为这些设置是共享的。

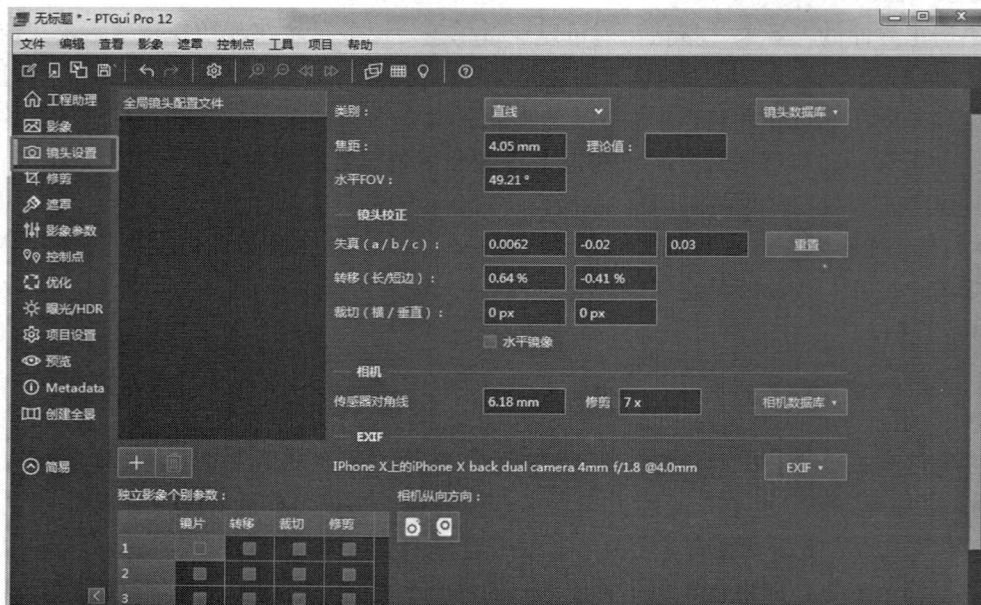

图4-11 "镜头设置"窗口

"水平视角"部分提供了两个参数选项:"实际的"和"理论的"。这是由于某些对角线形鱼眼镜头的说明书提供的视角与镜头实际上在水平方向上的视角存在差异,用户可以通过这里的参数来了解所用镜头的实际水平视角。

单击"镜头数据库"按钮后会打开"镜头数据库"窗口。如果软件无法自动识别用户的镜头信息,用户可以手动输入镜头的相关参数并保存到数据库中,以便将来使用。但在大多数情况下,软件能够自动识别镜头信息。另外,请注意,当对图像进行拼接和编辑操作之后,这里的镜头参数可能会发生变化。在通常情况下,用户无须手动修改这些参数。

单击"EXIF"按钮将打开"相机/镜头数据库"窗口。在这个窗口中,用户可以获取到有关图像的各种数据,包括但不限于相机型号、焦距、图像传感器尺寸等信息。

3."修剪"窗口

当载入的源图像是使用圆形或鼓形鱼眼镜头拍摄的,用户通常需要切换到"修剪"窗口进行必要的修剪(见图4-12)。该窗口的功能是提供一种非破坏性的方式来修剪源图像。对于圆形和鼓形鱼眼镜头拍摄的图片,PTGui Pro 识别的有效区域往往比实际图像小一圈。因此,在"修剪"窗口中,用户可以调整并确定源图像的有效部分,一般要稍微放大一圈以确保图像的完整。

图4-12 "修剪"窗口

"修剪"窗口分为3个主要部分。

- 图像编号栏:用于选择要修剪的源图像。
- 修剪参数栏:通过数字调整修剪源图像的大小。值得注意的是,这一栏有一个"独立设置"选项。如果勾选此项,修剪操作将只应用于当前选定的源图像;如果不勾选,则修剪设置会应用于所有载入的源图像。
- 图像缩放和旋转栏:修剪源图像的操作方法是将鼠标移动到修剪线,此时鼠标指针会变成双箭头形状,按下左键慢慢向外拖动至合适位置即可。如果要整体移动修剪线，将鼠标移动到修剪线圈内，此时鼠标指针会变成十字箭头形状，按下左键移动到适当位置即可。源图像修剪功能在一定范围内可以用于补充天空、地面或是进行多节点接片处理。

在载入源图像后，用户还可以在主要工具窗口区域的"源图像""镜头设置""全景图设置""图像参数"标签下对源图像进行观察分析并进行必要的编辑。

4."遮罩"窗口

PTGui Pro 的遮罩工具设计得既简单又方便。当打开"遮罩"窗口（见图4-13）时，鼠标指针会变成一支画笔。在使用时，涂上红色表示要删除的区域，而涂上绿色则代表强制保留的部分。除此之外，还配有一个擦除器工具，用于擦除已涂抹的红色或绿色蒙版。

图4-13 "遮罩"窗口

此外，遮罩画笔具备一个称为"幽灵"模式的功能。当画笔在源图像的重叠部分移动时，相应的区域会以"x"字形的幽灵图像显示出来。这在编辑重叠区域的遮罩时非常有用，因为它能直观地显示出遮罩效果对全景图的影响。

在本章项目案例中，由于场景中有人以及需要修补地图的需求，较多地使用了遮罩功能：在第8张图像之间的截图展示了遮罩的使用情况。由于采用了包围曝光拍摄，图像间已经进行了链接，因此对任何一张图像应用遮罩，其效果也会同步应用于其他链接的源图像上。

在完成遮罩工具的操作处理后，用户可以继续进行色调映射来查看效果。

5. 曝光 /HDR

PTGui Pro 可以处理并生成32位的高动态范围图像。然而，当前大多数计算机显示器和所有相纸都无法准确再现高动态范围图像的全部细节和色彩。因此，有必要对高动态范围图像进行色调映射，将其转换成普通显示器和相纸能够显示的低动态范围（LDR）图像。

PTGui Pro内置了色调映射功能，并且其效果相当不错。打开"曝光/HDR"窗口后，单击"色调映射"按钮将弹出"色调映射"窗口，如图4-14所示。在该窗口的下方部分，可以找到色调映射的参数设置选项，其中包含一个高级选项，主要用于调整色温等相关参数。对于这个高级选项，建议使用默认值设置。如果源图像的色温存在问题，建议在Photoshop中进行调整，避免在这里使用高级功能进行修改。此外，还有一个基本设置区域，其中提供了5个参数供调整，用户可以通过实时预览来观察调整效果，并根据自己的喜好和需求来确定最终的参数设定。

图4-14　"色调映射"窗口

在PTGui Pro中进行色调映射时，有一些注意事项需要考虑。首先，由于最终的全景图还需在Photoshop中进一步润色，建议在PTGui Pro中设置"对比度"参数时不宜过高，以便为后续的编辑工作留出调整空间。其次，对于"半径"参数的调整，应该特别小心处理。此参数控制的是色调映射中光晕效果的程度，如果设置得太高，很容易在图像明暗对比强烈的边缘处产生不自然的光晕圈。因此，建议保守调整"半径"参数，避免过度增强导致不良效果。

另外，如果计划在其他HDR专业软件中进行色调映射，可以选择不使用PTGui Pro的色调映射功能。在这种情况下，当到达全景图输出的最后一步时，应选择仅输出32位的HDR图像。这样，就可以将未映射的HDR图像保存下来，并在其他专业的HDR软件中进行更细致的色调映射和调整。

6. "控制点"窗口

"控制点"窗口（见图4-15）是PTGui Pro中极为关键的一个部分，几乎在每次全景图的创建过程中都会用到。虽然"控制点"窗口在视觉上可能显得有些复杂，其核心功能却是相对简单的：它允许用户在PTGui Pro自动生成的控制点基础上，手动添加、移动或删除控制点，以此来生成高品质的全景图像。

图4-15 "控制点"窗口

①相邻图像选择按钮：单击后，可在图像预览窗口中通过向前或向后浏览来选择两个具有重叠区域的图像。

②图像编号栏：单击编号，可以在软件中选择任意一张图像。这些编号在整个软件的不同窗口中都是同步一致的。结合使用"全景图编辑器"和"控制点表格"窗口，能够轻松地查找特定的图像并进行相应的处理工作。

③图像预览窗口：一次显示两张相邻且有重叠区域的图像，可以清楚地观察控制点在图像重叠区域的分布情况，并直接手工设置控制点（通常被称为"打点"）。

④图像工具栏：分为两部分，左右两侧是预览图像选择工具，分别对应于各自的预览图。使用这些工具可以对预览图进行旋转操作。中间的工具则用于调整其他相关的编辑参数。

⑤调整预览图的大小和曝光值（亮度），以便于观察和手工设置控制点。注意：这里调整的曝光值不仅会影响"控制点"窗口中的预览图，也会同步影响到"全景图编辑器"窗口中的预览图，以及最终生成和输出的全景图。

控制点列表：表中所列的是两个图像重叠区域的控制点，因此每个编号的控制点有左右两个。

控制点的类型（见图4-16）共有4种。

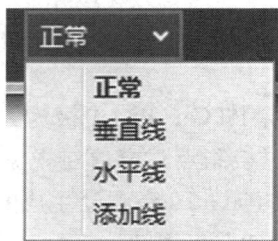

图4-16 控制点类型

①正常控制点：与PTGui Pro自动生成常规控制点相同的控制点。其是数量最多，也是起着主要作用的控制点。PTGui Pro建议：尽可能地使用此类控制点来解决源图像的配准问题，包括全景图的水平和垂直问题。

②垂直线控制点：只能手工添加在一幅或两幅源图像的物体垂直线上的控制点，可以调整全景图的水平和垂直。

③水平线控制点：只能手工添加在一幅或两幅源图像的物体水平线上的控制点，可以调整全景图的水平和垂直。

④新建线控制点：新建线控制点是特殊类型的控制点。在全景图中没有细节的直线物体上，如架空输电线等，可以强制使用4个或更多的此类控制点。但是，只能使用"全景图优化工具"，PTGui Pro内置的优化器不支持它。

控制点工具栏共有5个工具。

①"自动跳转"：在手工加添了一个控制点后，程序自动跳转到配对的位置上。

②"自动添加"：在手工加添了一个控制点后，由程序自动配对添加控制点。

③"链接滚动条"：链接有重叠区域的相邻两个图像。在预览图放大后，选择此链接移动一幅图像时，相邻的图像区域会自动移动到匹配的区域。

④"增加对比度"：加强放大镜的对比度，便于手工设置控制点。

⑤"显示遮罩"：用来显示或隐藏在"遮罩"选项中设置的遮罩。

7. "优化"窗口

这是PTGui Pro的一个非常重要的功能。与其他接片软件相比，这个功能很有特色，功能也很强大。

熟练地掌握优化器工具，是运用PTGui Pro的基础。优化器的主要功能是在图像配准对齐的基础上，通过减少图像重叠部分控制点的距离来提高接片品质。

"优化"窗口有简单和高级两个界面，默认是简易界面。在简单界面中有"高级"界面按钮、"锚定图像"下拉框、"优化镜头焦距"复选框、"将镜头畸变减到最小"下拉框、"优化使用"复选框和"运行优化器"按钮共6个选项。

单击"高级"按钮，切换到优化器的高级界面（见图4-17）。优化器的高级界面可分为如下5部分。

(1)"简易"界面按钮

单击后进入简易界面。

(2)"全局优化"

PTGui Pro的优化器功能提供了一个细分化的控制接口，允许用户根据不同的参数进行分类优化。通过这些细化的控制选项，用户可以针对特定条件和需求进行精确调整，以确保全景图像拼接的结果具有更高的视觉质量和连贯性。

在PTGui Pro的优化器功能中，可以选择"全局优化设置"和"独立优化设置"两种主要的优化类别。

①"全局优化设置"。

● "全局镜头配置文件"选项用于调整镜头设置选项卡中的适用设置，并且默认状态。在大多数情况下，采用默认值是合适的。然而，在某些特定情境下，用户可根据需要取消这一选项。

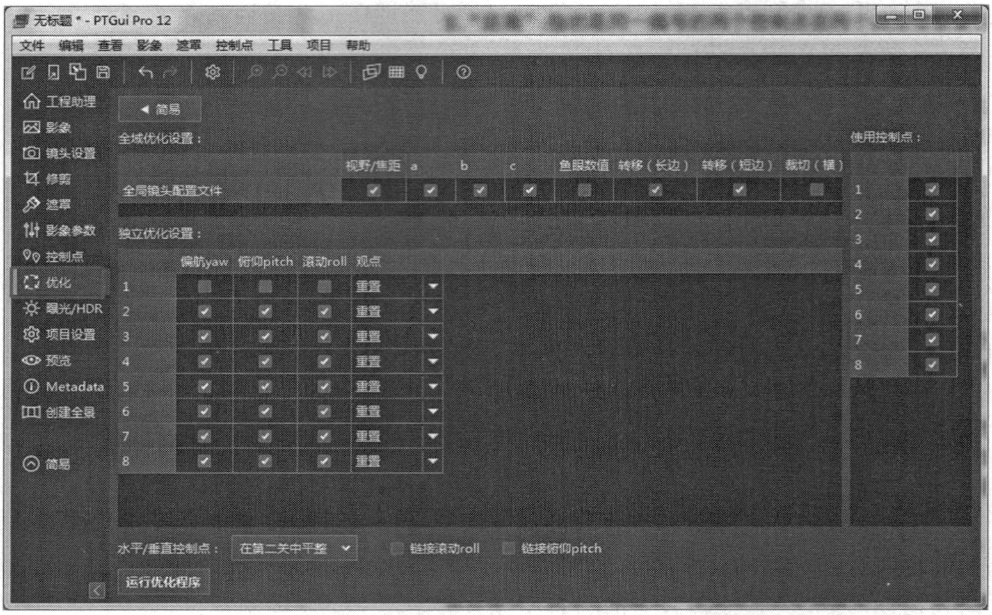

图4-17　优化器的高级界面

- "视野/焦距"选项用于优化视野（或焦距）。对于360°全景图，应始终激活此功能。在使用长焦镜头拍摄的影像拼接局部全景图时，影像不包含优化器确定精确焦距的线索，在这种情况下，可以选择将焦距固定为默认值并停用优化。
- "a／b／c"选项用于优化镜头失真校正。如果使用预校准的镜头数据，则可以停用此功能。但一般来说，应优化a、b和c以获得最精确的拼接。
- "鱼眼数值"。如果选择此选项，请优化镜头设置选项卡中的鱼眼数值参数（仅适用于使用鱼眼镜头时）。通常不应该优化。
- "转移（长边）/转移（短边）"选项用于优化镜头移位参数。在大多数情况下，应激活此功能。仅对于具有大视差的影像，可以停用移位优化以防止过度拟合。
- "裁切"选项用于优化裁切。来自数码相机的影像不会出现裁切失真，本选项仅用于狭缝扫描相机或平板扫描仪的影像。只应优化水平或垂直裁切，而不是同时优化两者。

② "独立优化设置"。

在PTGui Pro的优化器功能中，一般情况下，"偏航yaw""俯仰pitch"和"滚动roll"必须针对除一个以外的所有影像（选择的"锚点"影像）进行优化，如图4-18所示。

- "扁航yaw"是指摄像机在水平面上的旋转。
- "俯仰pitch"对应上/下倾斜角度。
- "滚动roll"是指摄像机绕镜头轴旋转。
- "观点"用于控制视点优化。其中，"重置"是停用视点优化，并在下次优化时将视点参数重置为0；"保持"是停用进一步的视点优化，但保留影像的当前视点设置。优化可为此影像激活视点优化。

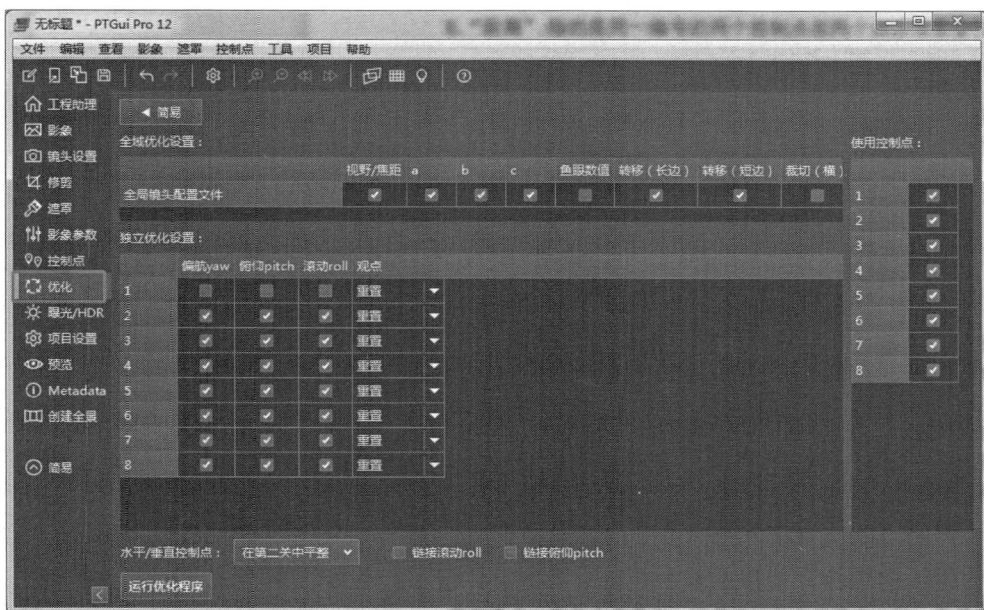

图4-18　视点优化窗口

③ "水平/垂直控制点"。

可用于调平全景。可以通过在控制点选项卡的"添加控制点的类别"框中选择相应的类别来添加它们。此设置仅适用于水平线和垂直线类别，而不适用于通用线型控制点。

- "忽视"优化器将忽略任何水平线和垂直线控制点。
- "在第二关中平整"优化器最初只使用常规控制点来对齐影像，然后使全景水平作为单独的步骤运行。这样可以旋转并移动全景图，直到水平线和垂直线控制点水平和垂直对齐。
- "包括单程"优化器使用所有控制点（包括水平线和垂直线控制点）来对齐影像并确定镜头参数。例如，如果要在单个影像中拉直水平和垂直线条，则必须调整镜头参数以实现完美拉直。

④ "使用控制点"。

这部分的主要功能是允许用户选择性地对单张或部分源图像的控制点进行优化，或者选择不进行优化。通常这个选项会与"全局优化"配合使用。例如，在补地图与其他图像已经生成了许多控制点的情况下，如果节点误差较大，包含这些控制点进行全局优化可能会导致不理想的结果。在这种情况下，可以取消选中补地图的优化选项，使其不参与全局优化，而是先对其他源图像进行优化。之后，可以手动为补地图添加控制点，再勾选补地图的优化选项进行全局优化，从而避免由于补地图的节点误差影响整体优化结果。

⑤ "运行优化程序"按钮。

单击"运行优化程序"按钮后，将出现一个"优化结果"窗口，显示优化过程的详情。当遇到优化结果不理想的情况时，应使用控制点操作，重新进行优化程序，尝试改善全景图的拼接质量。

4.2 要点和技巧

PTGui Pro的控制点优化功能初看似乎复杂，但一旦掌握了其关键点和操作技巧，实际使用起来相当直接和便捷。

4.2.1 优化控制点的标准

①控制点数量：PTGui Pro的基本准则是，每对部分重叠的相邻源图像至少应有4个控制点。如果满足此条件，"控制点助手"会显示"足够的控制点"的评价。

②控制点质量的衡量是基于像素距离，即一对源图像重叠区域中相同特征像素点之间的距离。

③控制点距离有3个指标：平均控制点距离、最小控制点距离和最大控制点距离。根据这些指标的组合，拼接质量分为6个级别：棒极了、很好、好、不差、差、差极了。然而，这些级别并不直接与控制点的数量相关联。这意味着即使控制点数量不足或很少，也可能获得"棒极了"的评级；反之，即使控制点数量充足，也可能被评为"差极了"。因此，这个评级只是一个参考，并且只有在控制点数量足够时才具有实际意义。

④控制点的均匀分布是一个关键标准。对于球形全景图而言，由于近景拍摄距离通常在1 m左右，补地图可能存在节点误差，加之鱼眼镜头的节点漂移特性等因素，控制点的均匀分布尤为重要。球形全景图的控制点是否均匀分布，需要在"控制点"窗口中逐张检查，并特别关注预览窗口中的近景、补地和天空中的电线等区域。

⑤PTGui Pro的建议是，若平均控制点距离大于5 m且最大控制点距离超过20 m，这可能表明源图像存在较大的节点误差，或者某些控制点位于移动中的物体或人身上。如果最大控制点距离小于5 m（此时平均距离通常在1 m左右），则通常视为良好的结果。根据实际经验，将最大控制点距离控制在35 m以下，平均控制点距离在1左右或更低，可以获得高品质的全景图。然而，这一标准并非一成不变。如果平均控制点距离在1 m左右或更低，但存在个别较大的控制点距离，例如10 m左右，只要在将全景图放大到100%时无法看出拼接痕迹，该结果也是可以接受的。在这种情况下，PTGui Pro的融合功能通常能够很好地解决问题。这类情况大多出现在补充天空、地面或在缺乏清晰细节和纹理的天空、云彩和水面上。

4.2.2 手动添加控制点的技巧

①充分利用"幽灵"功能。这是PTGui Pro版新增加的功能，使用起来十分方便。

②手工配合区域添加控制点，可结合优化功能，快速添加控制点。当源图像基本对齐时，使用PTGui Pro的"幽灵"功能可以加快控制点的添加。首先开启"幽灵"模式，然后利用区域添加控制点来让软件自动寻找匹配特征，这样可以快速增加控制点。如果源图像未对齐，导致"幽灵"功能无法使用时，则可以简单地在任意一对源图像上手工添加至少4个控制点，此时不要求控制点非常精确。随后结合区域添加控制点，进行优

化处理，并移除位置偏差大的控制点。接下来，再次使用区域添加控制点，并进行优化，此过程可以重复进行，直到获得满意的结果为止。

③控制点优化的基本技巧是重复进行剔除不良控制点和添加新控制点的操作。首先，手工添加至少4对（建议）或2对（最低要求）控制点，然后执行优化命令。接下来，使用区域添加控制点功能来增加更多的控制点。完成这些步骤后，删除那些匹配不好的控制点。最后，再次执行优化，并根据需要重复这个过程，直至达到满意的效果。

④当遇到控制点分布不均匀或源图像间控制点数量不足的情况时，可以灵活运用"为全部图像添加控制点"和"为图像x和x添加控制点"这两个命令来迅速增加控制点。首先，对部分源图像手工添加控制点并使用区域添加控制点功能，然后执行这两个命令，这样往往能够改善整体的控制点分布，解决不均匀的问题。

⑤在源图像跨张重叠的情况下，重点应放在确保每对相邻图像之间有高质量的控制点。尽管"控制点助手"可能会提示某些图像间缺乏足够控制点，但如果每对相邻图像都经过优化对齐，则可以忽略这些提示。只有保证相邻图像间的控制点精确匹配，才能够拼接出高质量的全景图。

⑥有时，尽管控制点品质高且距离接近，但并非所有控制点都是创建全景图所必需的。例如，在对称的全景图中，PTGui Pro可能会产生误判，导致不理想的拼接结果。在这种情况下，不应仅依赖控制点的距离来判断，而应在"控制点"窗口中根据源图像的实际重叠情况来删除多余的控制点。

⑦对于补地图的情况，当第3张补地图与多张源图像有重叠时，PTGui Pro会自动生成许多看似高质量的控制点，这些控制点可能会干扰配准对齐。通常，如果第3张补地图已启用"视点"矫正，它只需要与第1张或第2张补地图有良好的控制点匹配即可。如果优化后控制点质量仍不高，通常是因为第3张补地图与其他源图像的多余控制点影响了结果。删除这些不必要的控制点后再次优化，通常能获得更好的全景图效果。

4.2.3　手工添加控制点的辅助技巧

①可以使用图像旋转按钮旋转图像，这种旋转不会影响全景图的方向。

②可以使用缩放按钮放大预览图，以便精确地添加控制点。

③在放大的预览图上，按住鼠标右键，当指针变为小手形状时，可以很方便地移动预览图。此时，如果按住Ctrl键，用鼠标滚轮可以快速放大或缩小预览图。

④按住Alt键可以启动"鼠标减慢"功能，此时，再按住Ctrl键，鼠标移动将减慢到原来的1/8。

⑤使用鼠标单击某个控制点，然后可以用键盘的方向箭头键精确地移动控制点。

❖ 项目攻略　路面场景拍摄与缝合

【项目导入】

本案例是路面场景。路面相比草地比较复杂，先观看拍摄方法，将路面场景的8张素材图片缝合为全景图像并在手机端分享观看，如图4-19所示。

| _MG_5835.JPG | _MG_5836.JPG | _MG_5837.JPG | _MG_5838.JPG |

| _MG_5839.JPG | _MG_5840.JPG | _MG_5841.JPG | _MG_5842.JPG |

图4-19　拍摄素材图片

【项目说明】

图片是用佳能单反相机（Canon EOS 500D）按照光圈值f/8、曝光时间1/160 s、ISO感光度100、焦距10 mm，使用固定三脚架拍摄的。由于地面场景比较单一，拍摄时可以直接将相机对准地面上的大致节点。这样做的一个副作用是，在最终的全景图像中可能会看到摄影师的脚。此外，确保路面上的斑马线对齐很关键。

【项目操作】

步骤 01　启动PTGui软件，单击"加载影象"按钮，在弹出的"添加影象"对话框中找到并录入第4章素材文件夹的图片素材，如图4-20所示。

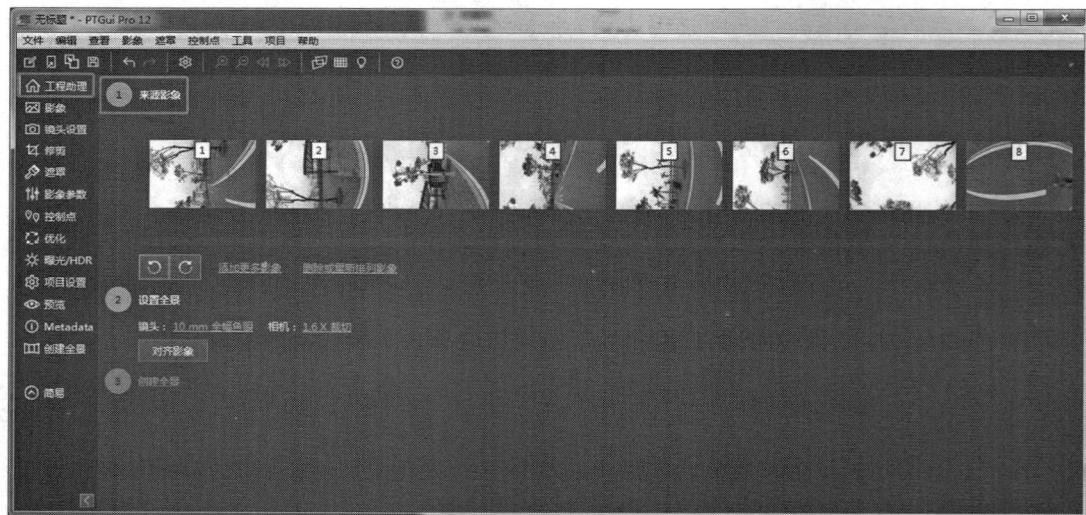

图4-20　添加素材

步骤 02　选择录入的素材，单击下面的旋转按钮，使图像旋转到正确的角度，如图4-21所示。

图4-21　旋转图像

步骤 03　由于图片8中出现了摄影者的脚，需要将其处理掉。因此，单击软件左侧的"遮罩"选项，在右侧选择第8张图。接着，使用红色画笔在图像上涂抹掉摄影者的脚部区域，如图4-22所示。通过这样的操作，红色标记的区域将在最终的全景图中被去除。

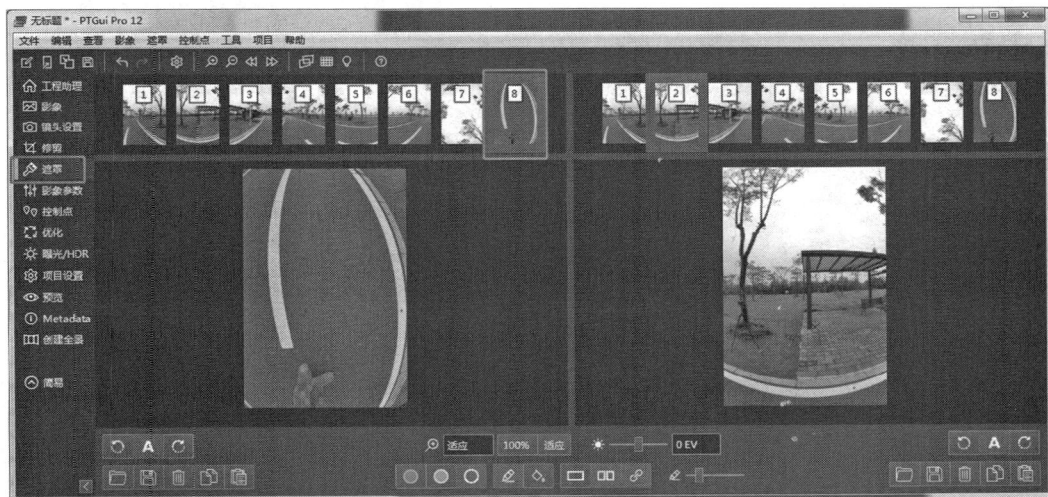

图4-22　遮罩设置

步骤 04　单击软件界面左侧的"工程助理"选项，返回主界面首页。然后单击第二步设置全景下的"对齐影象"按钮，如图4-23所示，进入影像对齐的步骤。

步骤 05　在弹出的"全景编辑"窗口下，单击"细节查看器"按钮，此时画面会放大，可以拖动鼠标仔细查看局部细节，以检查图像缝合的位置是否完好无损，如图4-24所示。

步骤 06　在软件界面左侧单击"优化"选项，进入优化界面。在该界面中，找到序号8下方的"视点（节点）"选项并选择"优化"选项。然后，单击"运行优化程序"按钮，启动优化过程。优化完成后，检查优化结果是否满意，参考图4-25进行对比，确保优化效果达到预期标准。

图 4-23　对齐影像

图 4-24　检查图像

图 4-25　优化节点

　　如果优化结果不理想，需要手动调整"控制点"来进行图像缝合。通过这种方式，可以确保图像间的精确对齐与无缝拼接，从而实现更高质量的全景图效果。

步骤 07　在软件界面左侧单击"工程助理"选项，在弹出的界面中单击"创建全景"按钮，如图 4-26 所示，继续全景图的创建过程。

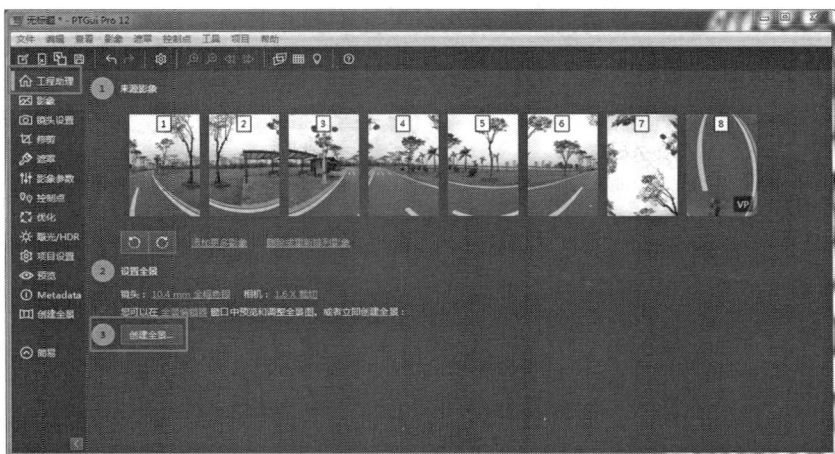

图4-26　开始创建全景

步骤 08　关闭"全景编辑"窗口，返回主窗口，单击"创建全景"按钮，如图4-27所示。

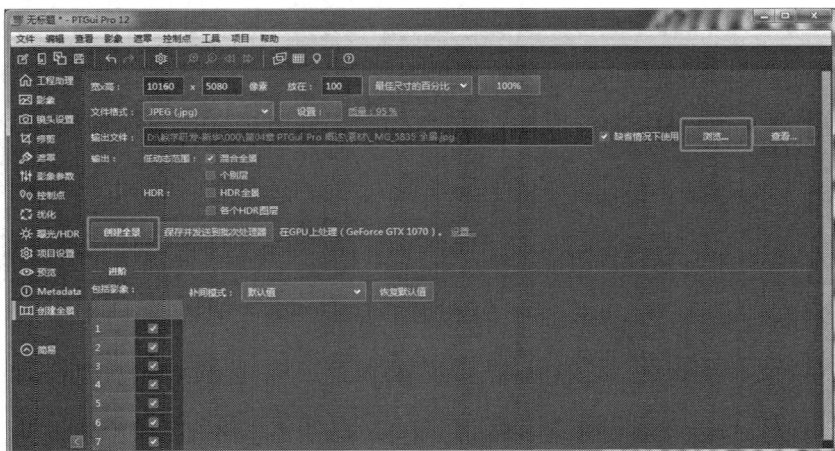

图4-27　创建全景

步骤 09　在面板下方单击"浏览"按钮，设置好输出文件的保存路径，如图4-28所示。设置完成后，单击"创建全景"按钮，软件将开始生成全景图，并显示进度条。

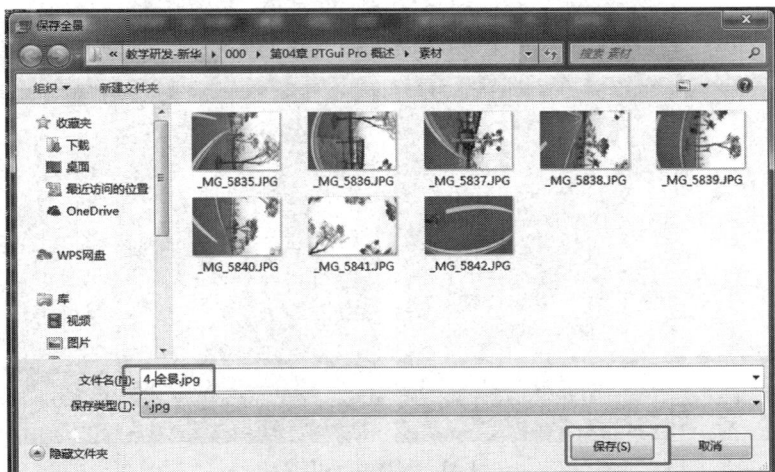

图4-28　保存路径

步骤 10 这样就将创建的全景图片保存到指定位置。预览效果如图4-29所示。

图4-29　预览全景图

步骤 11 使用浏览器访问720云平台网站，登录后单击右上角的"开始创作"→"720漫游"选项。在打开的页面中单击"从本地文件添加"按钮，弹出"版权保护提醒"界面，保持默认设置，单击"上传素材"按钮，上传前面制作好的全景图，如图4-30所示。

图4-30　从本地文件添加全景图

步骤 12 在右侧区域中设置"作品标题"为"公园景点"、作品分类为"生活/纪实"，如图4-31所示。

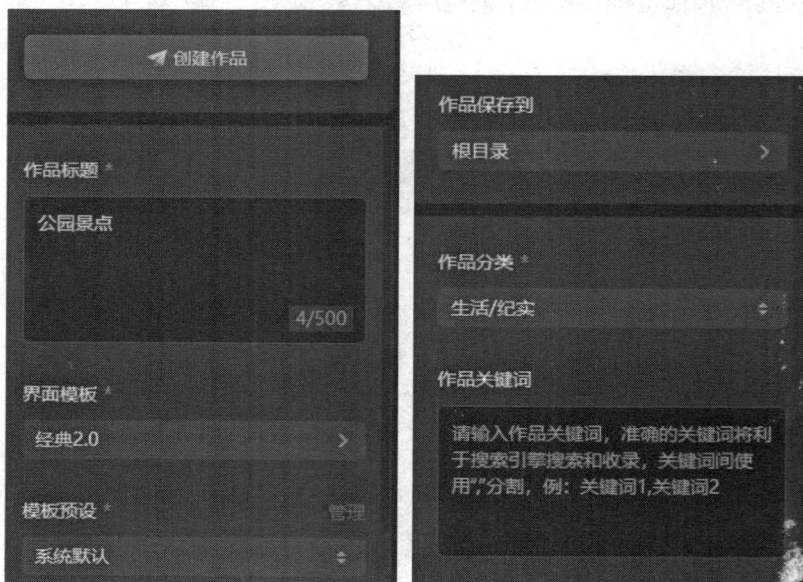

图4-31　设置作品信息

步骤 13 单击"创建作品"按钮，创建成功后单击"编辑作品"按钮，打开如图4-32所示的页面。

图4-32 编辑作品

步骤 14 单击左侧的"音乐"选项，然后在右侧区域中单击"选择音频"按钮，在打开的"音乐素材库"界面中，先单击"系统音乐"选项，然后在右侧区域中选择一个音乐文件，完成后单击"确认操作"按钮，如图4-33所示。

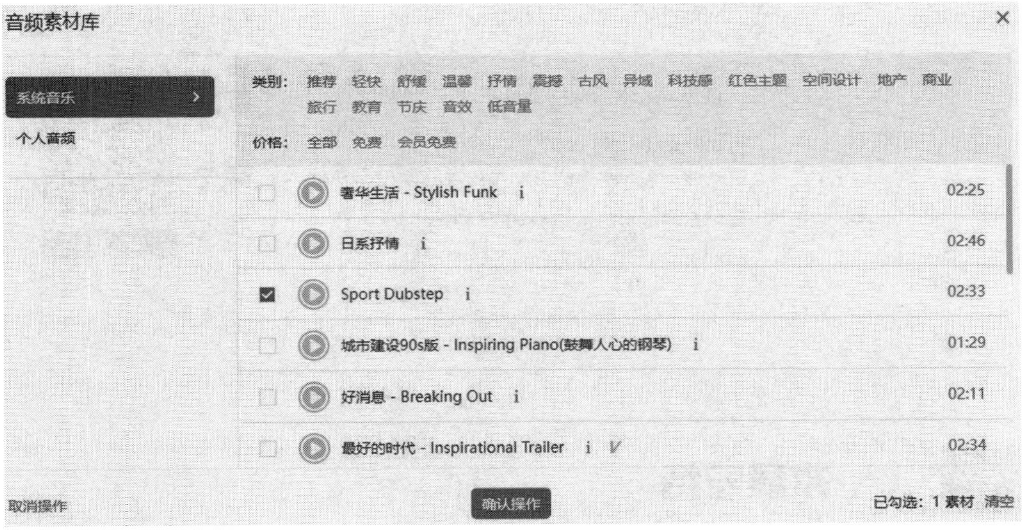

图4-33 选择音乐

步骤 15 单击左侧的"特效"选项，然后在右侧区域中单击"添加特效"按钮，在打开的右侧区域中选择"特效类型"为"飘落特效"，按照图4-34所示设置参数，此时可在预览画面中看到下雨的效果，完成后单击"完成设置"按钮，返回编辑作品页面。单击页面右上角的"保存"按钮，系统会提示保存成功。

步骤 16 单击页面右上角的"分享"按钮，打开"分享设置"界面，从中可按需进行设置。完成后使用手机扫描二维码，即可轻松分享全景作品，如图4-35所示。

图 4-34 设置特效

图 4-35 分享设置

本章总结

通过本章的学习，读者应了解全景拍摄工作流程和拍摄实践，了解拍摄设备的具体设置方法，重点掌握全景图缝合的应用。

全景图的缝合	
项目背景介绍	使用佳能单反相机（Canon EOS 500D）进行拍摄。设置光圈值为f/8，曝光时间为1/160 s，ISO 感光度为100、焦距为10 mm，固定三脚架拍摄。因地面为纹理复杂的鹅卵石路面，采用相机外翻拍摄的方法，使得在后期的缝合中能够更好地编辑
设计任务概述	1. 安装和设置单反相机 2. 单反相机外翻拍摄和使用PTGui缝合流程 3. 利用720云平台发布与分享全景图
设计参考图	
实训记录	
教师考评	评语： 辅导教师签字：＿＿＿＿

第**5**章

公园景点VR全景的
拍摄与缝合

▲ 本章导读

在本章中，我们将通过实际案例分析学习在VR全景拍摄中地面的捕捉技巧。使用外翻拍摄方法对地面进行拍摄，可以有效加快全景图像的缝合过程。然而，在使用三脚架进行拍摄时，可能会遇到天空部分细节不足的问题，导致可用于图像对准的控制点较少，增加了节点缝合的难度。此外，当地面为木制地板时，其丰富的纹理需要在缝合过程中得到细致处理。同时，确保场景中的四周栏杆与地面垂直同样重要，这也是本章案例的一个重点。

▲ 效果欣赏

效果欣赏如图5-1所示。

图5-1　效果欣赏

▲ **学习目标**

了解 PTGuiPro 的遮罩功能。

了解 PTGuiPro 的优化功能。

掌握 VR 全景拍摄缝合天空。

· AI伴学助手
· 配套资源
· 精品课程
· 进阶训练

▲ **技能要点**

掌握用 Photoshop 插件补地的方法。

掌握全景拍摄的外翻补地方法。

掌握垂直设置的方法。

▲ **实训任务**

通过 VR 全景图拍摄实践，将拍摄的 9 张照片缝合为一幅完整的全景图并发布，如图 5-2 所示。

图 5-2　全景图

【项目导入】

　　本案例先拍摄公园的景点，然后将公园景点素材 9 张图片缝合为全景图像并在手机端进行分享与观看，如图 5-3 所示。

【项目说明】

　　本项目是用装备有全景云台的佳能单反相机（Canon EOS 500D）和固定三脚架进行拍摄。鉴于地面场景较为复杂，我们采取了相机外翻的拍摄技巧来对地面进行补拍，确保细节被充分捕捉。由于这种方法的使用，在序列的最后两张图片中可以看到三脚架的存在。此外，周围栏杆出现了一些变形，需要通过后期处理确保其与地面垂直。在全景图的缝合阶段，必须对这些三脚架进行遮罩和修复，以保持图像的质量和真实感。

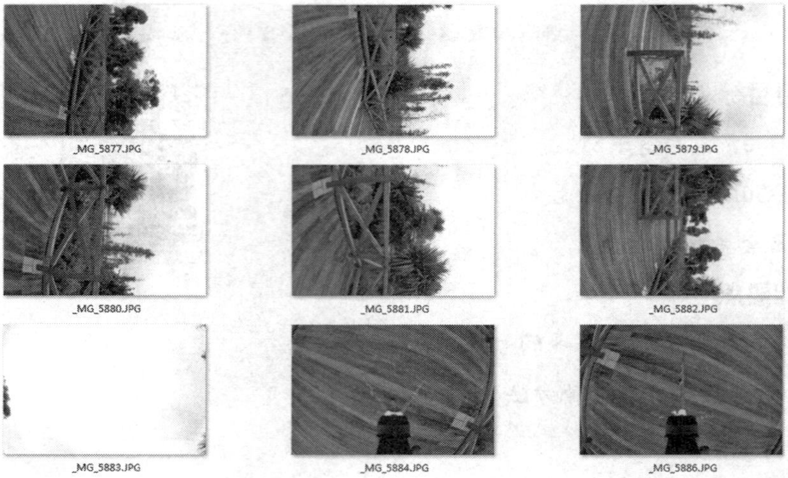

图5-3　拍摄的素材

5.1 使用佳能单反相机拍摄公园景点

本案例使用Canon EOS 500D相机进行室外场景拍摄。由于地面是防腐地板，拥有丰富的纹理细节，我们计划采用相机外翻技术来捕捉这些细节。这种拍摄方法可以确保在后期制作时能够高效地合成全景图像。

步骤 01　确保相机设置完毕并已安装在三脚架上，该三脚架需稳固放置于平坦的地面上。调整相机使其镜头直指向前方。操作全景云台的分度台上的定位螺丝，将螺丝旋紧至60°定位孔中（只需使用一个定位螺丝）。这样设定后，每转动全景云台60°，就会感受到一次卡顿，这有助于快速校准拍摄角度。使用遥控器或手动触发快门进行拍摄。在完成整个场景的拍摄之前，请确保不要移动三脚架的位置，如图5-4所示。

图5-4　拍摄设置

步骤 02　将相机的上节臂刻度调整至0°。每隔60°拍摄一张照片，顺时针方向旋转相机，共拍摄6张，以捕捉水平方向周围360°的全景图像，如图5-5所示。

图5-5　水平拍摄

步骤 03　　调整相机上节臂，使刻度指示垂直朝上（即90°），然后拍摄一张向上的天空照片，如图5-6所示。在进行这张照片的拍摄时，要确保不会拍摄到自己的头部。

图5-6　天空拍摄

步骤 04　　进行地面拍摄。由于地面是由细节纹理丰富的防腐木板组成，我们将采用外翻补地的拍摄方法。首先，将相机旋转至朝下对准地面的位置，确保相机节点、云台节点和三脚架节点三者形成一条直线，如图5-7所示。

图5-7　对准地面

步骤 05 然后在三脚架正对的地面中心位置放置一个小型的水平标志物，如硬币或钢笔等，将相机向外旋转并外翻。稍微松开竖板的固定旋钮，并将全景云台的上半部旋转至180°。为了确保相机回到拍摄VR全景图时的中心点，需要平移三脚架。在此过程中，通过观察相机显示屏上的网格中心点，确保通过平移三脚架使其与地面上先前放置的标志物重合，如图5-8所示。调整好之后，按下快门键，即可完成外翻补地全景图素材的拍摄。

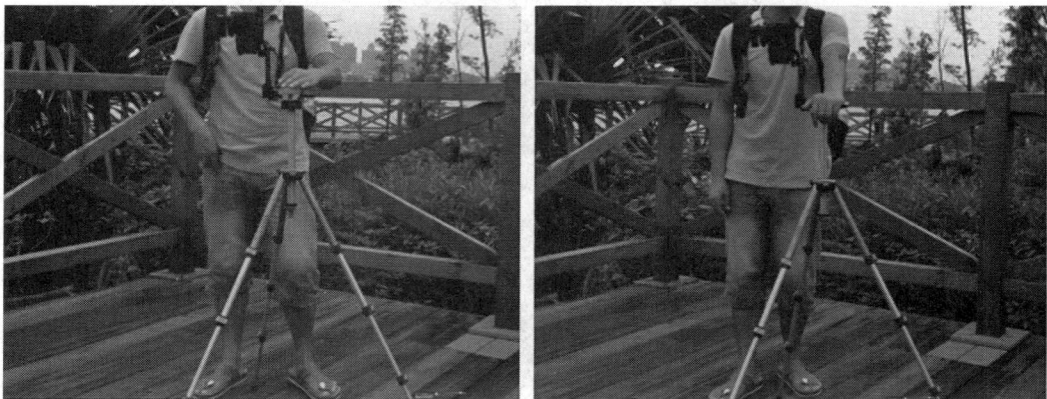

图5-8　外翻拍摄

步骤 06 将全景云台旋转180°，对另一边地面进行拍摄，如图5-9所示。在这个步骤中，平移三脚架时要注意移动距离应该是之前移动距离的两倍。使用与之前相同的方法来对另一边的地面进行补地拍摄。完成这些操作后，第2张外翻补地全景图素材就拍摄完成了。

图5-9　外翻180°拍摄

通过上述步骤，我们完成了整个VR全景所需的全部拍摄工作，包括水平一周的6张图像、天空的1张图像和地面的2张图像，合计共9张照片，如图5-10所示。

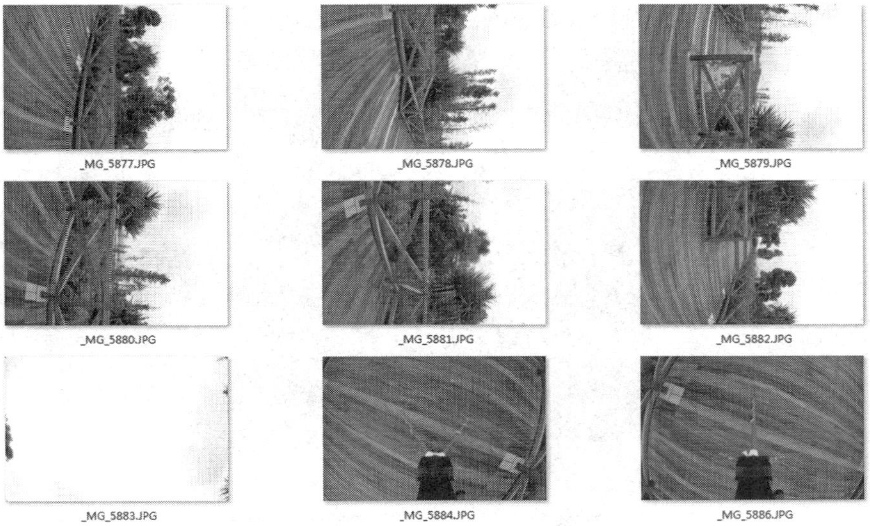

图 5-10　拍摄的图片

5.2 使用PTGui创建全景图

步骤 01 打开PTGui软件，单击界面上的"加载影象"按钮。随后，在弹出的"添加影象"对话框中浏览至第5章素材文件夹，选中里面的9张图片素材，然后单击"确定"按钮，将这9张图片导入PTGui，如图5-11所示。

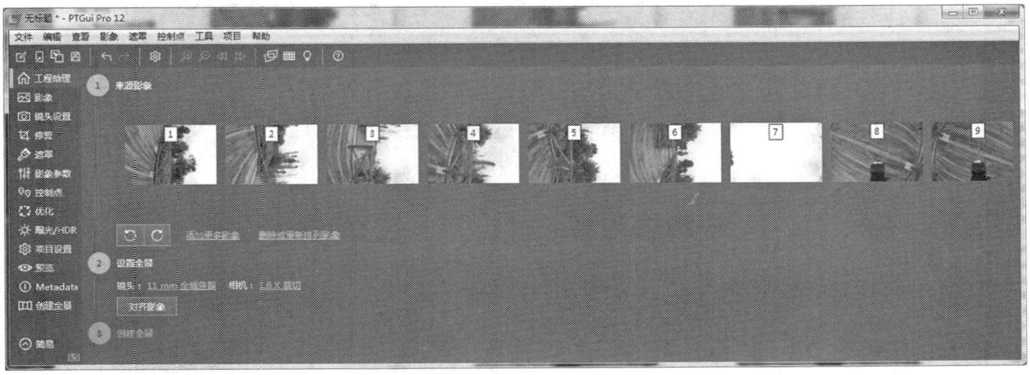

图 5-11　加载影像

步骤 02 在PTGui软件中成功导入拍摄的图像之后，使用界面上的旋转按钮调整每张图像至正确的角度，以便进行后续的全景拼接工作，如图5-12所示。

步骤 03 因为在拍摄过程中使用了外翻拍摄技术，所以在第8张和第9张图片中出现了三脚架。为了移除这些不需要的元素，可在软件界面左侧单击"遮罩"选项并在右侧区域中选中这两张图像。使用红色画笔工具在这些图像上涂抹，以覆盖和消除三脚架的部分，如图5-13所示。通过以上操作，可以确保在最终的全景图中去掉三脚架所在的红色区域。

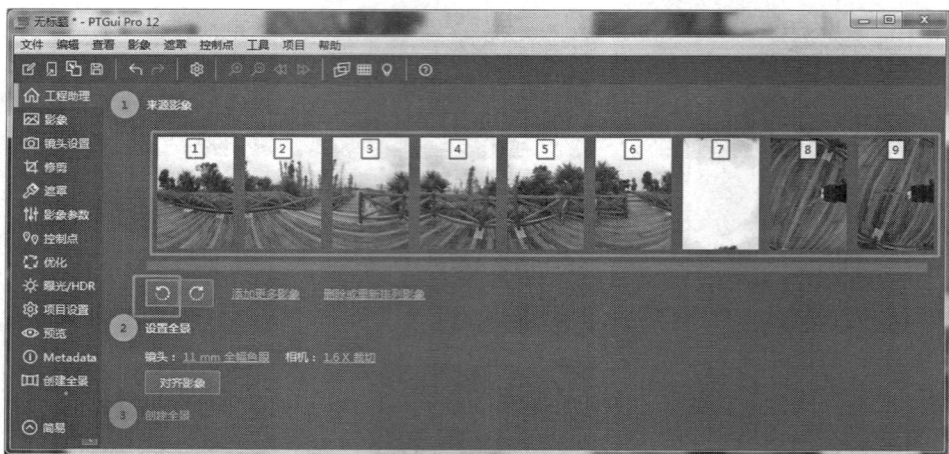

图 5-12　旋转影像

图 5-13　涂抹不需要的部分

步骤 04　在 PTGui 软件中完成图像遮罩操作后，单击界面左侧的"工程助理"选项，返回主界面。按照全景设置流程，单击第二步的"对齐影象"按钮，如图 5-14 所示，进行全景图图像的对齐过程。

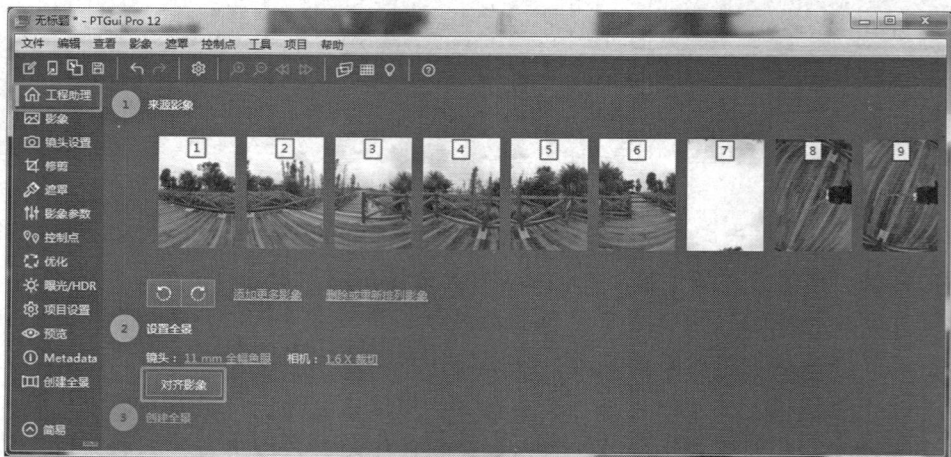

图 5-14　对齐影像

步骤 05　当单击"对齐影象"按钮后，如果出现图5-15所示的提示对话框，表明天空的图片由于细节不足，在全景拼接时节点无法自动缝合。该提示要求手动添加控制点，但在这个情况下，我们选择不立即手动添加控制点，而是通过单击"否"按钮关闭提示框，后续采用手动拖动的方法来对齐这些图像。

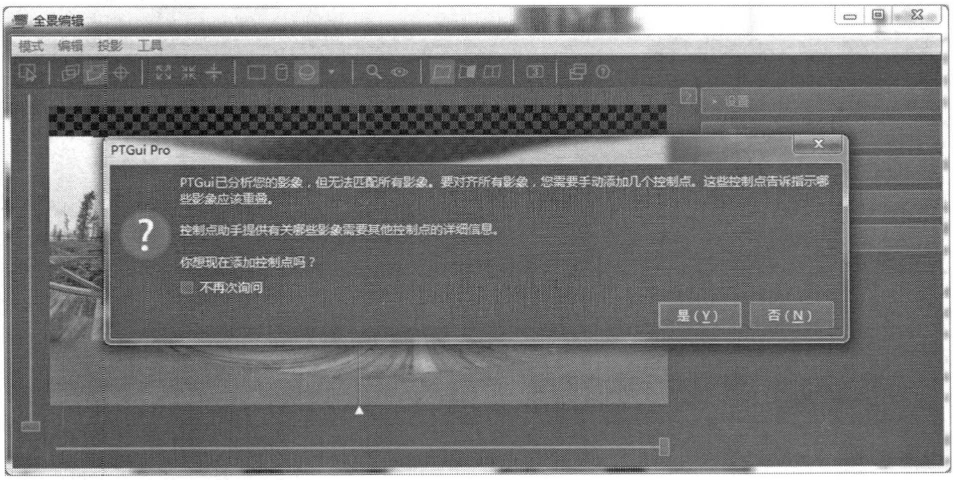

图5-15　手动添加控制点提示

步骤 06　在"全景编辑"窗口中，首先单击"编辑单个图像"按钮 ，接着单击"选择图像"按钮 ，然后在出现的选项中选择图片7进行编辑，如图5-16所示。

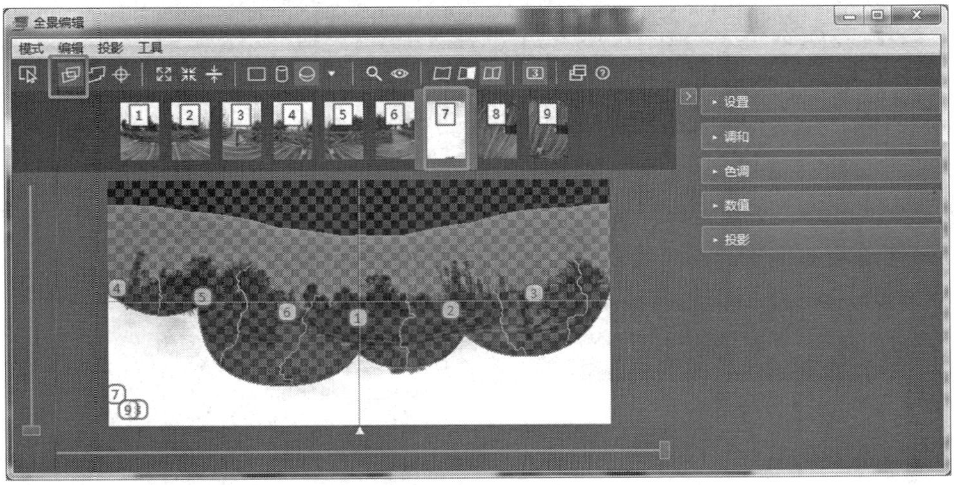

图5-16　编辑单个图像

步骤 07　从图中可以看到，图片7本应代表天空的部分，但缝合计算错误地将其放置在了地面上。为此，使用鼠标拖动图片7，将其移动到正确的天空位置。同时，确保图片7中树梢的部分与图片5中相同的树梢位置对齐重合，如图5-17所示。

步骤 08　单击属性栏里的"编辑全景图"按钮 ，使分散的图像融合成一张完整的全景图。接着单击"拉直"按钮 ，使全景图像处于水平状态，如图5-18所示。

图5-17 移动图片7

图5-18 拉直图像

步骤 09 在弹出的"全景编辑"窗口中，单击"细节查看器"按钮 🔍 放大画面，随后拖动鼠标仔细查看局部细节，检验缝合的完整性和质量，如图5-19所示。

图5-19 查看局部细节

步骤 10　在界面左侧单击"优化"按钮进入优化界面。将序号8和9的"观点"选项设置为"优化"。单击下方的"运行优化程序"按钮，执行优化过程。观察优化结果，如果显示为"好"（见图5-20），则说明优化成功。若优化结果不佳，就需要通过添加"控制点"手动进行图像缝合，这正体现了控制点在图像对齐中的关键作用。

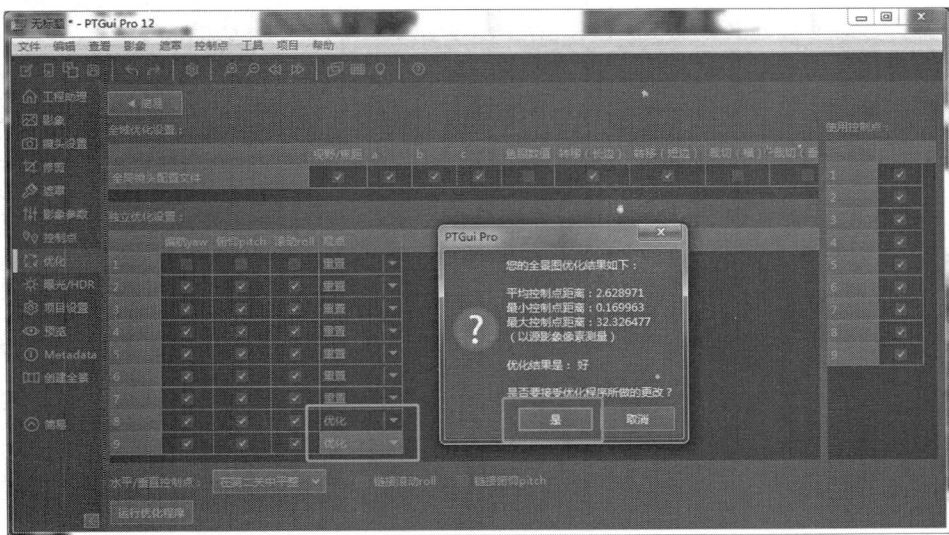

图5-20　运行优化程序

步骤 11　优化后，若发现图片中的栏杆出现歪曲，需要进行校正使其垂直。首先单击左侧的"控制点"选项，然后在缩略图窗口中选择图1，最后在下端添加控制点的类别中选择"垂直线"选项，如图5-21所示。

图5-21　选择"垂直线"选项

步骤 12　在图片窗口中右击鼠标来放大视图，然后在左视图中选择柱子的顶端并单击以设定为1#节点。接着，在右视图中选择柱子底端并单击以设定为对应的1#节点。需要注意

的是，左右两个1#节点必须位于图像中的垂直线上（见图5-22）。使用同样的方法对编号
2~6的图片进行垂直校正。

图5-22　垂直线设置

步骤 13　单击界面左侧的"优化"选项，然后单击"运行优化程序"按钮，执行垂直线的
拉直优化效果如图5-23所示。

图5-23　运行优化程序

步骤 14　在界面左侧单击"工程助理"选项，在弹出的界面中选择第3个选项，然后单击
"创建全景"按钮，如图5-24所示。

步骤 15　关闭"全景编辑"窗口，返回主窗口，如图5-25所示。

步骤 16　在软件的面板区域找到并单击"浏览"按钮，设置输出文件的保存路径，如
图5-26所示。然后单击"创建全景"按钮，此时会有进度条显示以告知全景生成的进度。

图 5-24　创建全景

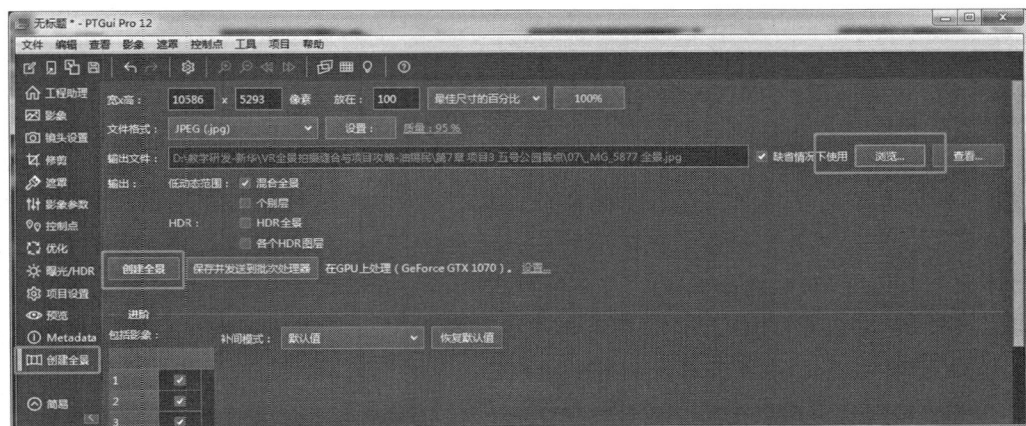

图 5-25　主窗口

图 5-26　设置路径

步骤 17 通过上述操作，就将创建的全景图片保存到指定位置。预览效果如图5-27所示。

图5-27　预览全景

5.3　使用Photoshop插件修补地面

步骤 01 创建出的全景图中因为之前遮罩了三脚架，所以存在两个黑洞。接下来需要进行修补。首先，找到并打开本章文件夹下的"补地插件-Flexify-2.75英文版32&64位"，这个插件分为32位和64位两个版本，需要根据Photoshop安装版本选择对应的插件。在安装前，打开Photoshop软件，通过菜单栏中的"帮助"菜单下的"系统信息"选项查看Photoshop是32位还是64位版本，如图5-28所示。

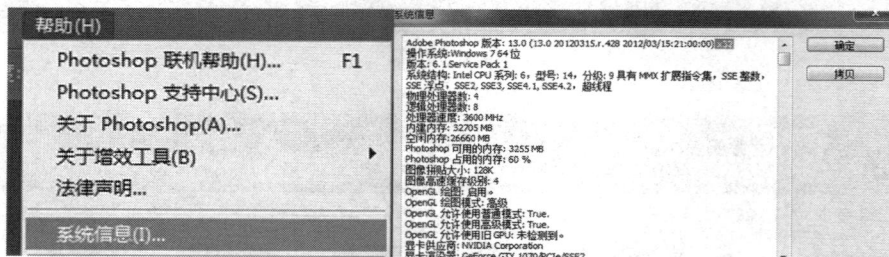

图5-28　查看系统信息

步骤 02 本机安装的Photoshop是32位版本，打开本章提供的"补地插件-Flexify-2.75英文版32&64位"文件夹，将其中的"Flexify presets"文件和"Flexify-275 32bit"文件夹（见图5-29）复制到Photoshop的安装目录下。具体路径为"D:\Program Files\Adobe\Photoshop 2022\Plug-ins\Filters"。复制完成后，重新启动Photoshop软件使插件生效。

图5-29　复制插件文件

步骤 03 启动 Photoshop 软件后，打开之前缝合好的全景图。按 Ctrl+J 键，复制图像，如图 5-30 所示。

图 5-30 复制图像

步骤 04 执行"滤镜"→"Flaming Pear"→"Flexify 2"命令，如图 5-31 所示。在弹出的"Flexify 2"对话框中将 Input（输入）设置为"equirectangular"（等矩形投影）、Output（输出）设置为"zenith&nadir"，如图 5-32 所示。

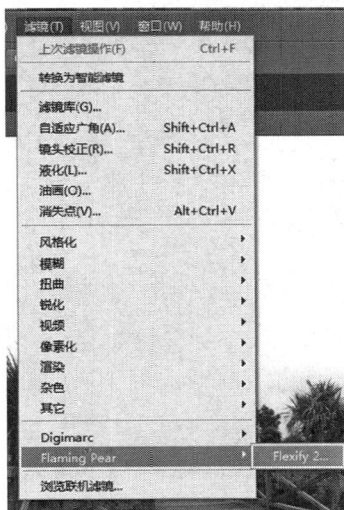

图 5-31 滤镜位置

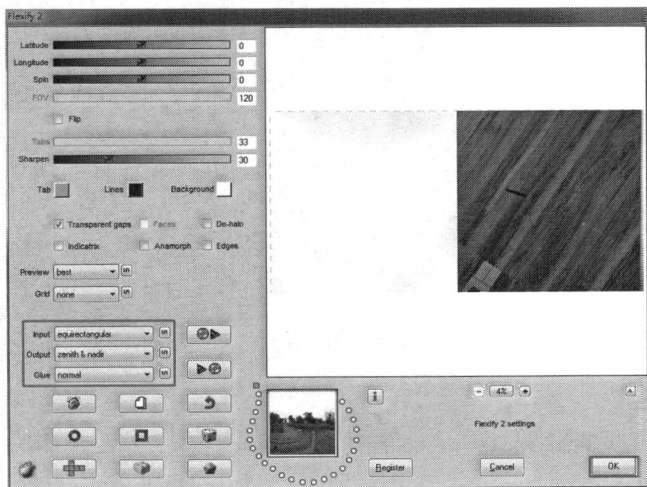

图 5-32 Flexify 选项

步骤 05 在"图层"面板中选择"图层 1"，单击工具箱中的修补工具，在图中拖动鼠标选择黑色部分，如图 5-33 所示。

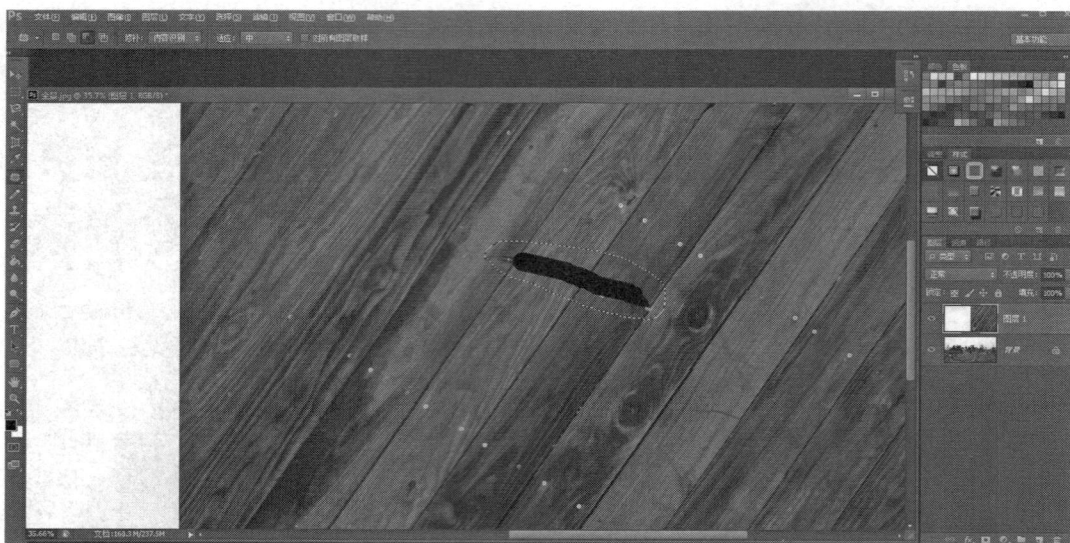

图5-33 使用修补工具

步骤 06 将鼠标指针放置在该黑色区域内，然后拖动到相邻的替换区域上，松开鼠标，即可完成图像修补。在此过程中，要注意观察边沿是否自然对齐，确保修补后的图像部分与周围环境融合得自然，无明显的接缝或不匹配现象，如图5-34所示。

图5-34 修补区域

步骤 07 使用同样的方法，将另一块黑色区域用修补工具框选，拖动到要修补的区域完成修补，如图5-35所示。

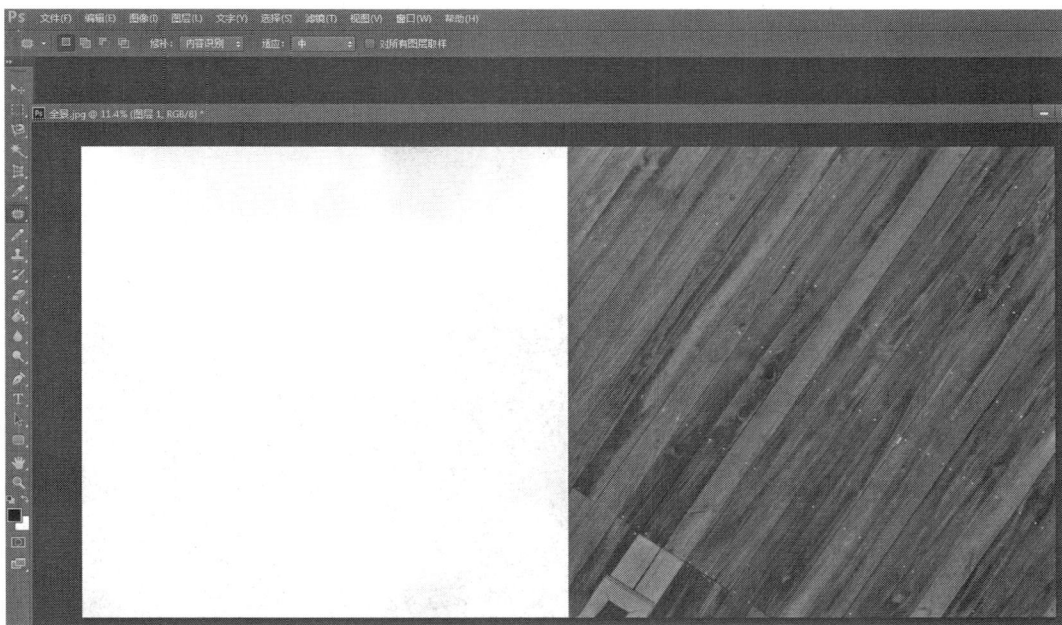

图5-35　修补完成

步骤 08　执行"滤镜"→"Flaming Pear"→"Flexify 2"命令，如图5-36所示。在弹出的"Flexify 2"对话框中将Input（输入）设置为"zenith&nadir"、Output（输出）设置为"equirectangular"，如图5-37所示。

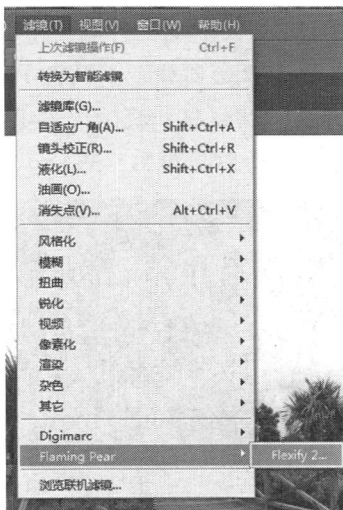

图5-36　执行命令

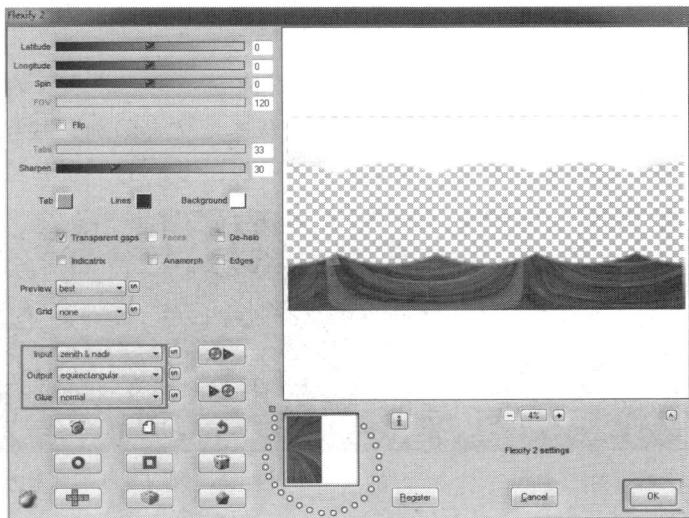

图5-37　设置滤镜

步骤 09　单击"OK"按钮，得到如图5-38所示的结果。执行"文件"→"存储为"命令，将图像保存为"全景.jpg"文件。这样就利用Photoshop插件将地面修补完成。

图5-38　补地效果

5.4　使用720云平台发布与分享VR全景

步骤 01　使用浏览器访问720云平台网站，登录后单击右上角的"开始创作"→"720漫游"选项。在打开的页面中单击"从本地文件添加"按钮，弹出"版权保护提醒"界面，保持默认设置。单击"上传素材"按钮，上传上一节中制作好的全景图，如图5-39所示。

图5-39　从本地文件添加全景图

步骤 02　在右侧区域中设置"作品标题"为"公园景点"、作品分类为"生活/纪实"，如图5-40所示。

步骤 03　单击"创建作品"按钮，创建成功后单击"编辑作品"按钮，打开如图5-41所示的页面。

步骤 04　单击左侧的"音乐"选项，然后在右侧区域中单击"选择音频"按钮，在打开的"音乐素材库"界面中，先单击"系统音乐"选项，然后在右侧区域中选择一个音乐文件，完成后单击"确认操作"按钮，如图5-42所示。

图 5-40　设置作品信息

图 5-41　编辑作品

图 5-42　选择音乐

步骤 05 单击左侧的"特效"选项，然后在右侧区域中单击"添加特效"按钮，在打开的右侧区域中选择"特效类型"为"飘落特效"，按照图5-43所示设置参数，此时可在预览画面中看到下雨的效果，完成后单击"完成设置"按钮，返回编辑作品页面。单击页面右上角的"保存"按钮，系统会提示保存成功。

图5-43　设置特效

步骤 06 单击页面右上角的"分享"按钮，打开"分享设置"界面，从中可按需进行设置。完成后使用手机扫描二维码，即可轻松分享全景作品，如图5-44所示。

图5-44　分享设置

本章总结

通过本章的学习，读者应了解全景拍摄外翻补地的拍摄方法，掌握图像拉直以及外翻拍摄的具体设置方法，重点掌握利用Photoshop补地插件对全景图修补的应用。

练习与实践

全景图的缝合	
项目背景介绍	使用佳能单反相机（Canon EOS 500D）进行拍摄。设置光圈值为 f/8、曝光时间为1/160 s、ISO感光度为100、焦距为10 mm，使用固定三脚架拍摄。因地面是比较复杂的路面砖拼砌而成，对后期的接缝处理带来难度，因此使用了相机外翻补地拍摄
设计任务概述	1. 安装和设置单反相机 2. 单反相机的外翻补地拍摄 3. 使用 PTGui 进行图片的缝合和图像拉直处理 4. 使用 Photoshop 插件修补地面 5. 使用 720 云平台发布与分享全景图
设计参考图	
实训记录	
教师考评	评语： 辅导教师签字：_____

第6章

VR眼镜展馆VR全景的拍摄与缝合

◢ 本章导读

通过本章案例的学习，可掌握使用单反相机进行地面斜拍时的补地拍摄技巧，以便在使用PTGui Pro软件拼接图片时更加高效。不过，拍摄的图片中可能会包含三脚架，需要在后期使用Photoshop插件进行修图处理以移除这些不想要的元素。

◢ 效果欣赏

效果欣赏如图6-1所示。

图6-1　效果欣赏

◢ 学习目标

掌握PTGuiPro的遮罩功能。

掌握PTGuiPro的优化功能。

◢ 技能要点

掌握用PTGuiPro缝合的方法。

掌握使用Photoshop插件Flexify补地技巧。

掌握720云平台的应用。

· AI伴学助手
· 配套资源
· 精品课程
· 进阶训练

扫码获取

◢ 实训任务

使用索尼单反相机进行拍摄练习，并将拍摄的10张图缝合为全景图，如图6-2所示。

图6-2　全景图

【项目导入】

在本案例中，我们将以VR眼镜展馆为场景，使用索尼单反相机拍摄10张图片，如图6-3所示。这些图片随后将被拼接成一张全景图像，以便在手机端进行分享与观看。

【项目说明】

本案例使用索尼单反相机（SONY-ILCE-7RM3）进行VR眼镜展馆的拍摄。相机设置如下：光圈值为f/9，曝光时间为1/250 s，ISO感光度为500，焦距为15 mm，并固定在配有云台的三脚架上。在拍摄过程中，采用了斜拍补地法来捕捉地面的画面。由于这种拍摄技术的使用，最后两张图片中出现了三脚架。因此，在后期处理时，需要对三脚架部分进行遮罩和修补，以确保最终图像的质量和整体观感。

図6-3　拍摄的VR眼镜展馆图像

6.1 使用索尼相机拍摄展馆

本案例是使用索尼单反相机（SONY-ILCE-7RM3）来拍摄一个室内展馆。由于展馆内有大量的灯光照射，地面物体产生了许多影子。为了避免在后期图片缝合时三脚架影子的干扰，所以采用了斜拍补地的拍摄方法。这种技术可以有效减少三脚架影子对最终全景图像的影响，简化后期处理工作。

步骤 01　将相机安装在配备全景云台的三脚架上。接着，将相机镜头垂直向下调整，并确保相机的节点、全景云台的节点和三脚架的节点三者在垂直方向上对齐，形成一条直线，如图6-4展示。

首先把镜头垂直朝下，打开相机网络线。把网络线分别对准分度台中心的水平线和垂直0刻度线。

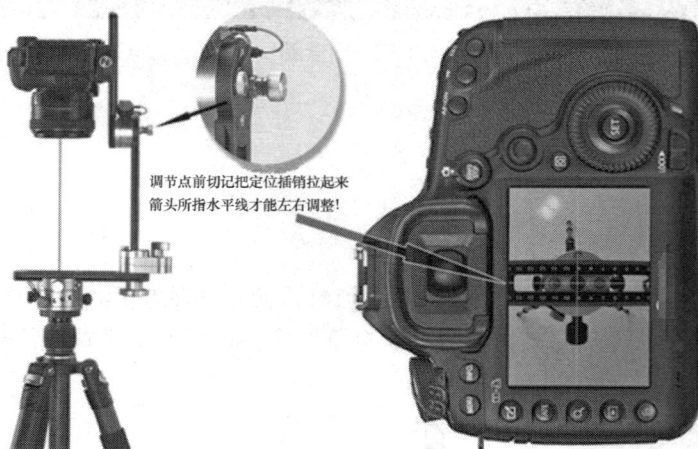

调节点前切记把定位插销拉起来
箭头所指水平线才能左右调整！

図6-4　设置节点

步骤 02　调整全景云台的分度台上的定位螺丝至60°，并锁定。将上节臂刻度调至0°，确保相机镜头直指前方。每转动60°拍摄1张照片，顺时针旋转360°，共拍摄6张，覆盖整个场景，如图6-5所示。

步骤 03　将上节臂刻度调至垂直朝上，即 90° 位置，拍摄顶部照片 1 张，如图 6-6 所示。然后，调整上臂刻度向上旋转 60°，同时水平移动相机大约 1 m，确保相机镜头大致对准刚才拍摄的顶部区域，如图 6-7 所示。

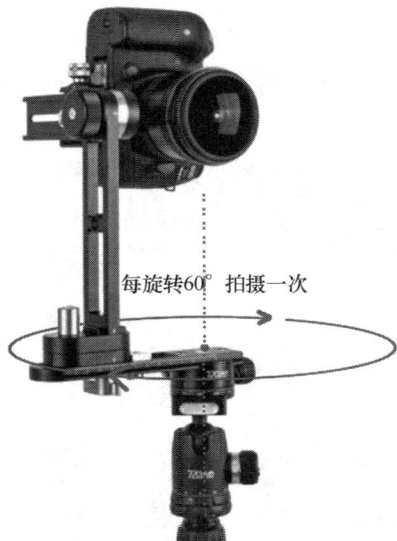

图 6-5　水平拍摄　　　　　图 6-6　顶部拍摄　　　　　图 6-7　上仰拍摄

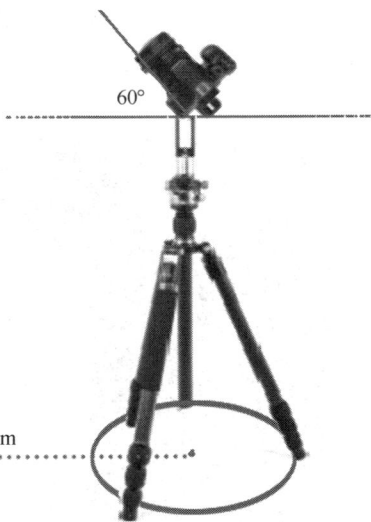

步骤 04　进行地面拍摄时，考虑到影子较多，应优选阴影区域摆放三脚架。将相机向下旋转至朝向地面，并调整确保相机节点、云台节点和三脚架节点对齐成直线后，拍摄 1 张地面照片，如图 6-8 所示。随后，采用斜拍补地技巧，调整上臂刻度向下旋转 60°，同时水平移动相机约 1 m，使镜头大致对准刚才拍摄的地面位置再拍摄 1 张，如图 6-9 所示。

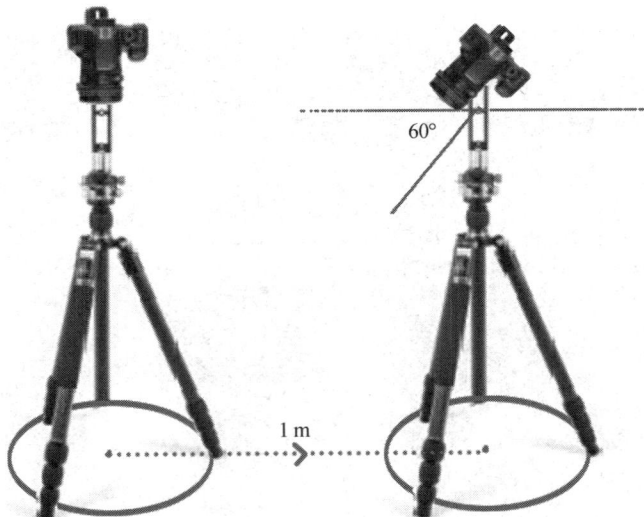

图 6-8　地面拍摄　　　　　　　图 6-9　下仰拍摄

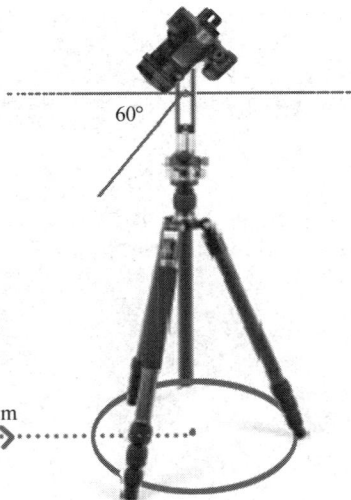

至此，已完成全部拍摄工作，包括水平一周的 6 张图像、2 张顶部图像和 2 张地面图像，合计 10 张照片。

6.2 使用PTGui创建全景图

步骤 01 打开PTGui软件，单击"加载影象"按钮。在弹出的"添加影象"对话框中，浏览到本章素材文件夹，用鼠标拖动以选择10张图片，然后单击"打开"按钮，如图6-10所示。

图6-10 "添加影象"对话框

步骤 02 素材已成功导入PTGui Pro软件中。由于拍摄时采用了移动拍摄技术，第9张和第10张图片中包含了三脚架，如图6-11所示。

图6-11 已添加的影像

步骤 03 在界面左侧单击"遮罩"选项。在右侧选中第9张图片，使用红色画笔涂抹以遮盖三脚架部分。操作时，可通过滚动鼠标滚轮放大或缩小图片视图以便更精细地操作，如图6-12所示。使用同样的方法，对第10张图片中的三脚架进行处理。

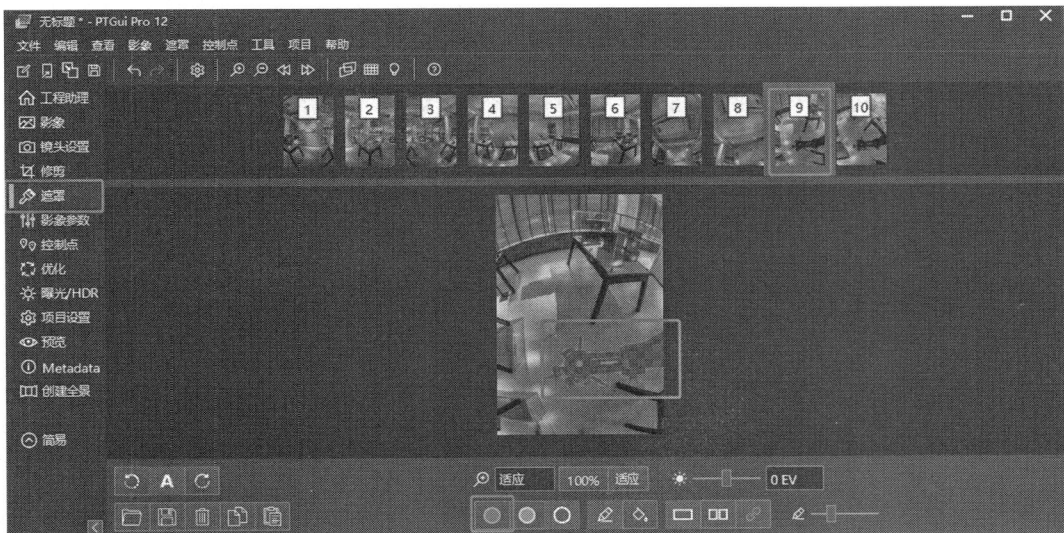

图6-12　遮罩处理

步骤 04　在界面左侧单击"工程助理"选项，返回主界面。然后，在设置全景的步骤中，单击第二步的"对齐影象"按钮，如图6-13所示。

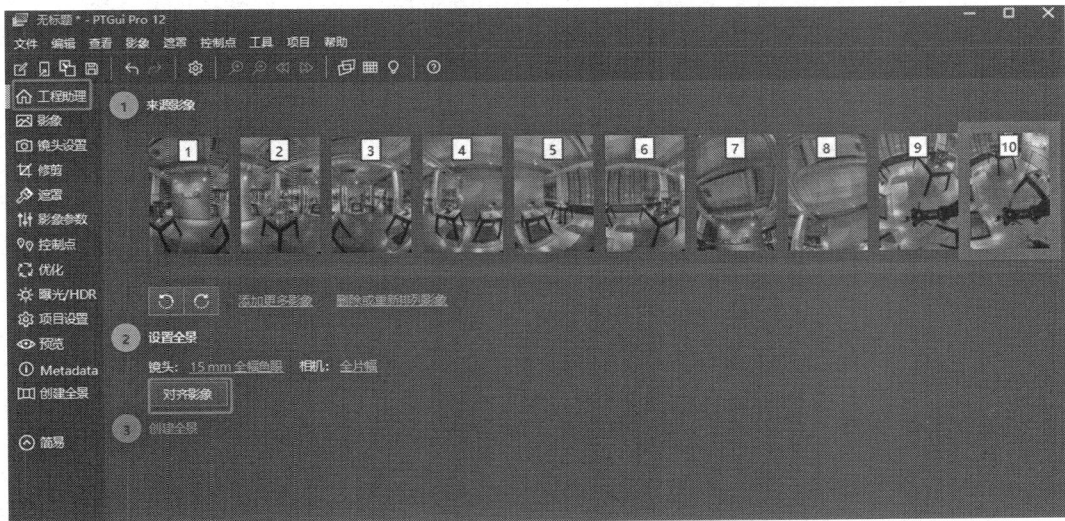

图6-13　单击"对齐影象"按钮

步骤 05　单击"对齐影象"按钮后，如果出现提示对话框，指出由于地面细节不足导致自动缝合时节点无法对齐，直接单击"否"按钮关闭提示即可。然后，展开软件右侧的隐藏面板，在"调和"标签下勾选"填充孔"选项，这样地面的空隙就会被自动填充，如图6-14所示。

步骤 06　在"全景编辑"窗口中单击"细节查看器"按钮，在打开的"细节查看器"窗口中放大画面并拖动鼠标仔细检查局部细节，以确保图像的缝合是否完整无缝，如图6-15所示。

图6-14　勾选"填充孔"选项

图6-15　"细节查看器"窗口

步骤 07　单击"工程助理"选项，在打开的界面中选择第3个选项，然后单击"创建全景"按钮，如图6-16所示。

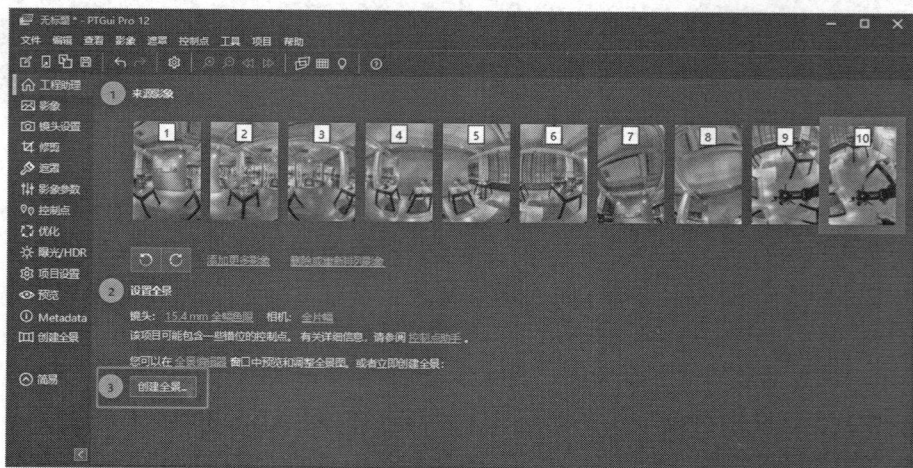

图6-16　创建全景

步骤 08 此时将切换到输出文件设置界面，在这里可以进行全景图的保存设置，如图6-17所示。

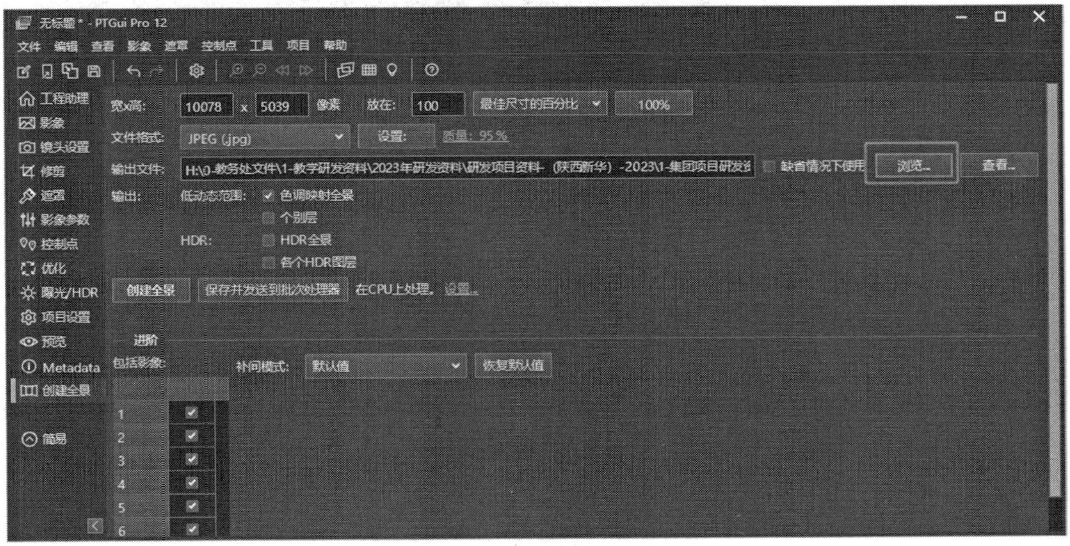

图6-17　文件设置界面

步骤 09 在"输出文件"设置的右侧单击"浏览"按钮，在弹出的"保存全景"对话框中设置保存全景图的路径和文件名，随后单击"保存"按钮完成设置，如图6-18所示。

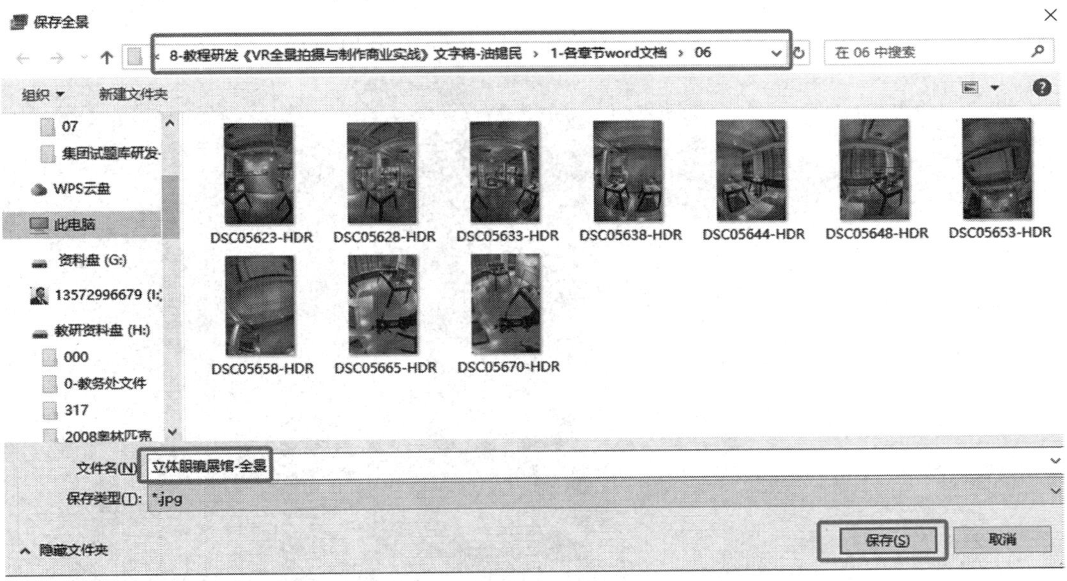

图6-18　路径设置

步骤 10 单击"创建全景"按钮开始合成。此时会出现"生成全景"进度条，如图6-19所示，等待进度条走完达到100%，全景图像合成即完成。

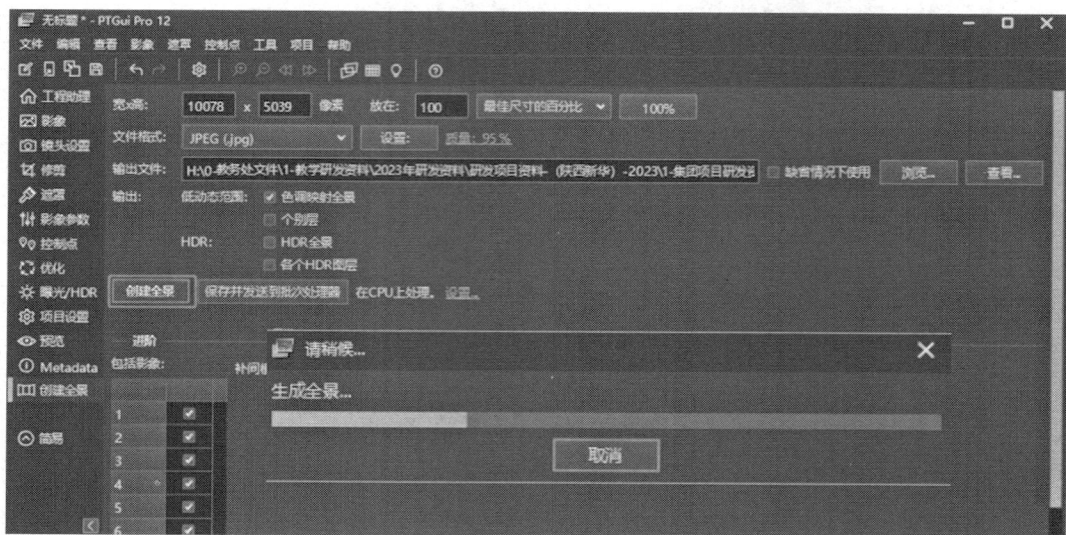

图6-19　创建全景

6.3　使用Photoshop插件修补地面

步骤 01　在Photoshop中打开已缝合的全景图"立体眼镜展馆-全景"，按Ctrl+J组合键，复制当前图层，生成一个新的图层名为"图层1"，如图6-20所示。

图6-20　复制图层

步骤 02　执 行"滤镜"→"Flaming Pear"→"Flexify2"命令，打开"Flexify2"对话框，从中设置Input（输入）为"equirectangular"、Output（输出）为"zenith&nadir"，如图6-21所示。

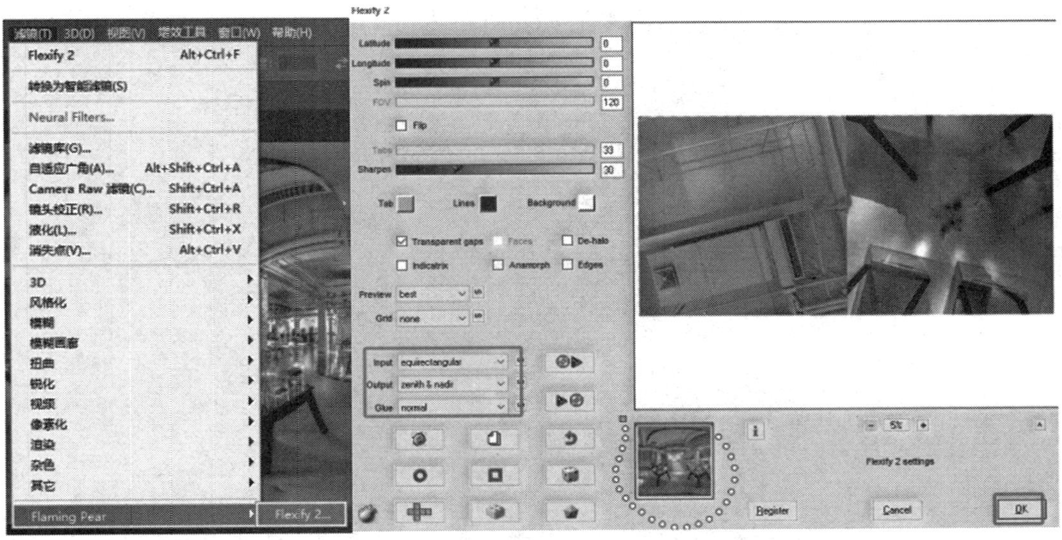

图6-21 设置滤镜

步骤 03 在"图层"面板中选择"图层1",然后单击工具箱中的修补工具。使用该工具在图像上拖动光标以选择需要修改的区域,如图6-22所示。

图6-22 选择修改区域

步骤 04 将光标放置在选区内部,拖动到用于替换内容的区域上,然后释放鼠标,即可实现图像的修补。在此过程中,需留意选区边缘与周围内容的对齐情况,确保修补后的图像看起来自然无缝,如图6-23所示。

步骤 05 如果一次修补后的效果不尽如人意,可以多次重复此过程:使用修补工具选择需要调整的区域,拖动到理想的替换内容上,然后松开鼠标以完成修补,如图6-24所示。

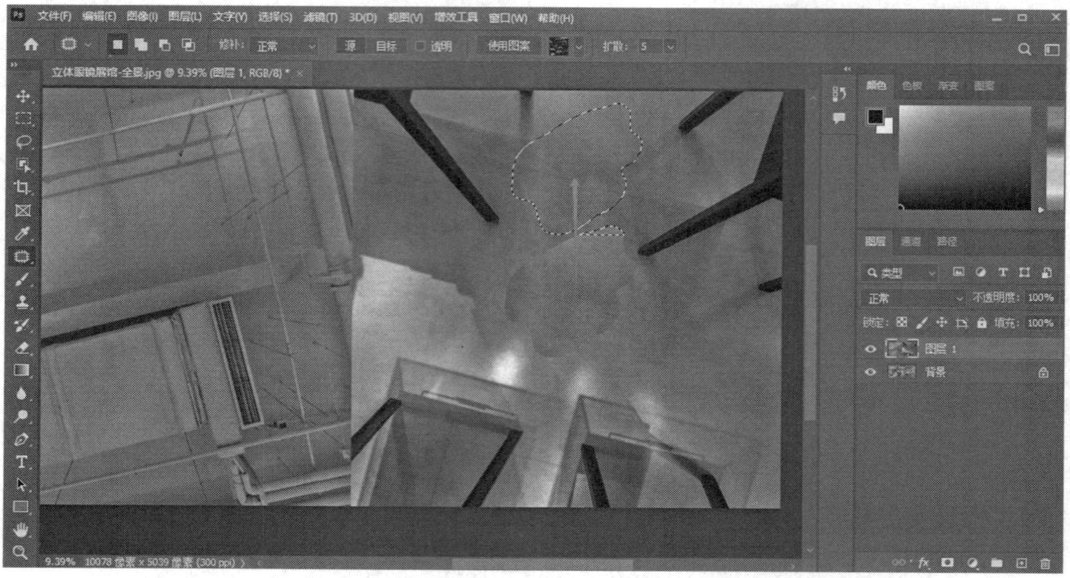

图 6-23　替换区域

图 6-24　完成修补

步骤 06　执行"滤镜"→"Flaming Pear"→"Flexify2"命令，在打开的"Flexify2"对话框中设置 Input（输入）选项为"zenith&nadir"、Output（输出）选项为"equirectangular"，如图 6-25 所示。

步骤 07　单击"确定"按钮应用滤镜效果，如图 6-26 所示。执行"文件"→"存储副本"命令，将修复好的全景图像另存为"立体眼镜-全景"文件。这样就利用 Photoshop 的 Flexify 插件完成了地面的修补工作。

图 6-25　Flexify2 设置

图 6-26　应用滤镜效果

6.4　使用720云平台发布与分享VR全景

步骤 01　使用浏览器访问720云平台网站，登录后单击右上角的"开始创作"→"720漫游"选项。在打开的页面中单击"从本地文件添加"按钮，弹出"版权保护提醒"界面，保持默认设置。单击"上传素材"按钮，上传上一节中制作好的全景图，如图6-27所示。

图 6-27　从本地文件中添加全景图

步骤 02　在右侧区域中设置"作品标题"为"立体眼镜展馆"、作品分类为"展厅/展会"、所在城市为"北京"，如图 6-27 所示。

图 6-28　设置作品信息

步骤 03　单击"创建作品"按钮，创建成功后单击"编辑作品"按钮，打开如图 6-29 所示的页面。

图 6-29　编辑作品

步骤 04　单击左侧的"音乐"选项，然后在右侧区域中单击"选择音频"按钮，在打于的"音乐素材库"界面中，先单击"系统音乐"选项，然后在右侧区域中选择"科技感"→"An Epic"音乐文件，完成后单击"确认操作"按钮，如图6-30所示。

图6-30　选择音乐

步骤 05　由于本案例主要用于移动端展示，在界面左侧单击"视角"选项，在右侧选择"移动端"选项，并通过拖动光标来调整至合适的视角。确定视角后，单击"把当前视角设为初始视角"按钮，设置该视角为作品的起始视场，如图6-31所示。单击页面右上角的"保存"按钮，系统会提示保存成功。

图6-31　设置视角

步骤 06　单击页面右上角的"分享"按钮，打开"分享设置"界面，从中可按需进行设置。完成后使用手机扫描二维码，即可轻松分享全景作品，如图6-32所示。

图 6-32　分享设置

本章总结

　　通过本章案例的学习，读者应能学会使用单反相机拍摄时对地面移动拍摄的补地方法，使用 PTGui Pro 软件缝合制作，掌握利用 Photoshop 补地插件对全景图修补的应用和使用 720 云平台进行发布与分享全景图。

练习与实践

全景图的缝合	
项目背景介绍	使用 SONY-ILCE-7RM3 索尼单反相机进行夜景拍摄。设置光圈值为 f/10、曝光时间为 1/30 s、ISO 感光度为 400、焦距为 15 mm，并固定在带有云台的三脚架上进行拍摄。为了对地面进行拍摄，采用了相机移动拍摄补地法，这导致在最后两张图片中出现了三脚架。在后期处理时，需要对这些区域进行遮罩和修补
设计任务概述	1. 安装和设置单反相机 2. 移动单反相机斜拍补地拍摄 3. 使用软件 PTGui Pro 进行遮罩缝合 4. 使用软件 Photoshop 的插件进行修补地面 5. 使用 720 云平台进行发布与分享全景图

全景图的缝合	
设计参考图	
实训记录	
教师考评	评语： 辅导教师签字：＿＿＿＿＿

第7章

中式样板间 VR 全景的三维建模与发布

▲ 本章导读

本章将通过案例学习使用三维建模技术进行虚拟相机的拍摄和渲染出图的制作。为此，读者需要具备一定的 3ds Max 和 VRay 软件操作基础。使用这种方法渲染出的全景图像无须补地处理。但请注意，前期的三维建模、材质设置、灯光布置和渲染过程会占用较长时间。最终，项目的场景交互和效果展示需要在建 E 网云平台上完成。

▲ 效果欣赏

效果欣赏如图 7-1 所示。

图 7-1　效果欣赏

◢ 学习目标

了解 3ds Max 建模。

了解 3ds Max 和 VRay 材质。

掌握 VRay 灯光。

掌握全景图渲染的设置方法。

· AI伴学助手
· 配套资源
· 精品课程
· 进阶训练

◢ 技能要点

掌握利用 3ds Max 软件进行多边形建模的技巧。

掌握 3ds Max 的插件 VRay 材质的设置方法。

掌握 VRay 渲染全景图的设置技巧。

掌握利用建 E 网云平台交互制作的流程。

◢ 实训任务

根据客户提供的 CAD 图纸和现场照片，依照其要求制作具有中式风格的 VR 全景图，如图 7-2 所示。交互效果需涵盖客餐厅、厨房、卧室、卫生间等区域，并确保可以在移动端设备上顺畅地进行交互展示。

图 7-2　中式风格的 VR 全景图

【项目导入】

依据客户提供的现场照片和 CAD 图纸，根据需求分析制作 VR 全景图。这里以客餐厅为例进行说明，其他区域（如卧室、卫生间等）的制作方法可参照客餐厅进行，如图 7-3 所示。

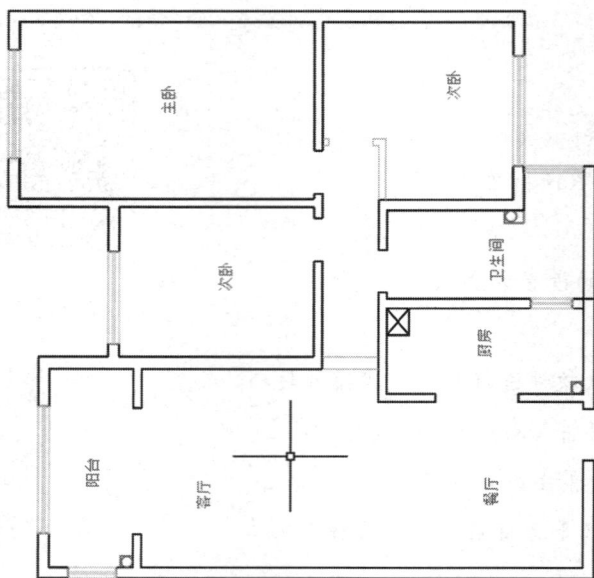

金辉世界城 (8)　金辉世界城 (7)　金辉世界城 (6)　金辉世界城 (5)　金辉世界城 (4)　金辉世界城 (3)　金辉世界城 (2)　金辉世界城 (1)

金辉世界城 (17)　金辉世界城 (16)　金辉世界城 (15)　金辉世界城 (14)　金辉世界城 (13)　金辉世界城 (12)　金辉世界城 (11)　金辉世界城 (10)

金辉世界城 (26)　金辉世界城 (25)　金辉世界城 (24)　金辉世界城 (23)　金辉世界城 (22)　金辉世界城 (21)　金辉世界城 (20)　金辉世界城 (19)

金辉世界城 (35)　金辉世界城 (34)　金辉世界城 (33)　金辉世界城 (32)　金辉世界城 (31)　金辉世界城 (30)　金辉世界城 (29)　金辉世界城 (28)

图 7-3　客户素材

【项目说明】

在本项目中，由于客户仅提供了现场毛胚房的照片和CAD图纸，因此需要与客户进行深入沟通以确认全景图的预期效果。经过交流，最终确定采用深色的中式风格作为全景图的主题效果。

7.1 使用3ds Max进行三维建模

步骤 01 软件版本不限，只需确保安装的VRay插件与3ds Max版本兼容即可。在3ds Max中，执行"文件"→"导入"→"导入"命令，如图7-4所示。

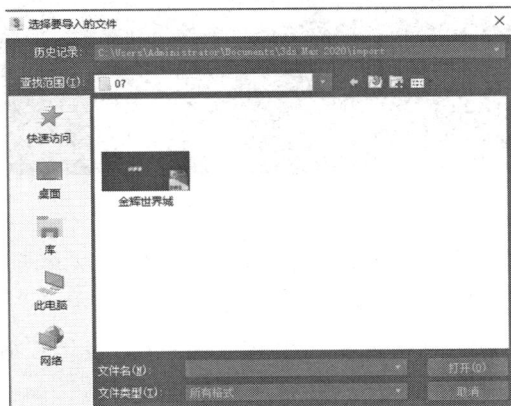

图7-4 "导入"命令

步骤 02 在打开的"选择要导入的文件"对话框中查找并选中"金辉世界城.dwg"文件，然后单击"打开"按钮，如图7-5所示。这样操作后，CAD图纸便会被导入3ds Max中，如图7-6所示。

· AI伴学助手
· 配套资源
· 精品课程
· 进阶训练

扫码获取

图7-5 选择文件

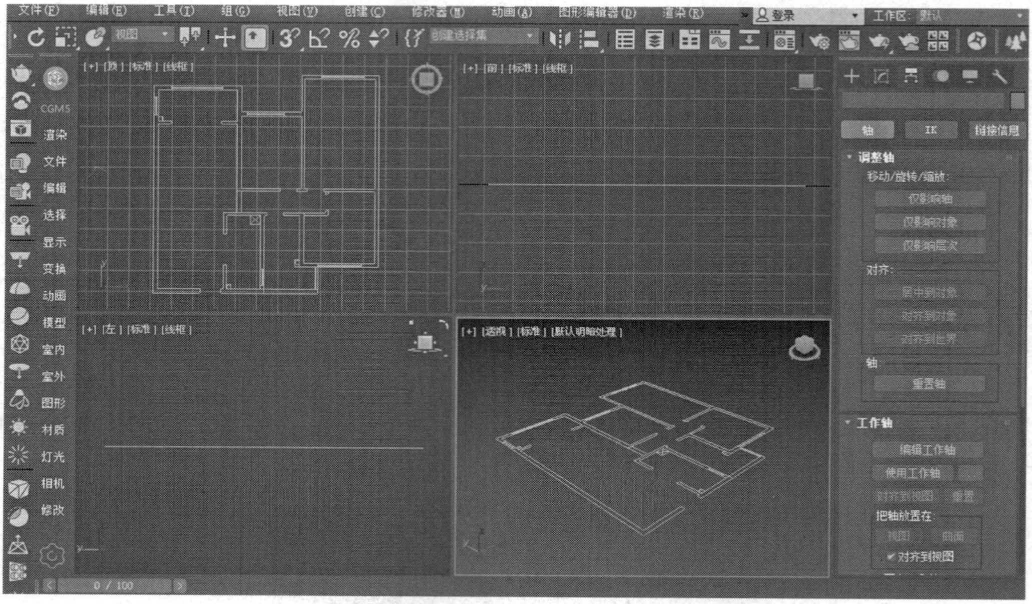

图7-6 导入CAD图纸

步骤 03 在视图中右击刚才导入的图纸，在弹出的四联菜单中选择"移动"选项。在下方的状态栏区域将X、Y、Z坐标都设置为0，这样可以使图纸居中放置在视图中心位置。在界面右侧的命令面板中，找到并单击"冻结"→"冻结选定对象"选项，如图7-7所示，将导入的图纸冻结。一旦冻结，这些对象就无法再进行操作了。

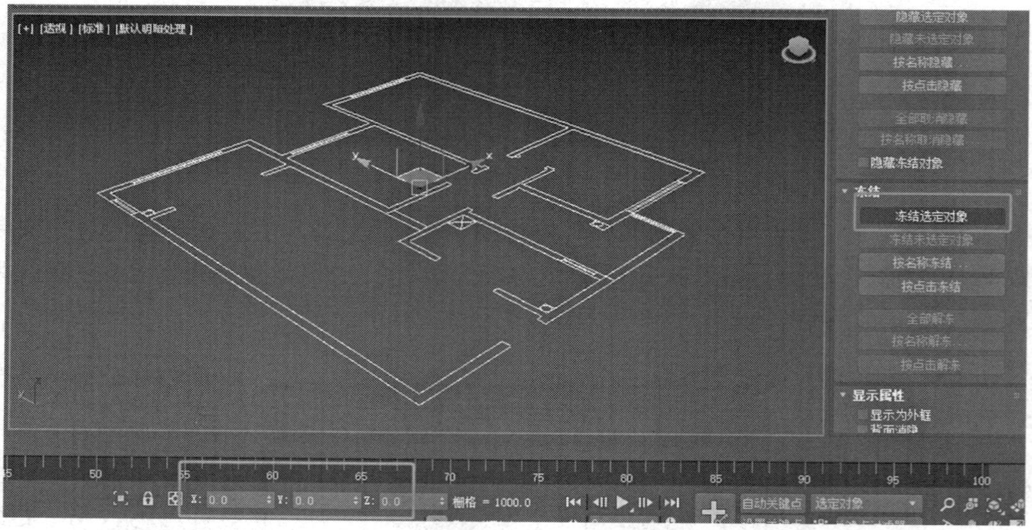

图7-7 冻结选定对象

步骤 04 在界面上方的主工具栏中单击"2.5维捕捉"按钮以激活捕捉功能。右击该按钮，打开"栅格和捕捉设置"窗口。在该窗口中勾选"顶点""端点"和"中心"选项，确保可以捕捉到这些关键几何点。同时，在"选项"标签下，勾选"捕捉到冻结对象"和"启用轴约束"选项，以便在操作过程中能够精确控制捕捉行为，如图7-8所示。

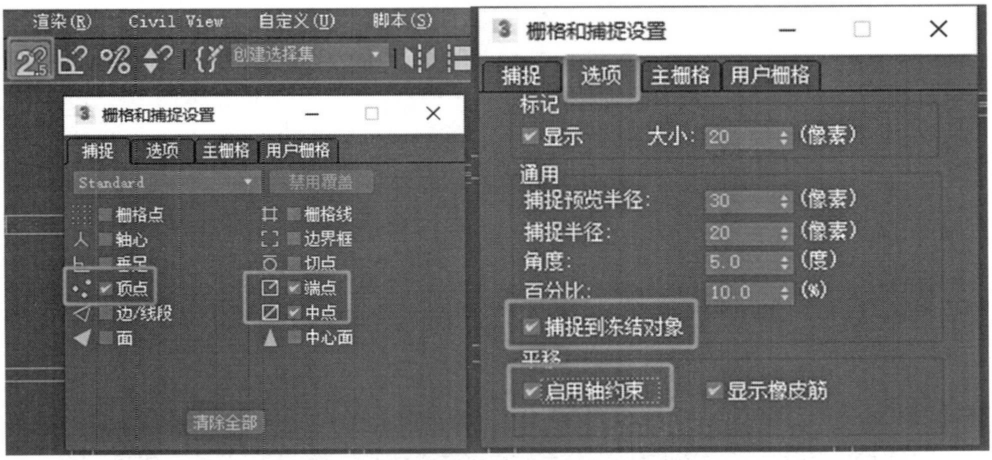

图7-8　栅格和捕捉设置

步骤 05　在界面右侧的命令面板中单击"创建"标签下的"图形"按钮，在出现的选项中，选择"矩形"作为要创建的对象类型，如图7-9所示。

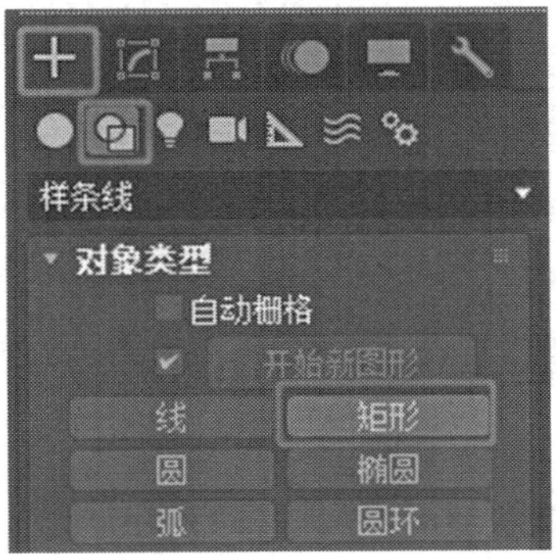

图7-9　创建矩形

步骤 06　在顶视图中，依照导入的CAD图纸上的墙体轮廓，使用捕捉功能创建矩形形状，如图7-10所示。

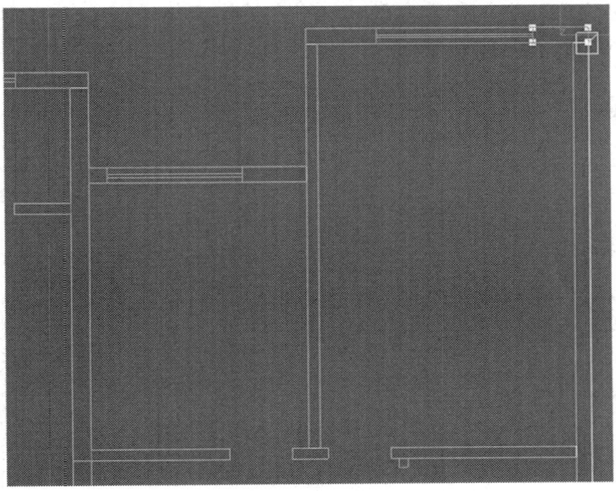

图7-10　绘制墙体

步骤 07 切换至透视视图，选中刚才创建的矩形图形。在右侧的命令面板中单击"修改"按钮。在下方区域中单击"修改器列表"下拉菜单，并在展开的列表中选择"挤出"修改器。找到该修改器的参数设置，将其设置为 2 700 mm，给矩形添加厚度，模拟墙体的高度，如图 7-11 所示。

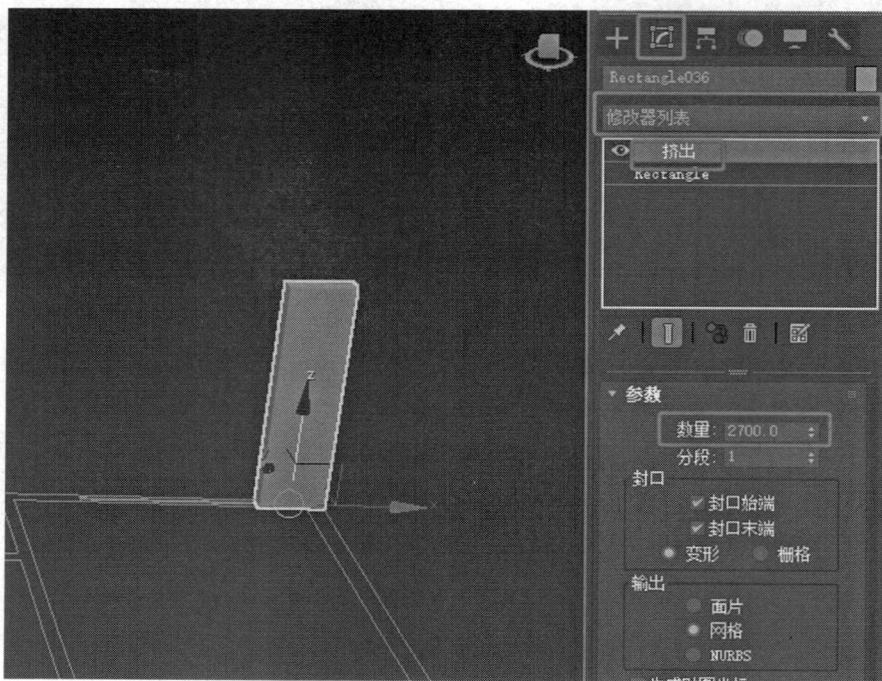

图 7-11　挤出设置

步骤 08 使用与之前相同的步骤，继续在顶视图中依据 CAD 图纸上的其他墙体轮廓创建矩形形状，整体效果如图 7-12 所示。

图 7-12　整体效果

步骤 09 创建门头墙。使用矩形工具在顶视图中依照图纸上的门的位置绘制出门头墙的轮廓。完成绘制后，同样应用"挤出"修改器，设置其参数为700 mm，作为门头墙的厚度。创建完毕后，将门头墙移动到建筑模型顶端的相应位置，确保门洞的高度与下方空间保持2 000 mm的一致高度，如图7-13所示。

图7-13　门头墙设置

步骤 10 采用之前创建门头墙的相同方法，继续在顶视图中根据设计图纸绘制并创建所有剩余门头墙的模型。特别注意，客厅垭口的门头墙挤出参数应设置为300 mm，以区别于其他门头墙的厚度，整体效果如图7-14所示。

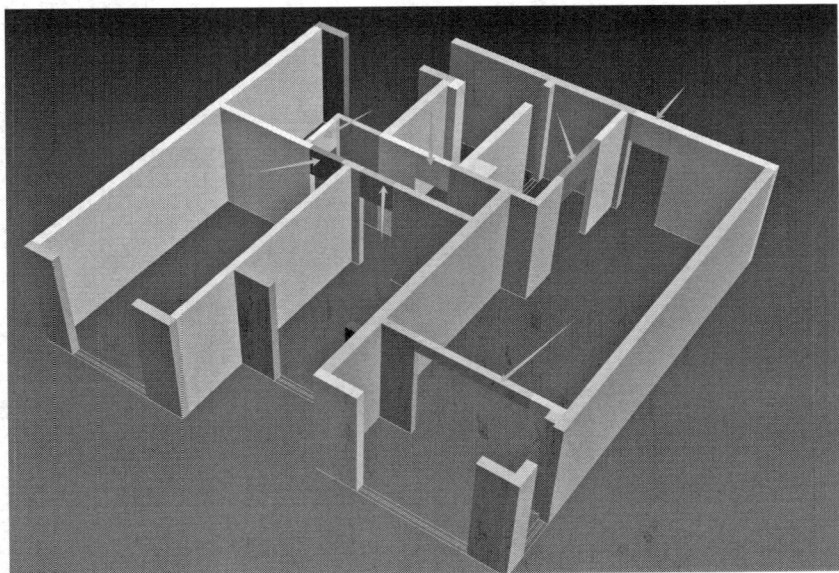

图7-14　整体门头墙效果

步骤 11 依照上述创建门头墙的步骤，继续在顶视图中利用矩形工具根据设计图纸绘制出窗户上下部分的墙体。为窗户上方的墙体应用"挤出"修改器，设置厚度为400 mm；同样，为窗台部分创建矩形并应用"挤出"修改器，设置其参数为800 mm，以匹配窗台的高度，效果如图7-15所示。

图7-15　窗台墙效果

步骤 12 为了统一所有墙体的颜色，首先在视图中框选全部的墙体对象。接着，在3ds Max的命令面板中找到并单击"色块"按钮。在弹出的"对象颜色"对话框中选择"黑色"，单击"确定"按钮应用所选颜色，使所有选中的墙体变为黑色，如图7-16所示。

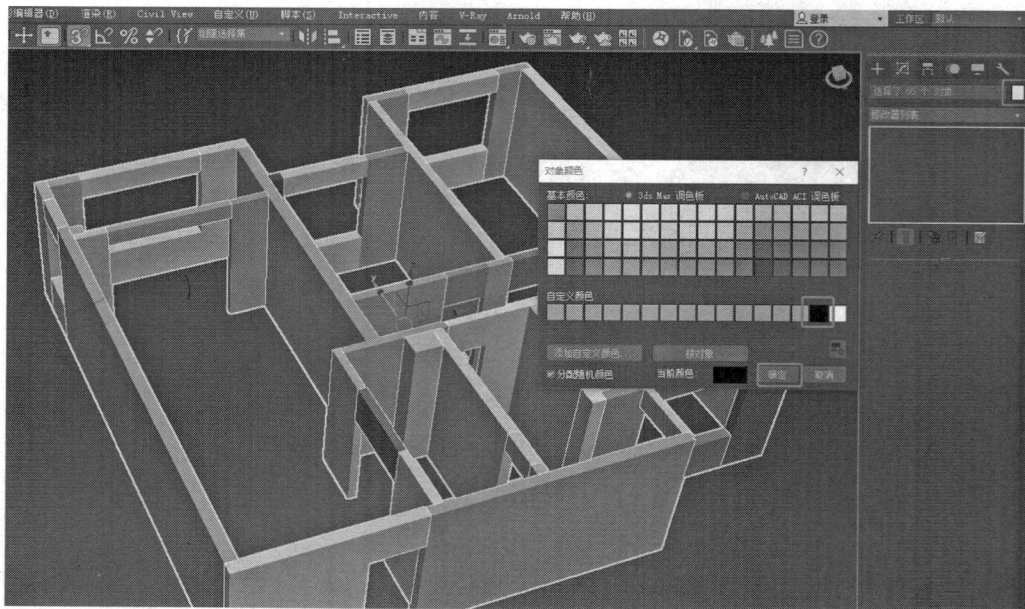

图7-16　应用对象颜色

步骤 13 当所有墙体都变为黑色后，接下来在主工具栏上找到并单击"材质编辑器"按钮。在打开的"材质编辑器"对话框中选择一个未使用的材质球，然后单击下方的"材质指定给选定对象"按钮，如图 7-17 所示。这样操作后，所选择的材质颜色将被应用到所有已经选中的墙体上，将它们的显示颜色改为白色。完成材质指定后，关闭"材质编辑器"对话框。

图 7-17 材质设置

步骤 14 在右侧的命令面板中单击"图形"按钮，进入图形创建模式。在"对象类型"下单击"线"按钮，准备绘制线条。切换到顶视图，用鼠标单击并绘制覆盖客餐厅和走道区域的线条，如图 7-18 所示。

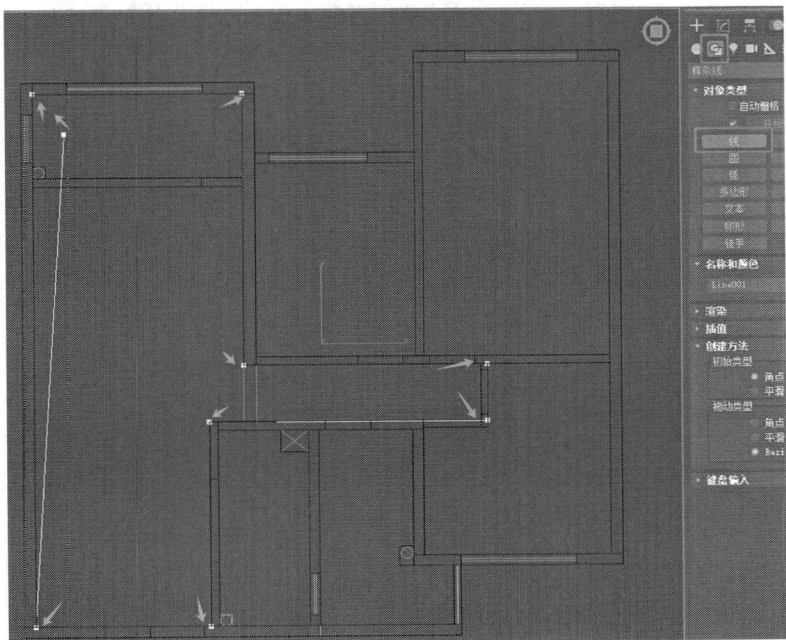

图 7-18 绘制地板线

步骤 15 选中创建的地板线图形，然后在右侧的"修改器列表"中找到"挤出"修改器并添加给该图形。在挤出参数中设置"数量"为 10 mm，如图 7-19 所示。

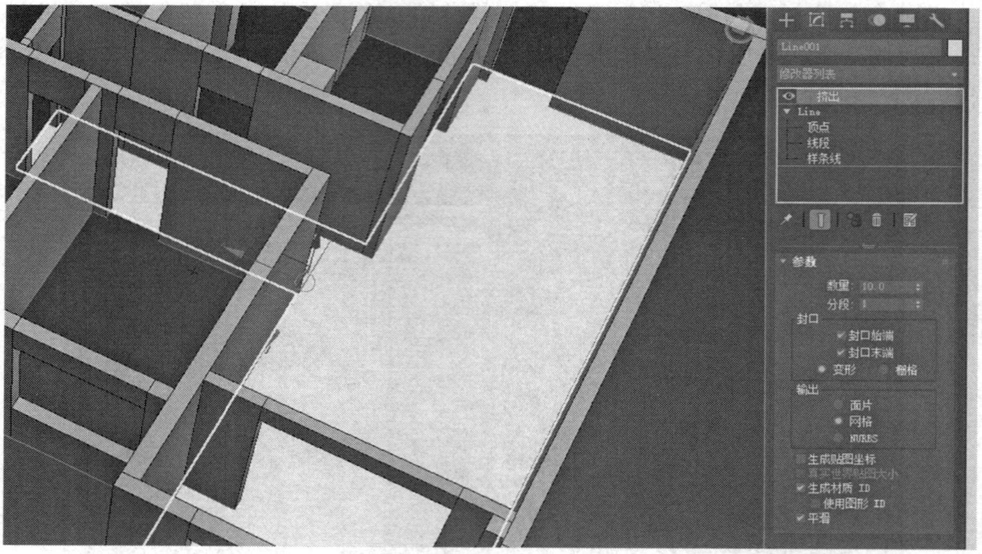

图 7-19　设置挤出参数

步骤 16 打开本章素材文件夹中的"调用模型文件.max"文件，选择里面门模型。在界面左侧的"CG工具箱"面板中单击"编辑"选项。随后，在弹出的编辑面板中找到并单击"复制"按钮，如图 7-20 所示。

图 7-20　复制门

步骤 17 切换回"中式样板间"项目文件的场景。在左侧的"CG工具箱"面板下，再次单击"编辑"按钮。然后在弹出的编辑面板中单击"粘贴"按钮，将之前复制的门模型粘贴到当前场景中。使用移动工具把门模型对齐到场景中的门洞位置。选中门模型，按住Shift键并沿X轴拖动鼠标光标以复制出另一个门的实例，并将它放置在另一个合适的门洞位置上，如图7-21所示。

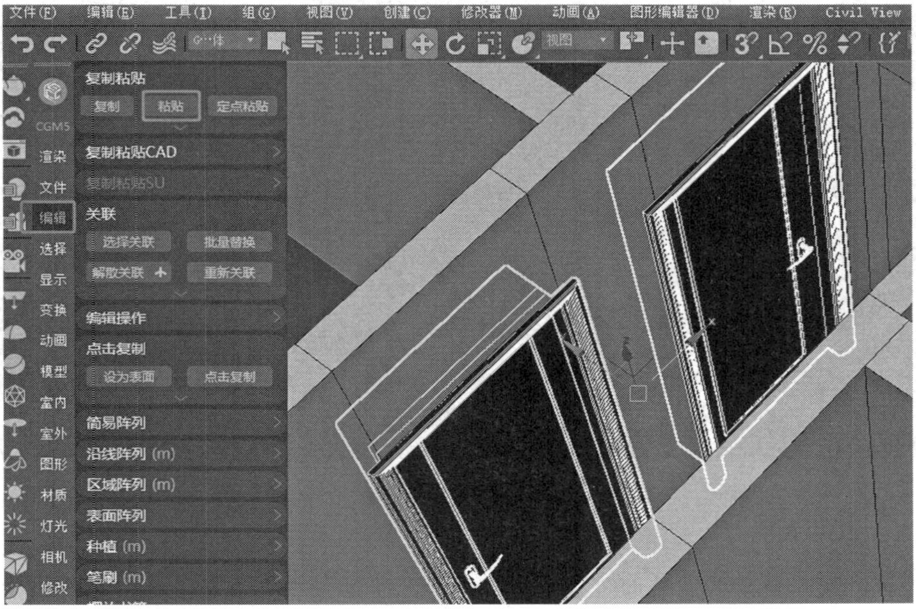

图7-21　编辑门位置

步骤 18　使用上述复制和粘贴的方法，继续将客厅、餐厅所需的其他模型依次导入"金辉世界城"场景中，完成效果如图7-22所示。

图7-22　导入其他模型

步骤 19　创建房顶。选择所有的墙体模型，然后按Alt+Q组合键，进入孤立显示模式，这样仅显示所选的对象，便于操作。在右侧的命令面板中单击"图形"按钮，然后在"对象类型"下找到并单击"线"按钮，准备绘制房顶的轮廓。切换到顶视图，使用鼠标单击并捕捉客餐厅和走道区域的关键点，绘制出房顶的轮廓线。完成绘制后，右击光标，在弹出的四联菜单中找到并单击"转换为"→"转换为可编辑多边形"选项，将线条转换成可编辑多边形，以便进一步进行房顶的建模工作，如图7-23所示。

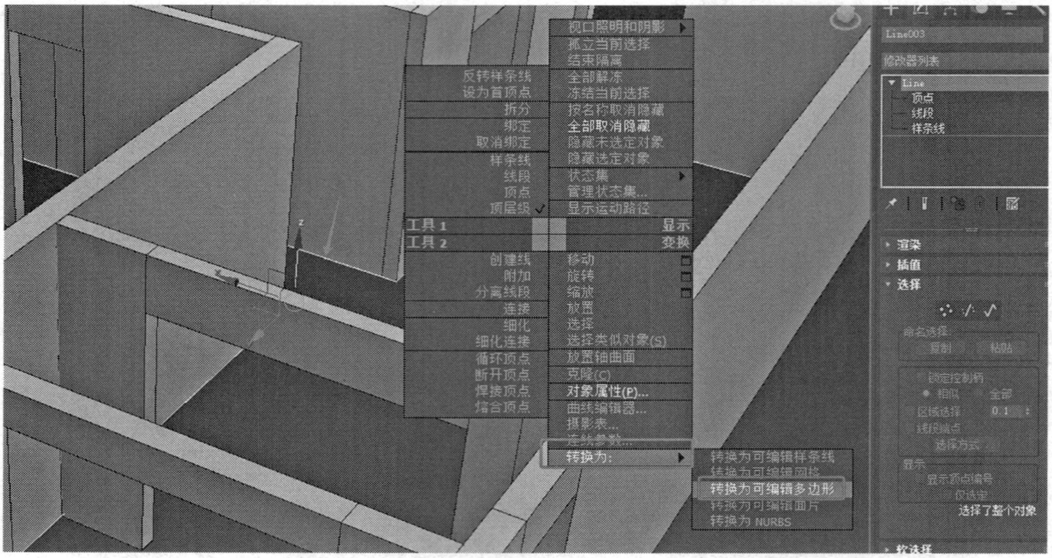

图7-23　编辑多边形

步骤 20　将"线"转换为"平面"模型后，选择该平面模型并右击鼠标，在弹出的"四联菜单"中单击"对象属性"选项。在打开的"对象属性"对话框中找到并勾选"背面消隐"选项，并单击"确定"按钮，如图7-24所示。

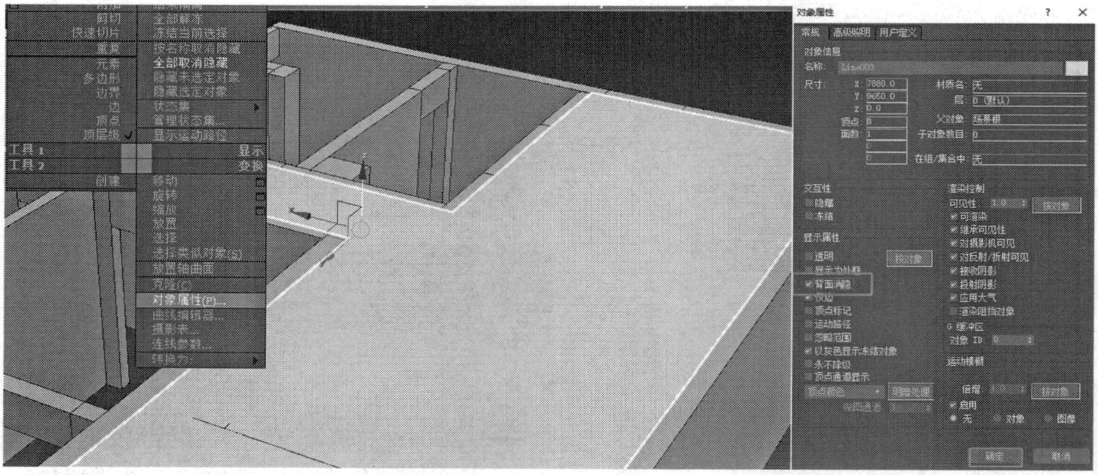

图7-24　设置背面消隐

步骤 21　在主工具栏上找到并单击"镜像"按钮。在弹出的"镜像"对话框中，确保镜像轴设置为Z轴，并且不要勾选"不克隆"选项，这样就不会创建原始对象的副本。确认这些设置后，单击"确定"按钮，如图7-25所示。通过执行这个镜像操作，可以确保平面模型的背面不被渲染，只有正面会被显示出来。

图 7-25　镜像设置

步骤 22　在透视图中，按住 Alt 键和鼠标中键（通常是滚轮）拖动，可以旋转视图查看模型的顶面。然后，在右侧的修改器面板中单击"边"按钮，进入编辑边模式。在此模式下，使用鼠标在视图中选择指示的两个边，准备进行进一步的编辑或操作，如图 7-26 所示。

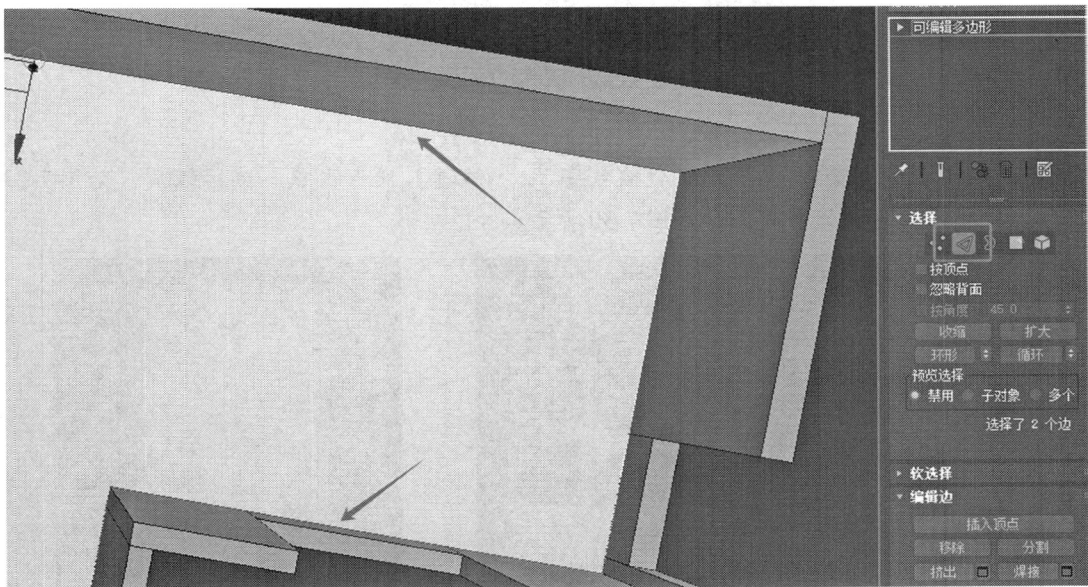

图 7-26　编辑边

步骤 23　右击光标，在打开的四联菜单中找到并单击"连接"选项前面的设置按钮框。在打开的设置对话框中设置参数，完成后单击"√"按钮，应用连接操作，如图 7-27 所示。

173

图 7-27　连接设置

步骤 24　使用同样的方法，在另一对选定的边之间创建两条新的边线，如图 7-28 所示。

图 7-28　连接参数

步骤 25　按 B 键切换到底视图，然后按数字"1"键进入顶点（点）编辑级别，如图 7-29 所示。把对应的点捕捉并对齐，如图 7-30 所示。

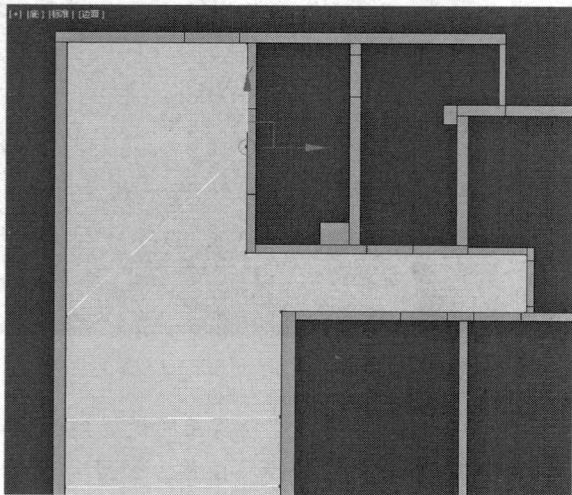

图 7-29　进入顶点编辑

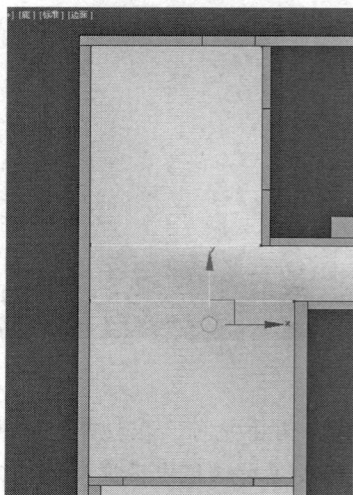

图 7-30　捕捉并对齐点

步骤 26 按数字 "4" 键来选择 "多边形" 级别，在模型上选择刚刚通过连接操作创建出来的两个面，如图7-31所示。

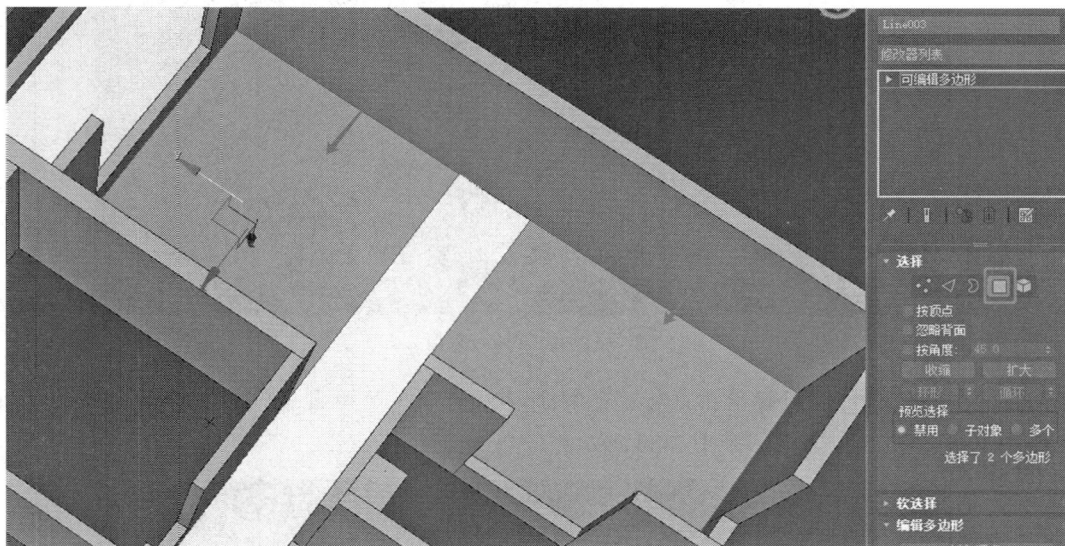

图7-31 选择面

步骤 27 右击鼠标，在弹出的四联菜单中单击 "插入" 选项前面的设置按钮框，如图7-32所示。

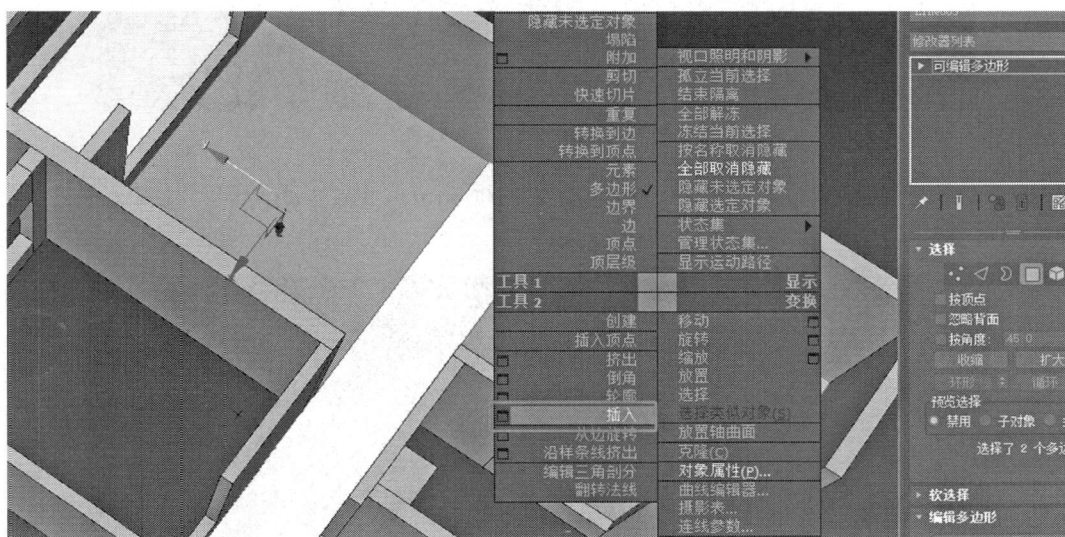

图7-32 单击 "插入" 选项前的设置按钮框

步骤 28 在弹出的插入设置菜单中，输入插入数值400 mm，然后单击 "√" 按钮，如图7-33所示。

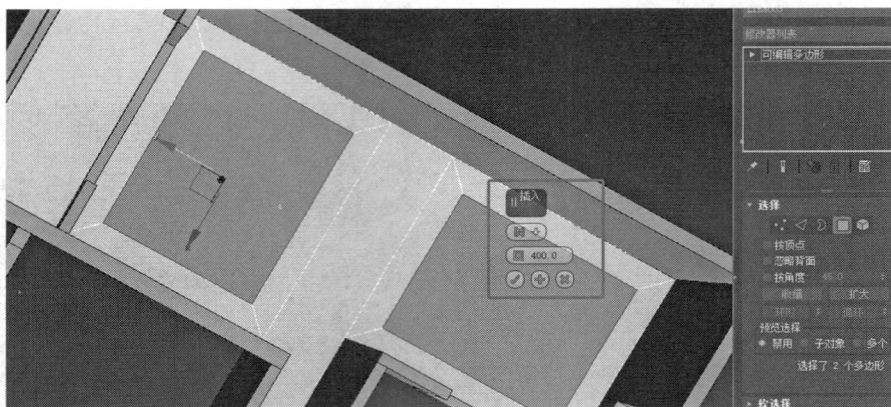

图7-33　设置插入数值

步骤 29 在按住Ctrl键同时单击鼠标，选择新插入的面。右击鼠标，在打开的四联菜单中找到并单击"挤出"选项，如图7-34所示。

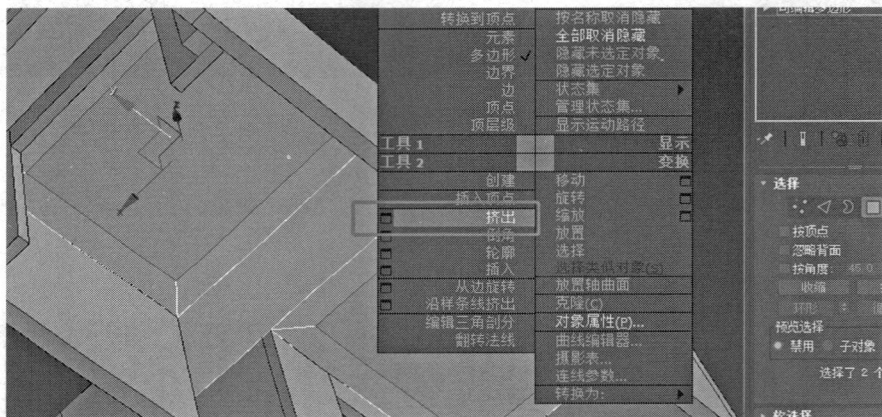

图7-34　单击"挤出"选项

步骤 30 在弹出的挤出设置菜单中，输入数值-100 mm，然后单击"√"按钮，如图7-35所示。

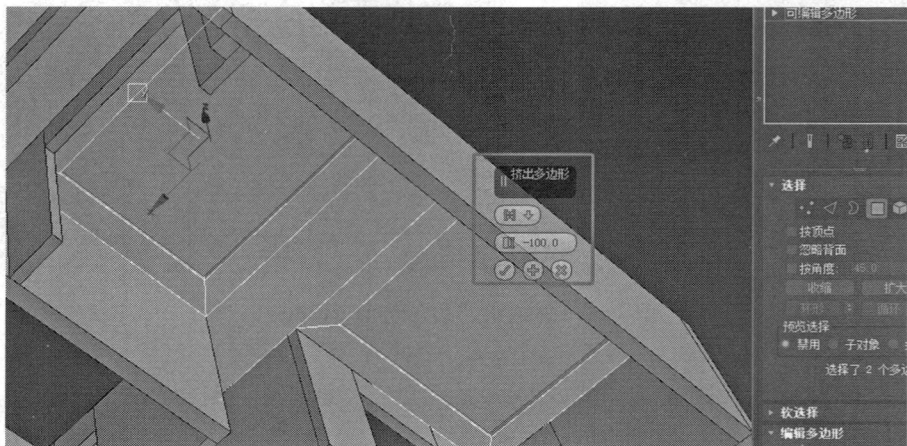

图7-35　设置挤出

步骤 31 再次右击鼠标，在打开的四联菜单中找到并单击"倒角"选项，如图7-36所示。

图7-36 单击"倒角"选项

步骤 32 在弹出的倒角设置菜单中，输入轮廓数值200 mm，然后单击"√"按钮，如图7-37所示。

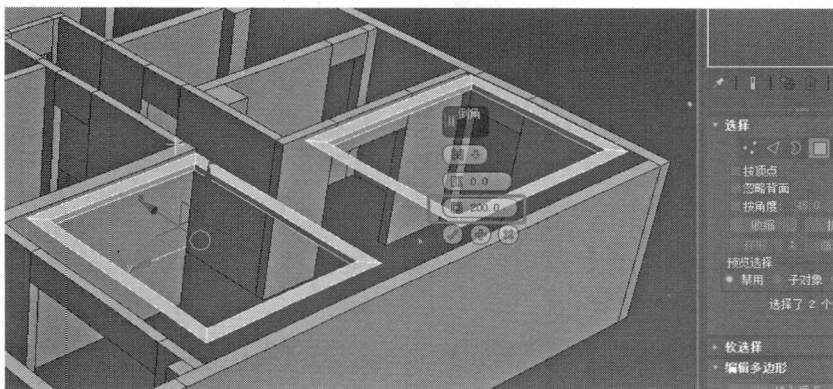

图7-37 设置倒角

步骤 33 再次右击鼠标，在打开的四联菜单中单击"挤出"选项，执行挤出操作。在随即弹出的挤出设置菜单中，输入数值–100 mm，然后单击"√"按钮，如图7-38所示。

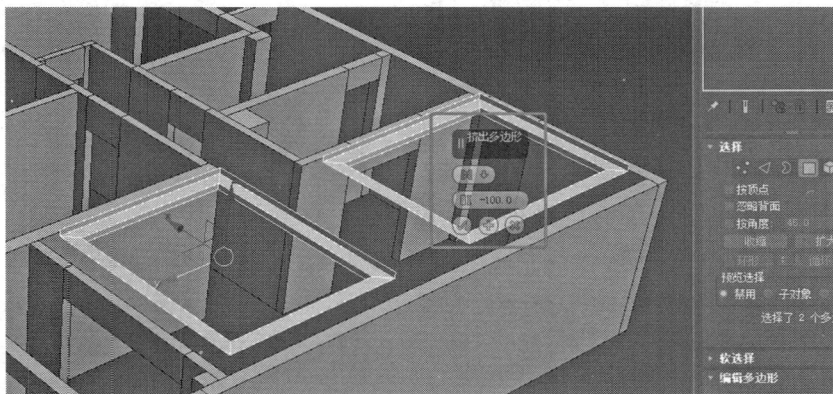

图7-38 设置挤出

7.2 使用3ds Max材质编辑器指定材质

步骤 01 单击主工具栏上的"材质编辑器"按钮,在弹出的"材质编辑器"窗口中选择其中的一个材质球,单击下面的"将材质指定给选定对象"按钮,将所选材质球的颜色应用到房顶模型上,使其显示为白色,关闭"材质编辑器"窗口,如图7-39所示。

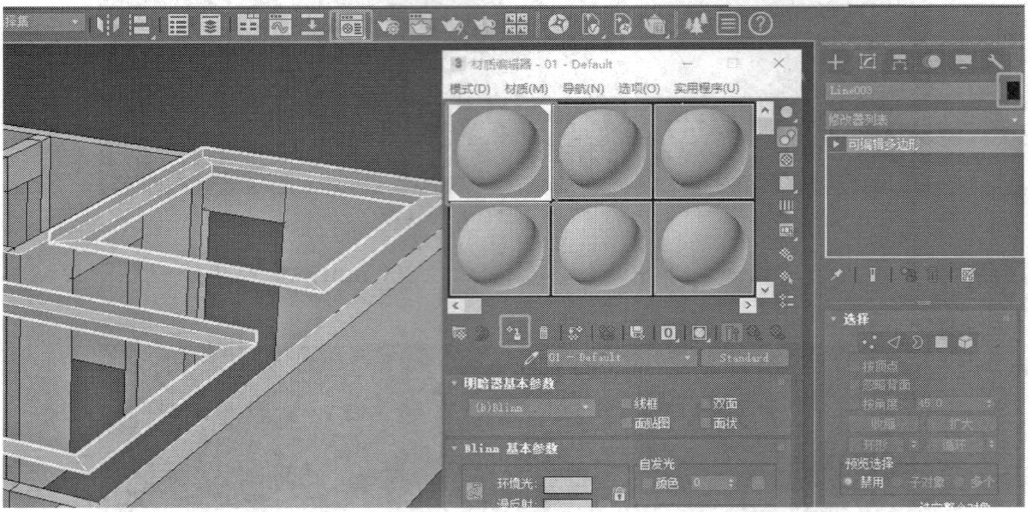

图7-39 指定材质

步骤 02 单击状态栏上的"退出孤立模式"按钮,所有之前在孤立模式下隐藏的物体将重新显示在视图中,如图7-40所示。

图7-40 退出孤立模式

步骤 03 在场景中选择地面物体，按M键打开"材质编辑器"窗口，并找到一个未使用的（空白）材质球，将这个材质球命名为"地面"。单击"Standard"按钮，在弹出的"材质/贴图浏览器"对话框中单击"V-Ray"→"VRaymtl"材质，并单击"确定"按钮，如图7-41所示。

图7-41 指定地面材质

步骤 04 单击"漫反射"后面的"贴图"按钮，在弹出的"材质/贴图浏览器"对话框中单击"贴图"→"位图"选项，并单击"确定"按钮，如图7-42所示。

图7-42 设置位图

步骤 05 在弹出的"选择位图图像文件"对话框中找到本章素材文件夹中的"you-021.png"图片，取消勾选"序列"选项，单击"打开"按钮，如图7-43所示。

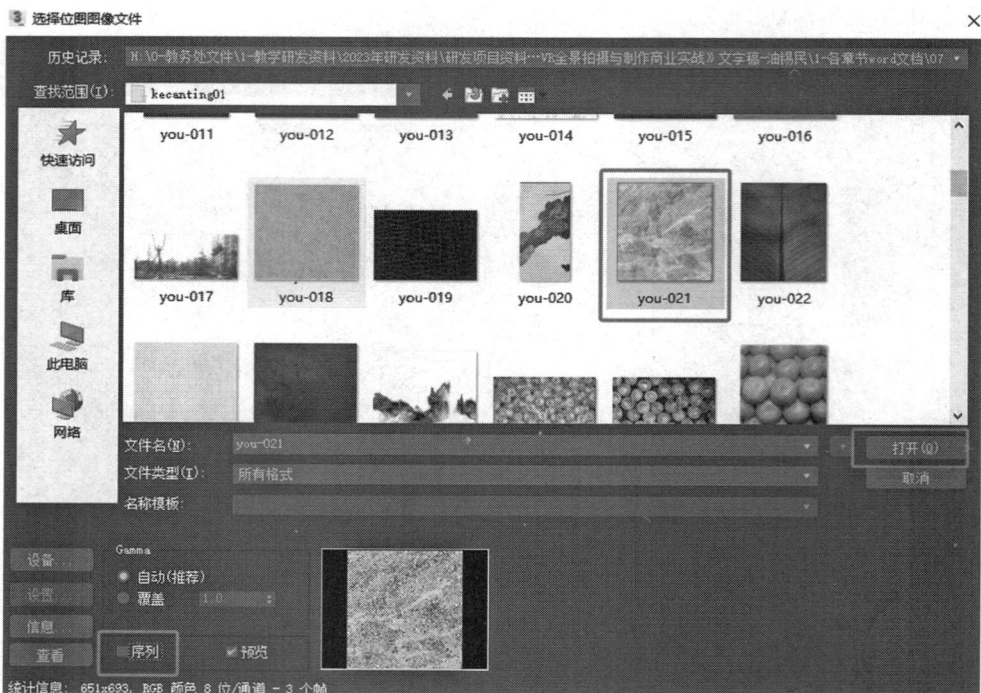

图7-43 指定地面贴图

步骤 06 在"材质编辑器"面板中单击"将材质指定给选定对象"按钮，再单击"视口中显示明暗处理材质"按钮，如图7-44所示。

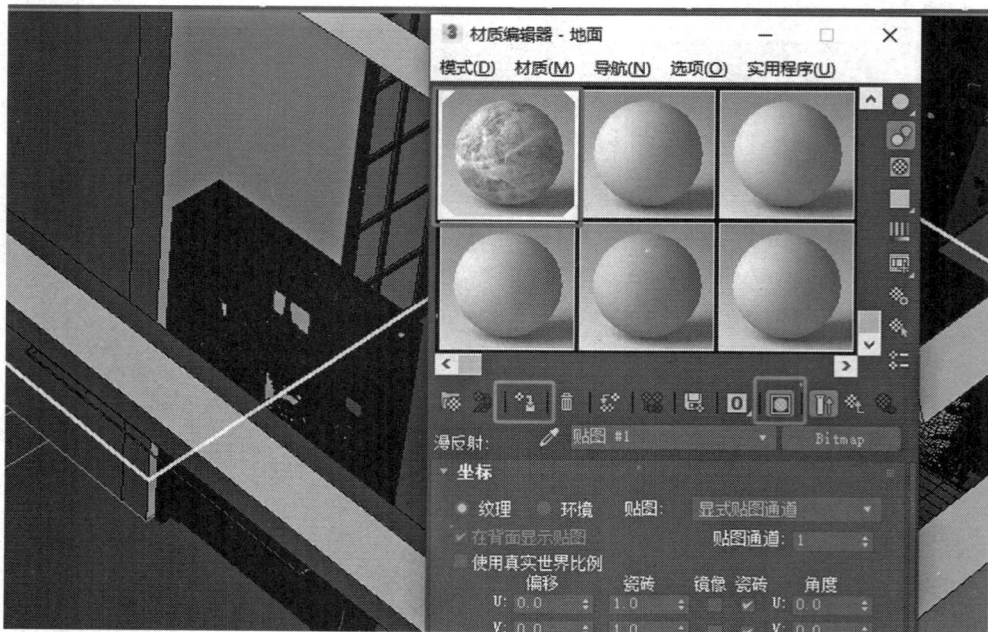

图7-44 将材质指定给选定对象

步骤 07 这时场景中地面的纹理贴图不显示，在右侧的命令面板中单击"修改"按钮，在"修改器列表"中选择"UVW 贴图"修改器，如图 7-45 所示。

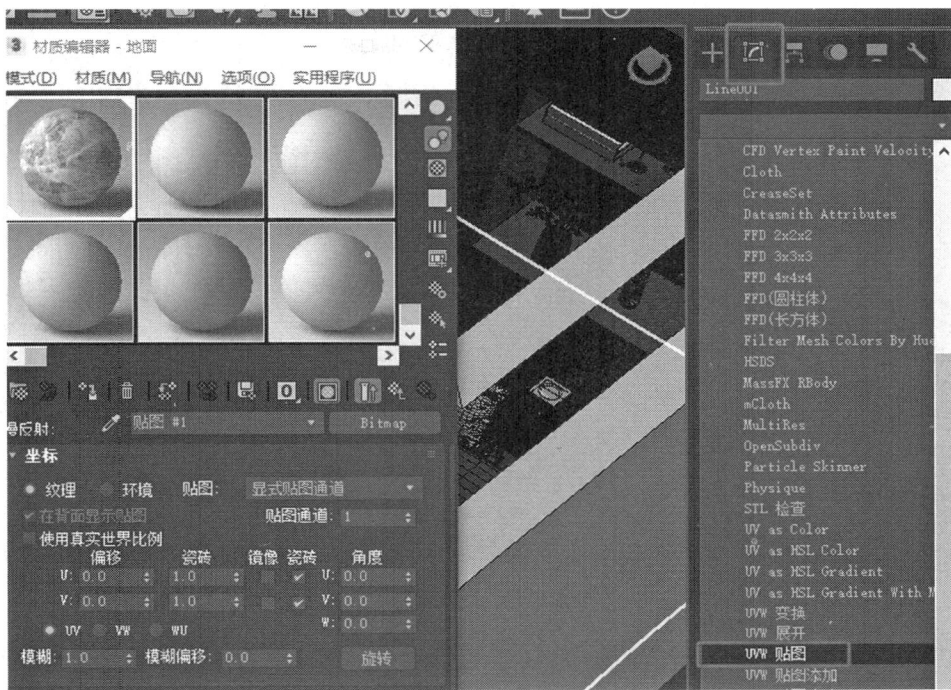

图 7-45 选择"UVW 贴图"修改器

步骤 08 在"UVW 贴图"修改器下修改参数：长度 800、宽度 800，这样设置后，地面的材质贴图就是 800×800 的地砖，如图 7-46 所示。

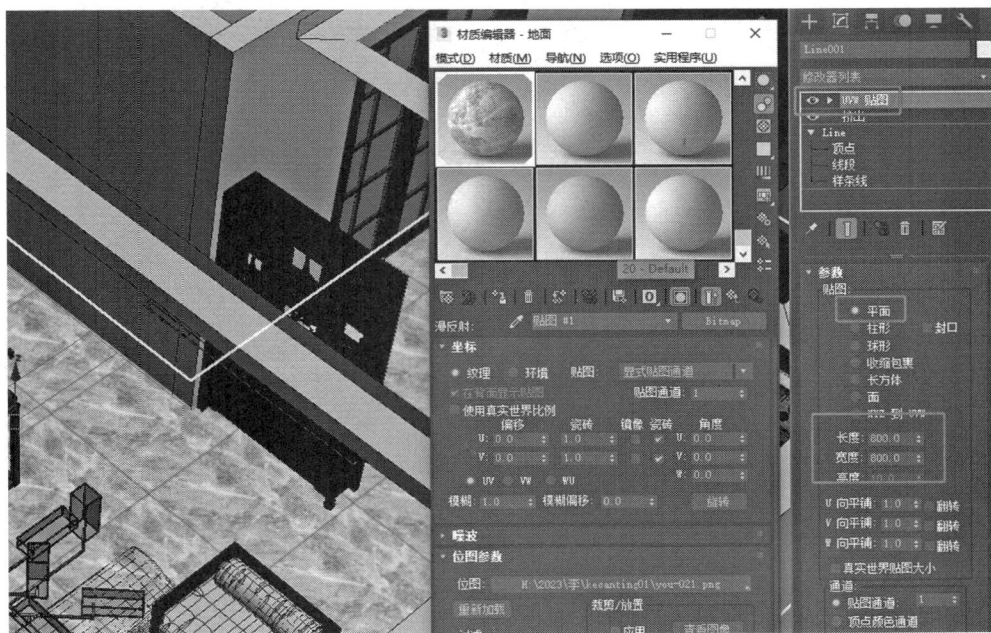

图 7-46 设置贴图

步骤 09 设置地面材质的反射效果，反射颜色为白色，光泽度为0.9，勾选"菲涅尔反射"选项，如图7-47所示。

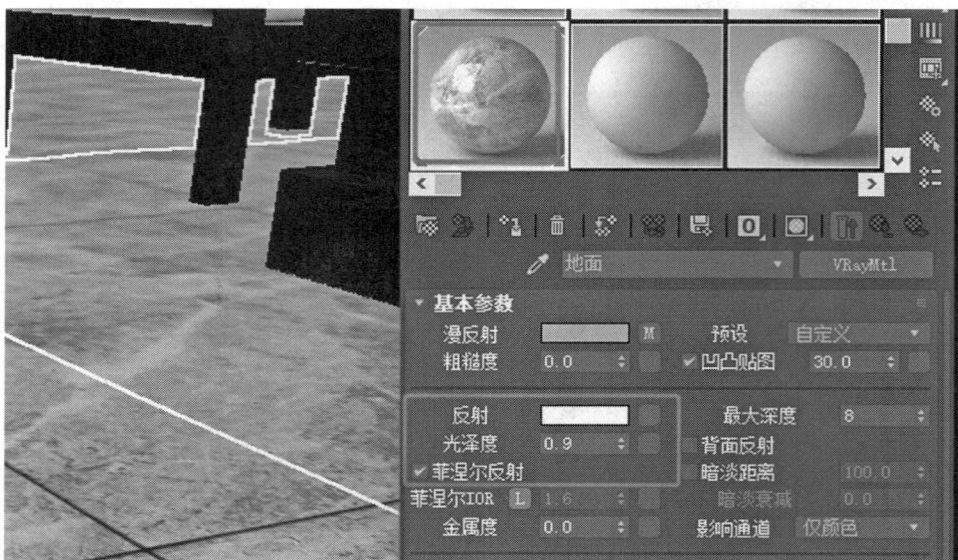

图7-47　设置反射

步骤 10 使用相同的方法设置电视墙的材质，漫反射的贴图素材为本章素材文件夹中的"白兰玉大理石.jpg"图片，反射颜色为白色，光泽度为0.85，勾选"菲涅尔反射"选项，如图7-48所示。

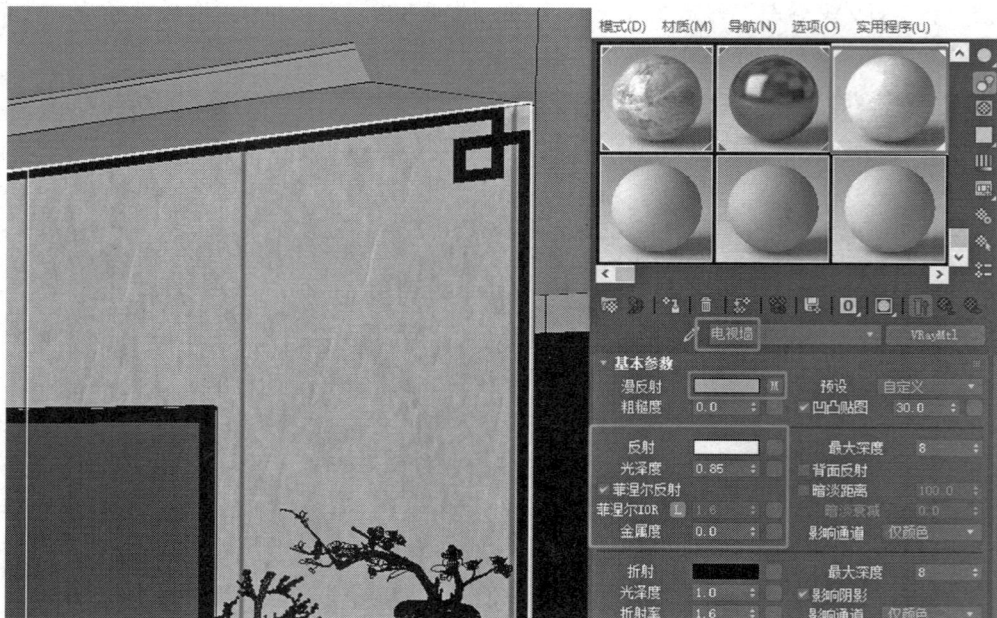

图7-48　设置电视墙的材质

步骤 11 其他模型的材质和贴图，在导入的模型中都是自带的，这里不再一一设置。模型材质与贴图效果如图7-49所示。

图 7-49 材质贴图效果

7.3 使用VRay布置灯光

步骤 01　为场景布置灯光。首先单击右侧命令面板中的"创建"选项卡，然后在"灯光"分类下单击"VRay灯光"，在前视图中拖动光标创建VRay灯光，其参数设置为长度为2 300、宽度为2 000、倍增为12，勾选"不可见"选项，不勾选"影响高光"和"影响反射"选项，如图7-50所示。

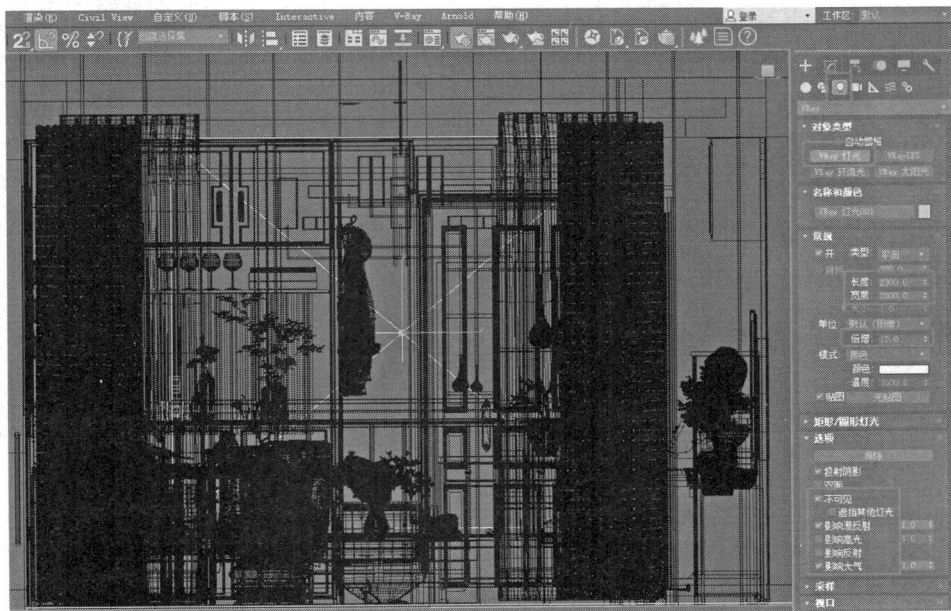

图 7-50 设置灯光

步骤 02 切换到顶视图，选择创建的VRay灯光001，旋转180°，并移动到如图7-51所示的位置。

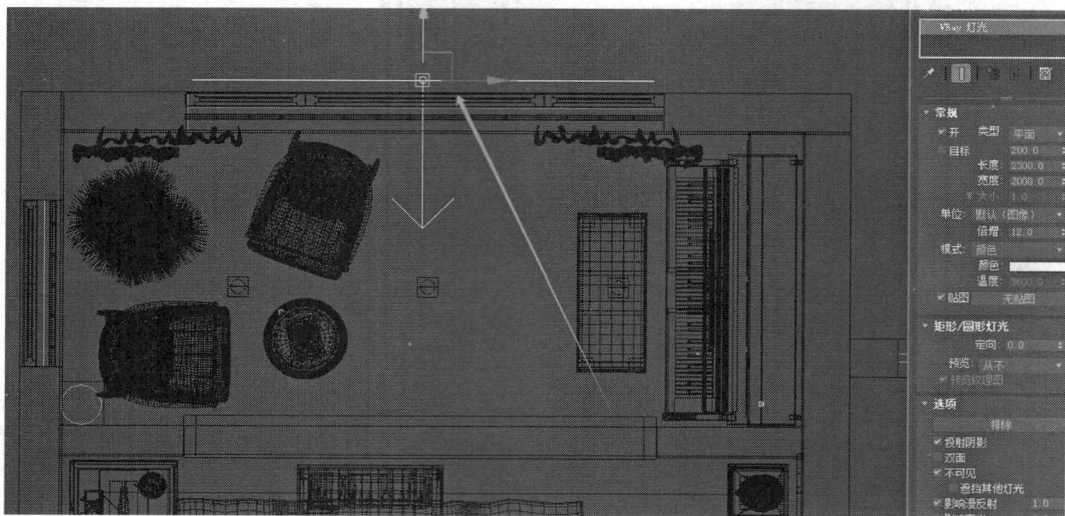

图7-51　移动灯光位置

步骤 03 选择创建的VRay灯光001，按Shift键，沿Y轴拖动光标复制出VRay灯光002，并移动到垭口的位置，单击"确定"按钮，如图7-52所示。

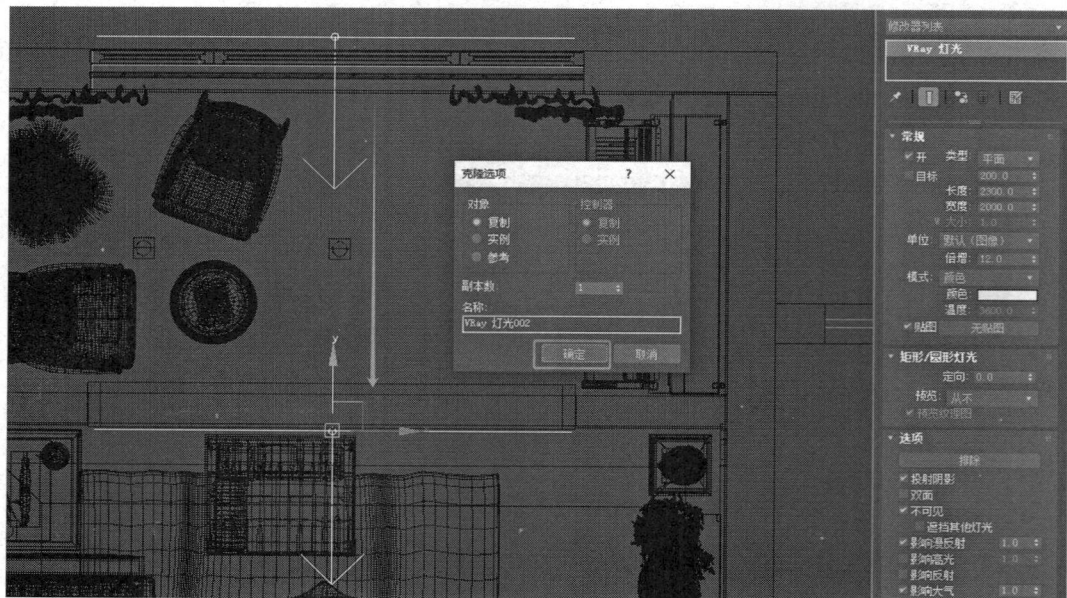

图7-52　复制灯光

步骤 04 选择VRay灯光002，修改其参数设置：长度为1 800、宽度为1 600、倍增为6，勾选"不可见"选项，不勾选"影响高光"和"影响反射"选项，如图7-53所示。

图7-53 修改灯光设置

步骤 05 给客厅布置暗藏灯光，单击右侧命令面板中的"创建"选项卡，在"灯光"分类下单击"VRay灯光"选项，在顶视图中拖动光标创建VRay灯光003，其参数设置为：长度为90、宽度为2 800、倍增为2、模式为温度、色温为4 000，勾选"不可见"选项，不勾选"影响高光"和"影响反射"选项，如图7-54所示。

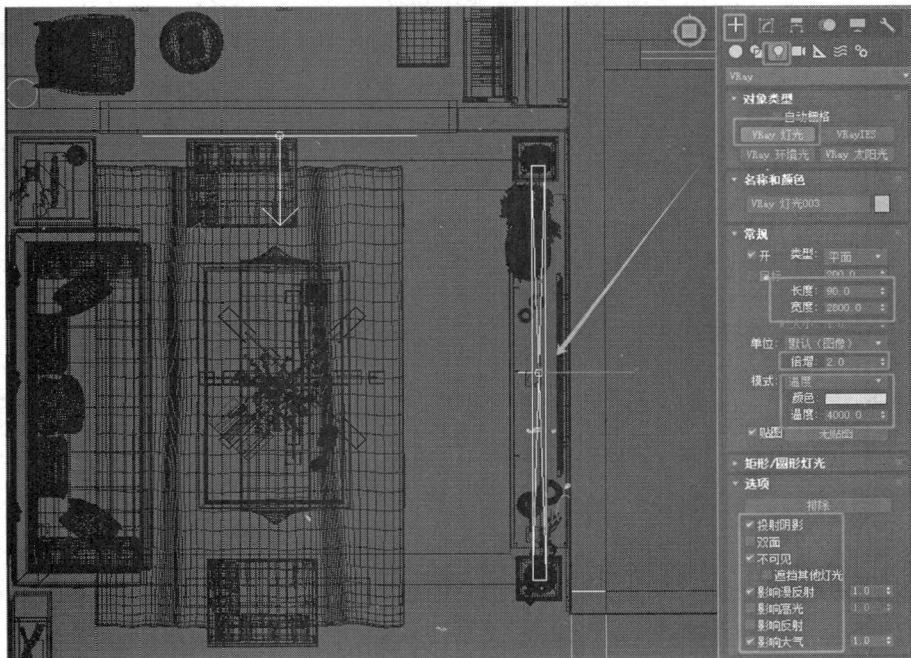

图7-54 设置暗藏灯

步骤 06 在前视图中选择创建的VRay灯光003，旋转90°，并移动到客厅顶暗藏灯槽的位置，如图7-55所示。

185

图 7-55　移动暗藏灯位置

步骤 07　在顶视图中选择VRay灯光003，按住Shift键，沿X轴拖动光标复制出VRay灯光004，并移动到对面的位置，在"克隆选项"对话框中选择"实例"复制方式，单击"确定"按钮，并移动到客厅顶暗藏灯槽的位置，如图7-56所示。

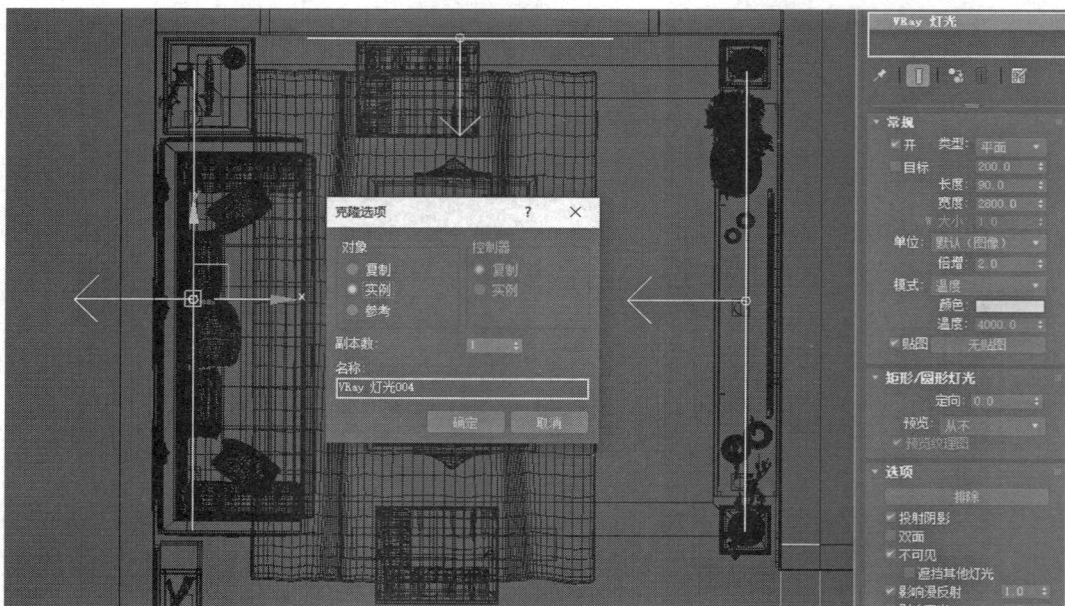

图 7-56　复制暗藏灯

步骤 08　在顶视图中选择创建的VRay灯光004，旋转180°，并移动到灯槽的位置。同样复制出其他的暗藏灯带。调整后的效果如图7-57所示。

图7-57 暗藏灯分布

步骤 09 在前视图中单击右侧命令面板中的"创建"选项卡，在"灯光"分类下单击"VRayIES"选项，拖动光标创建 VRayIES 灯光，用来模拟射灯。然后单击 IES 文件下的"无"按钮，在弹出的"打开"对话框中找到本章提供的 VRayIES 灯光"you-116.ies"文件，单击"确定"按钮，更改颜色模式为"温度"，设置色温为 4 000、强度值为 900，如图7-58所示。

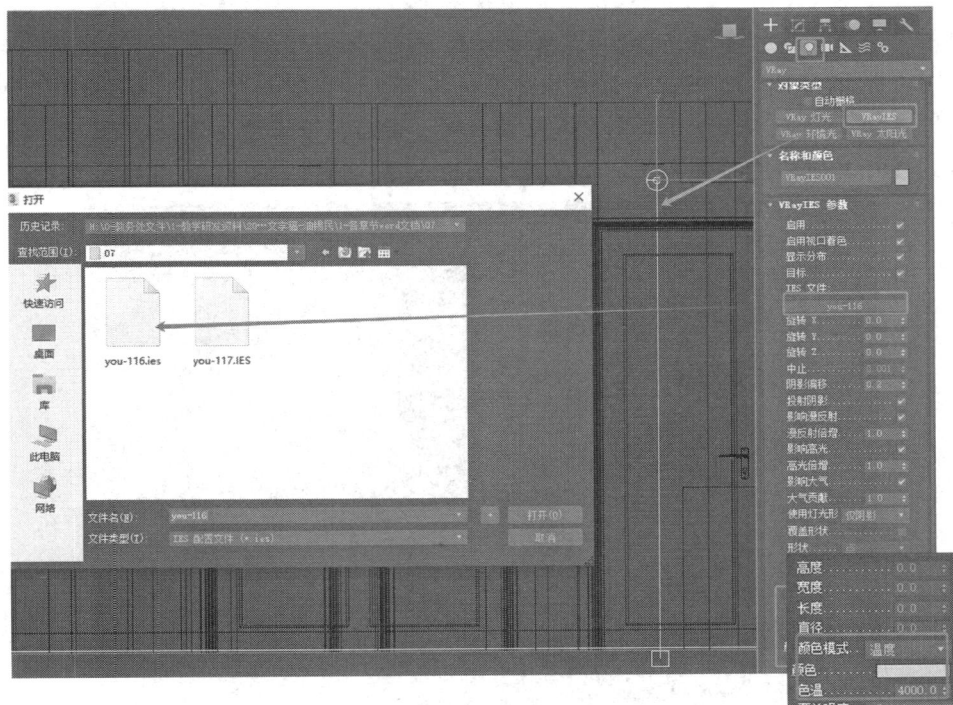

图7-58 设置射灯

步骤 10 在顶视图中首先选择射灯对象，然后在按住Shift键的同时拖动光标以实例复制射灯，并将新复制的射灯放置到筒灯模型的位置上。接着，加载提供的VRayIES文件"you-

117.ies"作为走道射灯的光源，设置颜色模式为"温度"，将色温设为4 000，用以模拟中性白色光源，最后调整强度值为2 000，以确保走道区域得到合适的照明，如图7-59所示。

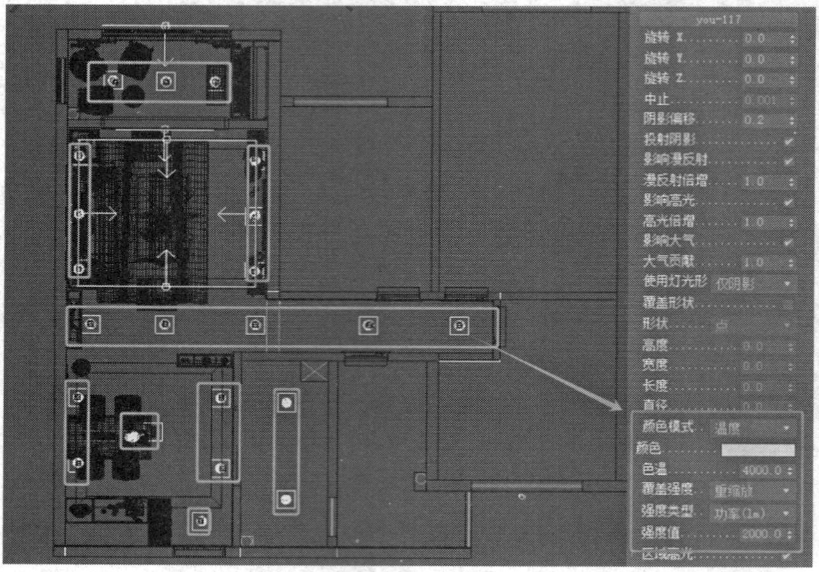

图7-59　射灯分布

步骤 11　为餐厅布置暗藏灯光。首先通过单击右侧命令面板中的"创建"选项卡，在"灯光"分类下单击"VRay灯光"选项。在顶视图中拖动光标以创建VRay灯光的实例，设置其参数：长度为90、宽度为2 200、倍增为2、颜色模式选择"温度"、温度设为4 000。确保勾选了"不可见"选项，使灯光在渲染时不可见，同时不勾选"影响高光"和"影响反射"选项，以免影响材质的高光和反射效果。最后，根据需要将创建的VRay灯光实例复制到餐厅其他合适的位置以完成暗藏灯光的布置，如图7-60所示。

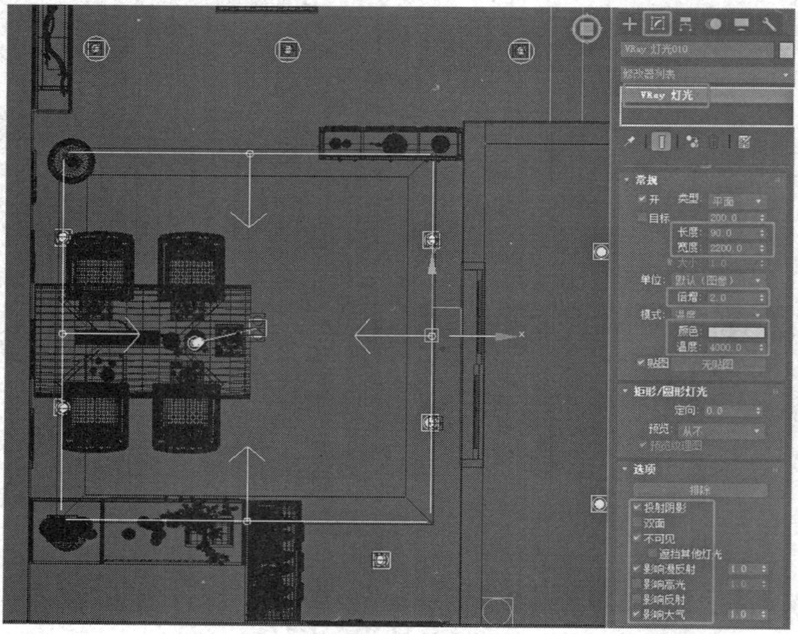

图7-60　设置餐厅暗藏灯

步骤 12 为鞋柜布置灯光。首先打开顶视图，然后单击右侧命令面板中"创建"选项卡下的"灯光"选项，选择并添加一个VRay灯光。在视图中拖动光标以创建灯光，设置其尺寸参数：长度为260、宽度为800、倍增为4；将颜色模式调整为"温度"，并设定温度值为3 500，以获得较为温暖的照明效果；确保勾选了"不可见"选项，使灯光在最终渲染中不可见，同时不勾选"影响高光"和"影响反射"选项，以避免影响鞋柜材质的高光和反射属性。最后，将创建的VRay灯光移动到鞋柜上方或内部合适的位置，模拟暗藏灯光效果，如图7-61所示。

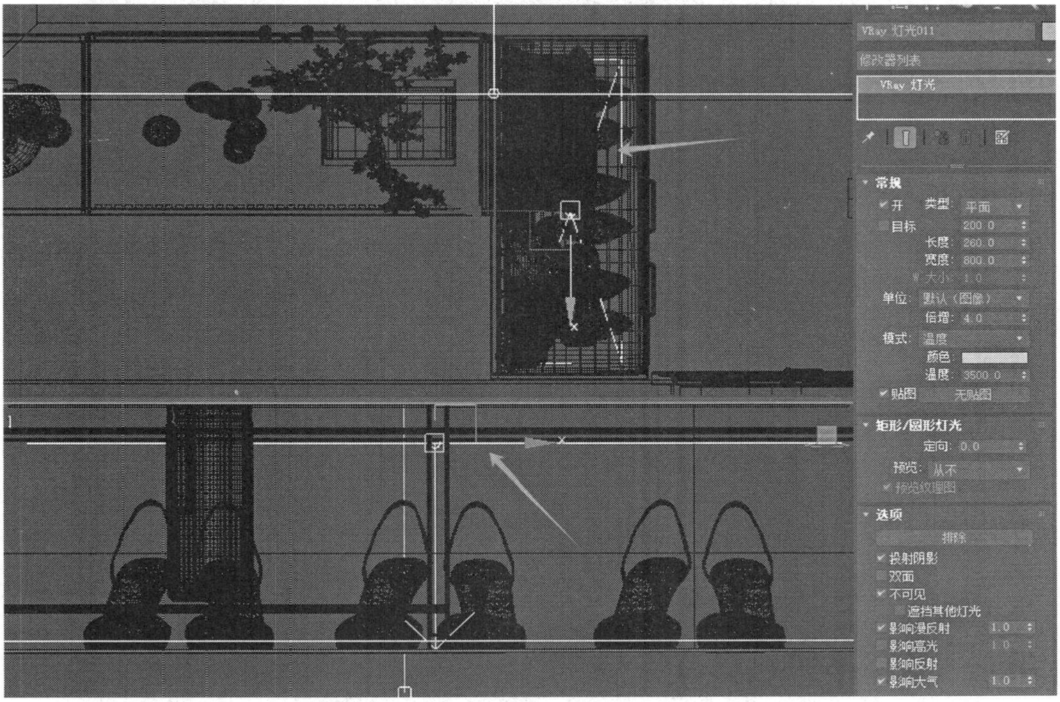

图7-61 设置鞋柜暗藏灯

步骤 13 首先选择之前布置在鞋柜上的VRay灯光，然后在左视图中按住Shift键同时拖动光标以复制该灯光。将新复制的灯光移动到衣帽间的位置，接着修改其参数设置：长度保持为260，宽度设为800，将倍增调整为20以增加亮度，颜色模式仍设为"温度"，温度值维持在3 500；确保勾选了"不可见"选项，让灯光在渲染时不可见，同时不勾选"影响高光"和"影响反射"选项，避免对衣帽间的材料效果产生不必要的影响。这样，就完成了衣帽间VRay灯光的布置和设置，如图7-62所示。

步骤 14 为酒柜布置灯光。打开顶视图并单击右侧命令面板中的"创建"选项卡，依次选择"灯光"分类下的"VRay灯光"。在视图中拖动光标以创建VRay灯光的实例，设置其参数：长度设为900、宽度设为270、倍增设为18；颜色模式选择"温度"，并设定温度值为4 000，以模拟中性白色光源；确保勾选了"不可见"选项，使灯光在渲染中不直接可见，并且不勾选"影响高光"和"影响反射"选项，以免干扰酒柜材质的高光和反射表现。最后，将创建好的VRay灯光移动到酒柜上方或内部适当的位置，完成暗藏灯光的布置，如图7-63所示。

图 7-62　设置衣帽间灯光

图 7-63　设置酒柜灯光

步骤 15　选择客厅的吊灯模型，按 Alt+Q 组合键进入孤立显示模式，以专注于吊灯。在顶视图中通过命令面板单击"创建"→"灯光"→"VRay 灯光"选项。将灯光类型设置为"球体"，在视口中拖动光标创建球体形状的 VRay 灯光，设置其参数：半径为 24、倍增为 30；颜色模式调整为"温度"，并设定温度值为 4 000，模拟中性白色光源；确保勾选了"不可见"选项，让灯光在渲染时不可见，同时不勾选"影响高光"和"影响反射"选项，避免影响吊灯材质的高光和反射特性。最后，将创建的球体灯光精确放置于吊灯模型的位置，如图 7-64 所示。

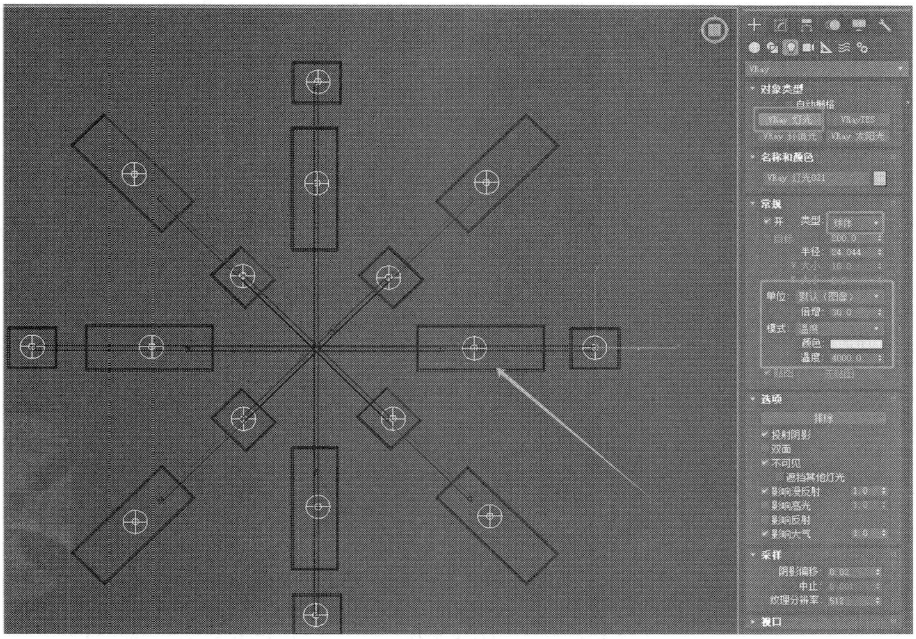

图 7-64　设置吊灯灯光

步骤 16　单击状态栏下的退出孤立模式按钮，返回整个场景视图，检查吊灯灯光布置的位置是否符合设计要求，如图 7-65 所示。

图 7-65　吊灯位置分布

步骤 17　创建台灯。首先在顶视图中通过命令面板单击"创建"选项卡中"灯光"分类下的"VRay灯光"选项，将灯光类型设置为"球体"，然后在视图中拖动光标以创建球体形状的VRay灯光，设置其参数：半径为71、倍增为15；颜色模式选择"温度"，并设定温度值为4 000，以模拟中性白色光源；确保勾选了"不可见"选项，使灯光在渲染时不直接可见，并且不勾选"影响高光"和"影响反射"选项，以免影响台灯灯罩的材质表现。最后，将球体灯光精确放置到台灯灯罩模型的位置，如图 7-66 所示。

图7-66　设置台灯

7.4　使用3ds Max摄像机渲染全景图

步骤 01　创建摄像机。在顶视图中通过命令面板单击"创建"选项卡中"相机"分类下的"目标"选项，拖动光标以创建一台目标摄像机，设置镜头为 15 mm。将目标摄像机移动到客餐厅中间的位置，确保它对准了要捕捉的场景中心，从而得到一个合理构图的视点，如图7-67所示。

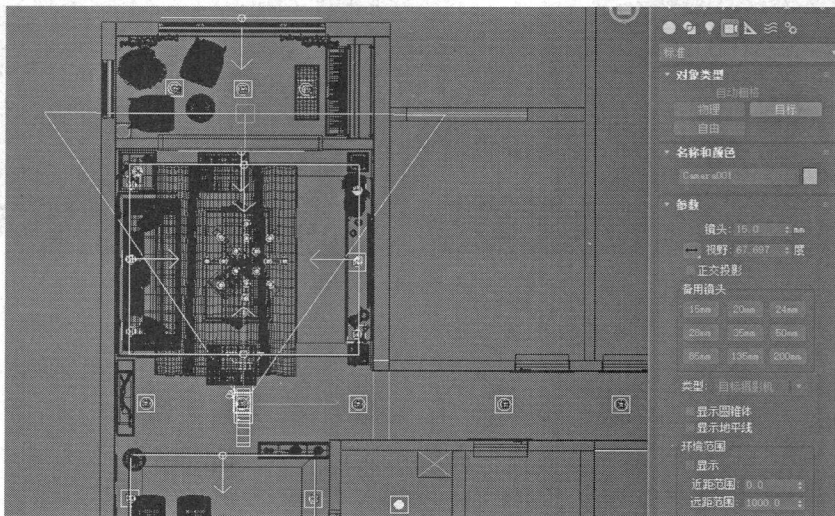

图7-67　创建摄像机

步骤 02 在透视图中选中摄像机图标，按键盘上的字母"C"键，将透视图转换为摄像机视图，向下拖到鼠标使摄像机位置上移到合适位置，如图 7-68 所示。

图 7-68 移动摄像机位置

步骤 03 按"F10"键打开"渲染设置"窗口进行以下操作：在"公用"标签页中设置输出大小的宽度为 5 000、高度为 2 500，确保宽、高比为 2：1；切换到"V-Ray"标签页，将相机类型设置为"球形"，覆盖视野设置为 360°；在"GI"标签页中选择高级全局照明，并设置环境阻光（AO）为 0.6；在"Render Elements"标签页中添加"VRay 灯光混合"和"VRay 降噪器"，如图 7-69 所示。

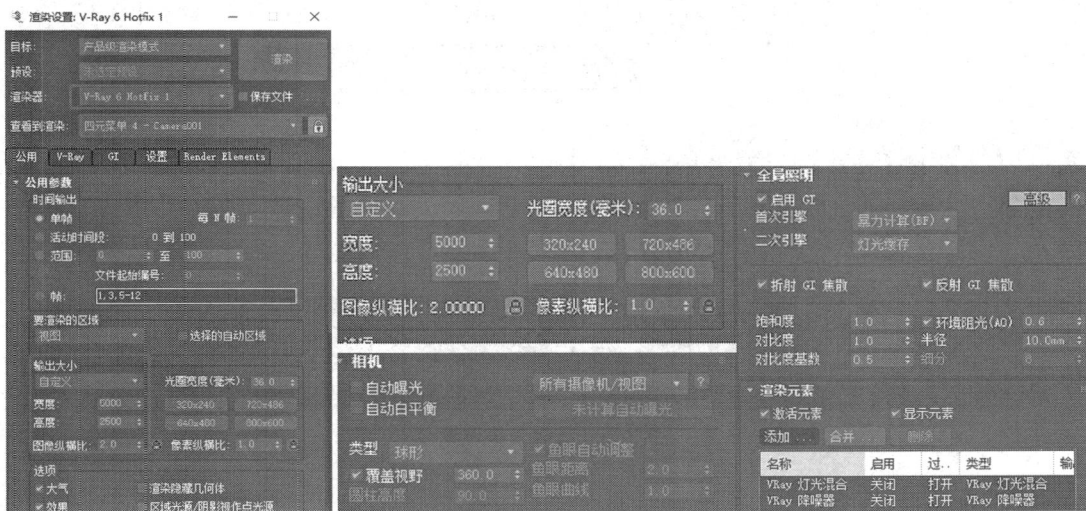

图 7-69 设置渲染

步骤 04 关闭"渲染设置"窗口，按 Shift+Q 组合键，开始进行客餐厅效果图的渲染。在渲染过程中，如果需要调整灯光的效果，可以单击界面中的"灯混"选项。随后，在下方出现的灯光列表中，可以根据实际渲染图中的效果来逐一调整各个灯光的强度和影响，优化最终的渲染输出，如图 7-70 所示。

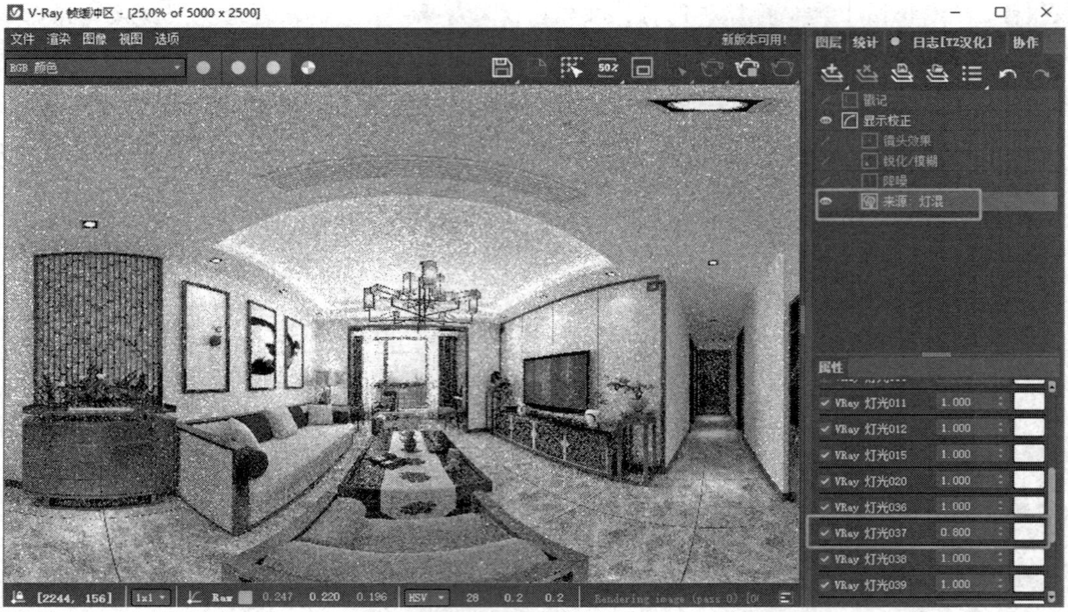

图7-70　优化渲染

步骤 05　当渲染效果满足要求后，可以单击渲染窗口上方的"保存图像"按钮，在打开的对话框中设置保存图像的路径和名称（客餐厅），如图7-71所示。

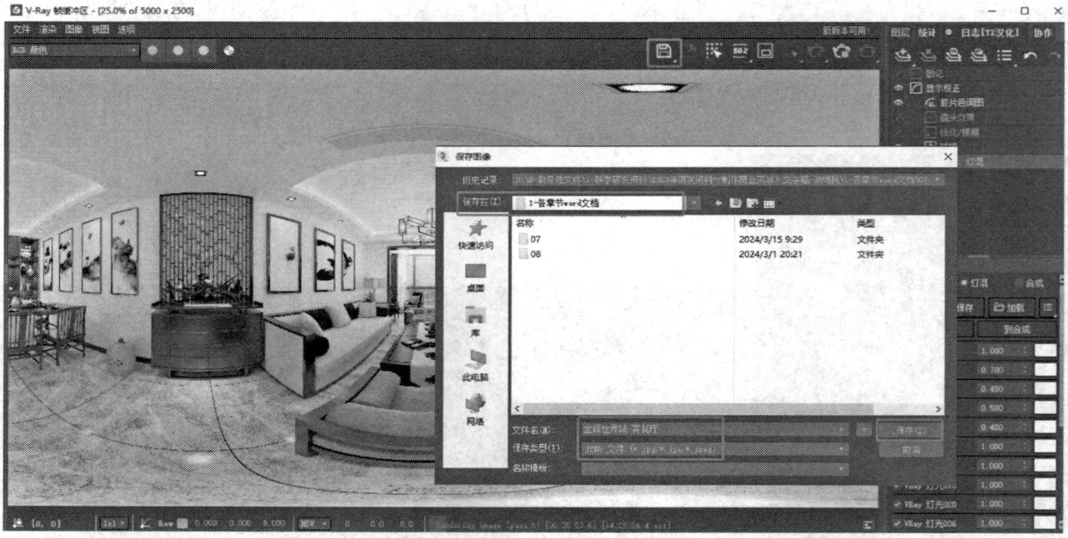

图7-71　保存渲染图像

7.5　在建E网云平台制作并分享VR全景

步骤 01　在IE浏览器中打开建E网云平台，如果是首次使用该网站，需要注册一个账号。单击网页上的"注册"按钮，按照提示在弹出的注册对话框中填写必要的信息进行注册，如图 7-72 所示。

图 7-72　注册建 E 网

步骤 02　完成注册并登录建 E 网云平台后，在页面右上角选择"管理后台"，然后从后台管理菜单中单击"管理作品"选项，进入全景图作品管理界面，进行作品的上传和管理操作，如图 7-73 所示。

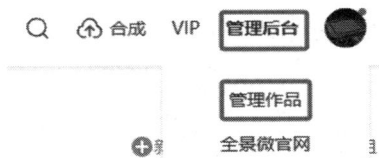

图 7-73　管理作品

步骤 03　在作品管理界面中，在左侧列表中单击"360° 全景合成"选项，在右侧区域中填写必要的信息（如"作品名称"和"作品分类"等），在"上传 2:1 全景图"选项卡下单击"+"按钮，在打开的对话框中选择并上传提供的 6 张效果图，如图 7-74 所示。

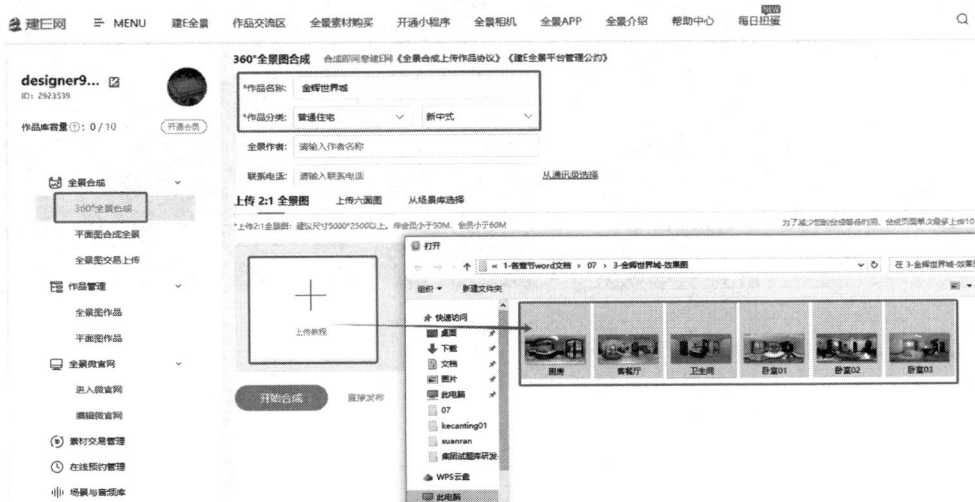

图 7-74　上传全景图

步骤 04 单击"开始合成"按钮，系统将自动开始合成，如图7-75所示，合成完成后自动切换到编辑界面。

图7-75 开始合成

步骤 05 在编辑界面下，单击右侧工具栏中的"初始视角"按钮，使用鼠标滚轮来调整视野的远近，并通过拖动鼠标来设置视野的角度，完成后单击"设置为初始视角"按钮即可，如图7-76所示。

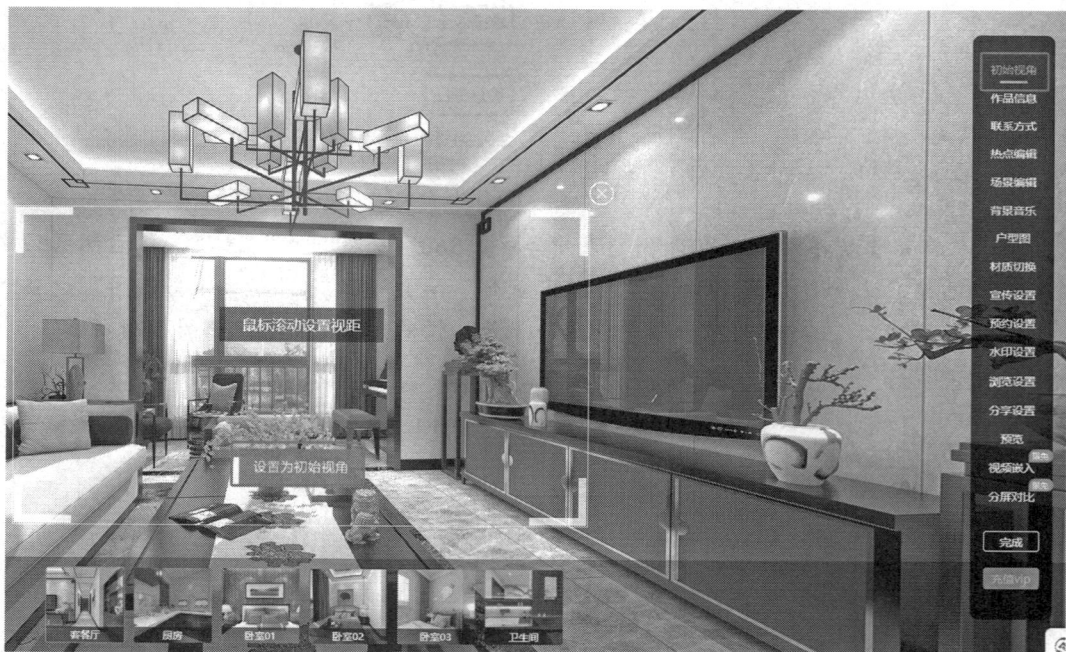

图7-76 设置为初始视角

步骤 06 使用相同的方法设置其他场景的初始视角。单击右侧工具栏中的"热点编辑"按钮，添加和编辑全景图的互动热点。在弹出的场景切换对话框中选择"添加热点"，然后进入"选择热点样式"，挑选一个热点样式并单击"下一步"按钮，继续设置热点的具体参数，如图7-77所示。

图 7-77　添加热点

步骤 07　系统将自动切换到"选择场景"，选择"卧室01"图，单击"完成"按钮，如图 7-78所示。

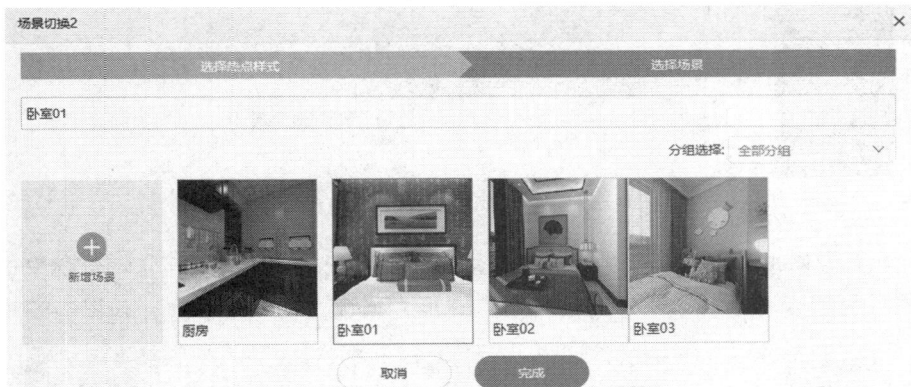

图 7-78　选择场景

步骤 08　拖动热点图标放置到合适位置，单击"保存热点"按钮，完成"客餐厅"到"卧室01"的热点交互切换，如图 7-79所示。

图 7-79　保存热点

步骤 09 使用相同的方法，完成"客餐厅"与"卧室02""卧室03""卫生间"和"厨房"热点之间的相互切换，如图7-80所示。

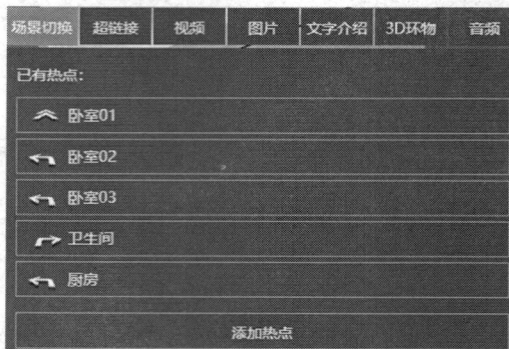

图7-80 设置切换

步骤 10 单击右侧工具栏中的"场景编辑"按钮，在弹出的"场景编辑"对话框中重新确定全景图的排序，单击"确定"按钮，如图7-81所示。

图7-81 场景编辑

步骤 11 单击右侧工具栏中的"背景音乐"按钮，在弹出的"背景音乐"对话框中选择"精选音乐库"→"古典乐曲"→"高山流水"音乐，单击"确认"按钮，如图7-82所示。

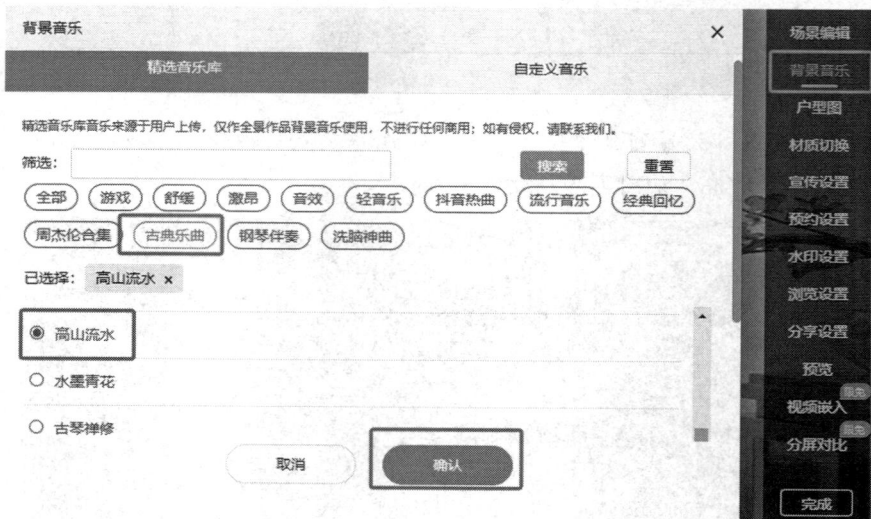

图7-82 设置背景音乐

步骤 12　单击右侧工具栏中的"分享设置"按钮，选择"基础分享"选项来配置分享设置。可以下载并保存生成的二维码，以便他人通过扫描二维码来观看分享的全景图，如图 7-83 所示。

图 7-83　分享设置

步骤 13　单击右侧工具栏中的"完成"按钮，在弹出的对话框中选择"保存图片"选项来保存全景图作品，然后单击"完成编辑"按钮，如图 7-84 所示。之后就可以使用手机扫描生成的二维码来欣赏或分享作品。

图 7-84　分享二维码

本章总结

通过本章的学习，读者应对三维建模的方法有所了解，并能够运用这些方法进行虚拟相机拍摄和渲染出图的制作。在此过程中，读者需要掌握 3ds Max 和 VRay 软件的使用技巧，并具备一定的基础知识，重点技能包括三维建模、材质设置、灯光布置和渲染技术。此外，读者还应该学会如何在建 E 网云平台上发布自己的作品，以便与他人分享和展示。

练习与实践

全景图的制作	
项目背景介绍	案例明德城的交互实战展示了通过三维建模方法进行虚拟摄像机拍摄和渲染出图的制作过程。为了顺利学会本章内容，读者需要具备一定的 3ds Max 和 VRay 软件使用基础。虽然良好的软件操作技能可以使得渲染出来的全景图像无须后期修补，但需要注意的是，前期的三维建模、材质设置、灯光布置和渲染工作往往耗时较长。完成这些步骤后，项目后期的场景交互和效果展示则需要在建 E 网云平台上进行，以确保最终结果的互动性和观赏性
设计任务概述	1. 3ds Max 多边形建模 2. 3ds Max 的 VRay 材质设置方法 3. VRay 灯光布置方法 4. 全景图渲染的设置方法 5. 建 E 网云平台交互制作发布与分享
设计参考图	
实训记录	
教师考评	评语： 辅导教师签字：_____

第**8**章

博物馆VR全景的拍摄、修补与分享

▲ 本章导读

本章将介绍博物馆项目案例的交互实战。本案例利用市场上常用的小红屋玲珑全景相机进行拍摄，它的优势在于其自适应成像技术，能够自动抑制强光、增强暗光并均衡整个画面，使得操作过程更加简单直观。对于图像处理，通常只需进行简单的补地处理或使用Logo图片进行遮罩即可。至于场景节点的交互设计，则是在720云平台上完成的。本章将重点讲解这些内容，确保读者能够掌握从拍摄到最终交互场景发布的完整流程。

▲ 效果欣赏

效果欣赏如图8-1所示。

图8-1　效果欣赏

▲ 学习目标

了解小红屋玲珑全景相机的特点。

了解小红屋玲珑全景相机的使用方法。

掌握场景节点的交互设置。

▲ 技能要点

掌握Photoshop软件的插件补地方法。

掌握博物馆项目的发布与分享。

▲ 实训任务

在使用小红屋玲珑全景相机进行全景图的拍摄实践后，需要对所拍摄的全景图进行补地处理，这一过程如图8-2所示。完成补地处理后，接下来的步骤是在720云平台上创建交互展示，使得观众可以通过互联网浏览并体验全景图。

图8-2　全景图补地效果

【项目导入】

下面以蓝田玉文化博物馆的4张全景图为例（图8-3），详细讲解如何将这些素材图片制作成全景漫游，并在手机端进行分享与观看。

【项目说明】

全景图片是使用小红屋玲珑全景相机，以8K的分辨率在固定三脚架上进行拍摄的，其组件如图8-4所示。

01.jpg

02.jpg

03.jpg

04.jpg

图8-3　全景图素材

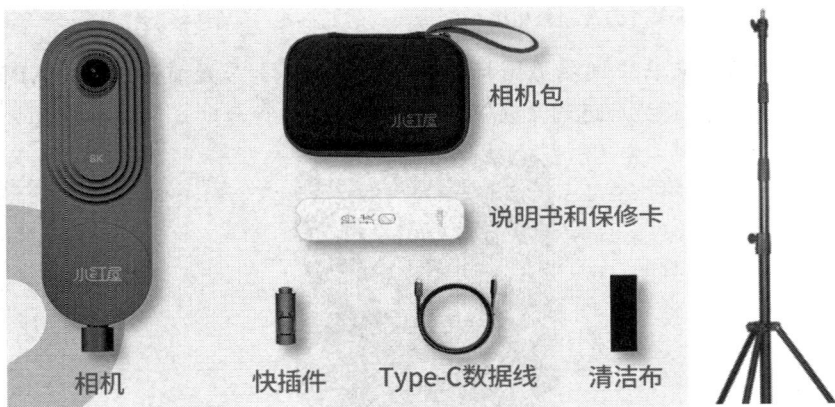

相机包

说明书和保修卡

相机　　快插件　　Type-C数据线　　清洁布

图8-4　小红屋玲珑全景相机组件

8.1　使用小红屋玲珑全景相机拍摄博物馆

步骤 01　拍摄前期准备。第一种方法是扫码下载，用手机扫描《使用说明》小册子中的二维码，单击下载并完成安装。安装成功后打开APP，进入首页，如图8-5所示。

第二种方法是直接在手机的应用商店里搜索"小红屋全景相机"APP并下载，成功后打开APP即可进入首页。

步骤 02　连接相机与三脚架。将相机和三脚架使用转接头拧紧卡上即可。

步骤 03　拍摄方法。首先，确保手机APP已经和小红屋玲珑全景相机做好连接准备。开启相机之后，在手机上打开小红屋全景相机APP。接着，扫描相机背面的二维码以建立连接：将手机对准二维码进行扫描，APP会识别并请求连接，确认连接后将返回APP主界面。如果没有显示二维码，可以在APP中选择"手动连接"选项，并在手机的WiFi设置中找到以"XHW"开头的网络信号进行连接，输入默认密码"12345678"，如图8-6所示。

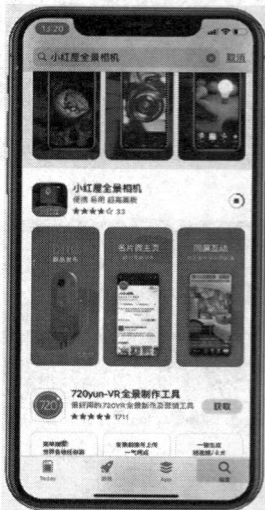

图8-5 安装小红屋全景相机APP

图8-6 手动连接设置

步骤 04 连接成功后，点击中间拍摄图标进入拍摄界面。如果是首次使用，APP会进行一个初始化过程。初始化成功后返回主页面拍摄，如图8-7所示。

图8-7 初始化设置

步骤 05 再次点击拍摄按钮进入APP的预览页面。此时，相机开始运作。为了不在全景照片中出现，拍摄人员可以走向相机的背面或者远处躲藏起来。通过APP界面上的画面，可以实时观察拍摄过程。当相机开始拍摄动作时，会看到相机的第1圈逆时针旋转，这表示相机正在测光，确定光线条件。在这个过程中，人应该保持不动，以避免影响测光的准确性。紧接着，第2圈顺时针旋转则代表相机正式开始拍摄。这时候，应该迅速避开镜头范围，以免出现在最终的全景图像中。拍摄成功后，相机将发出提示音，表明拍摄已经完成。

步骤 06 将手机中拍摄的全景图片保存到计算机上。由于拍摄出来的全景图片中有三脚架，需要使用Photoshop软件进行修补。

8.2 使用Photoshop软件修补全景图

步骤 01 启动Photoshop软件，打开拍摄好的4张全景图01.jpg、图02.jpg、图03.jpg和图04.jpg，如图8-8所示。

图8-8 导入图片

步骤 02 由于这4张全景图片的编辑操作方法相同，这里以01.jpg为例进行说明。打开01.jpg文件后，选择该图片图层，然后按下Ctrl+J组合键来复制图层，如图8-9所示。

图8-9 复制图层

步骤 03　打开01.jpg文件后，确保已经根据第5章的指导安装了Flexify2滤镜插件。执行"滤镜"→"Flaming Pear"→"Flexify2"命令，启动该滤镜。在随后出现的"Flexify2"设置对话框中，将Input（输入）选项设置为"equirectangular"，将Output（输出）选项设置为"zenith&nadir"，如图8-10所示。

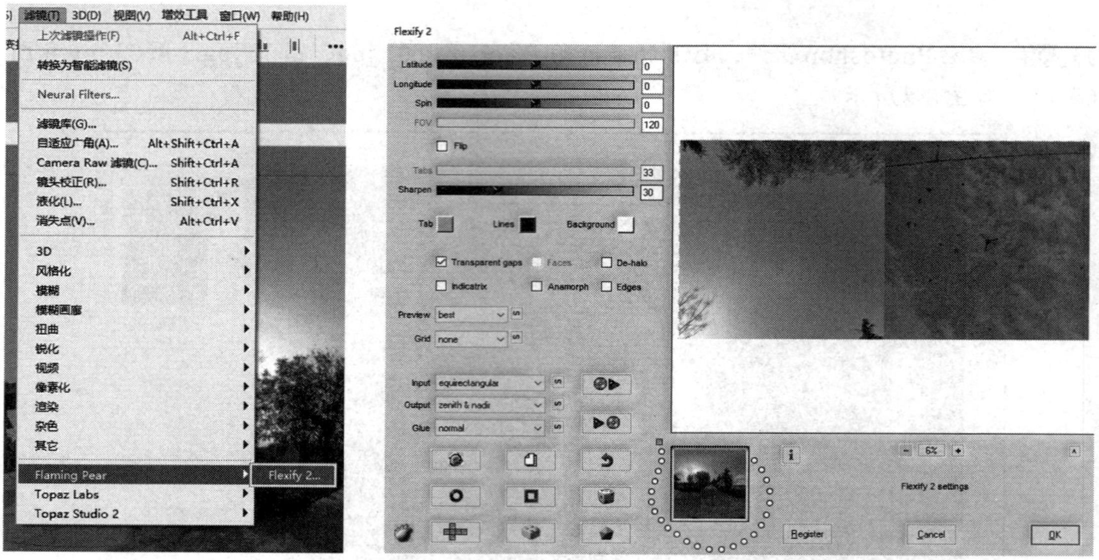

图8-10　设置滤镜

步骤 04　在"图层"面板中选择"图层1"，在工具箱中选择修补工具，使用该工具在图像上拖动光标以选中三脚架部分，如图8-11所示。

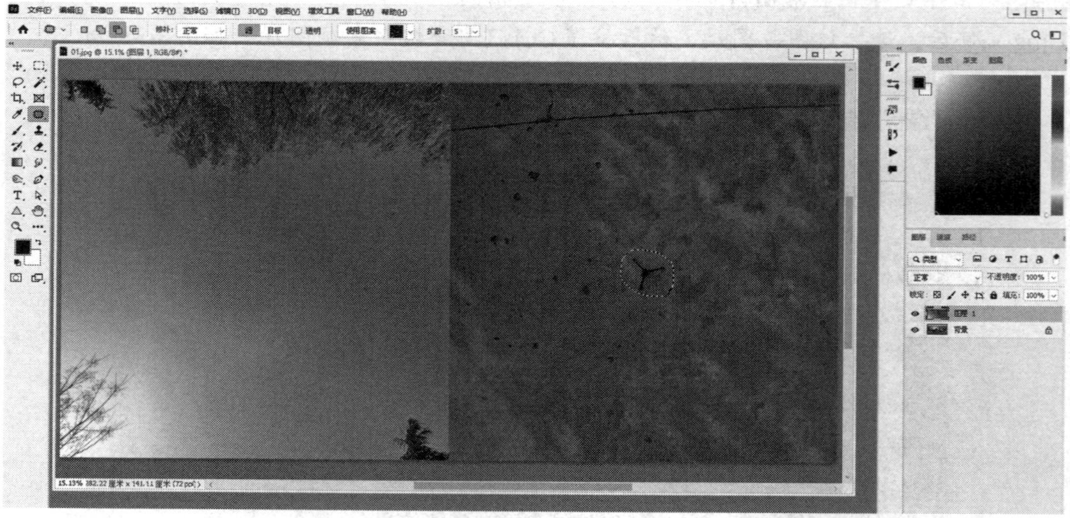

图8-11　使用修补工具

步骤 05　将光标放在选框中拖到要修补的区域，即可完成三脚架的修补，如图8-12所示。

图 8-12　修补三脚架区域

步骤 06　执行"滤镜"→"Flaming Pear"→"Flexify2"命令，打开滤镜对话框，从中将 Input（输入）选项调整为"zenith&nadir"，将 Output（输出）设置为"equirectangular"，如图 8-13 所示，单击"OK"按钮后将完成图像修补。

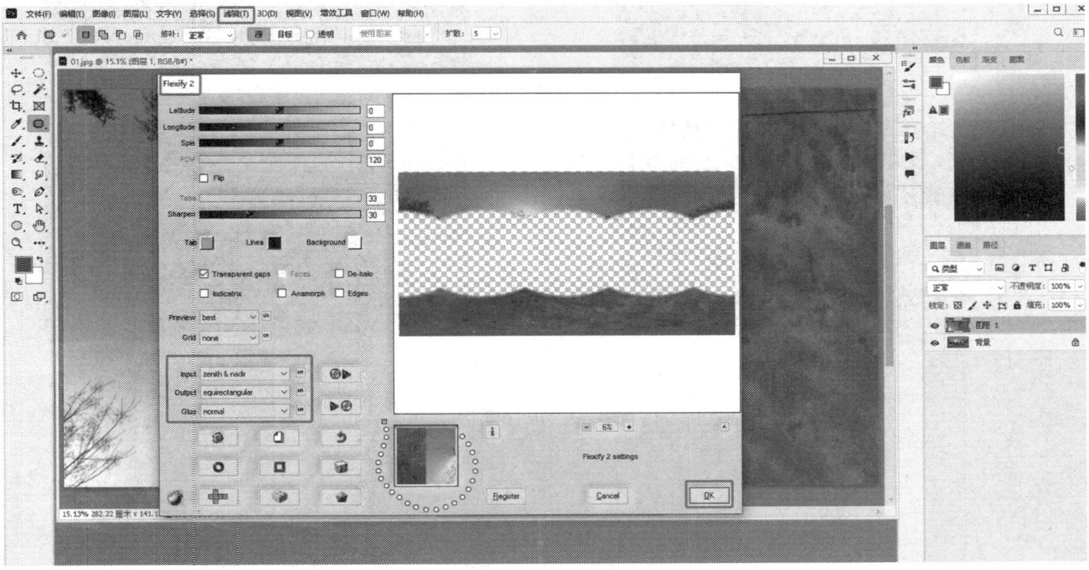

图 8-13　Flexify2 设置

步骤 07　按 Ctrl+E 组合键，将"图层 1"向下合并到"背景"图层，如图 8-14 所示，按 Ctrl+S 组合键保存编辑后的图像。

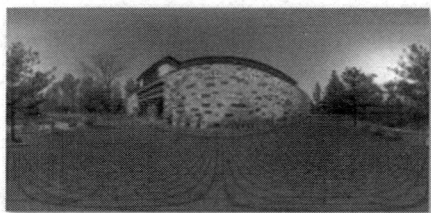

图 8-14　合并图层

步骤 08　使用同样的方法，对图像 02.jpg、03.jpg 和 04.jpg 进行处理保存，如图 8-15 所示。

01.jpg

02.jpg

03.jpg

04.jpg

图 8-15　保存图像

8.3　使用720云平台发布与分享VR全景

步骤 01　打开浏览器，在地址栏中输入 720 云平台网站地址，输入用户名和密码登录，如图 8-16 所示。

图8-16　账号登录

步骤 02 单击"开始创作"→"720漫游"按钮，进入创建720漫游作品页面，如图8-17所示。

图8-17　开始创作

步骤 03 在页面右侧设置作品标题为"蓝田玉文化博物馆"、作品分类为"展厅/展会"，填写所在城市。单击"从本地文件添加"按钮，在弹出的"版权保护提醒"界面中单击"上传素材"按钮，如图8-18所示。在打开的对话框中选择缝合好的全景图01.jpg、02.jpg、03.jpg和04.jpg，单击"打开"按钮。

图8-18　720漫游作品页面设置

步骤 04　上传完成后，单击"创建作品"按钮，稍后将显示创建成功，如图 8-19 所示。

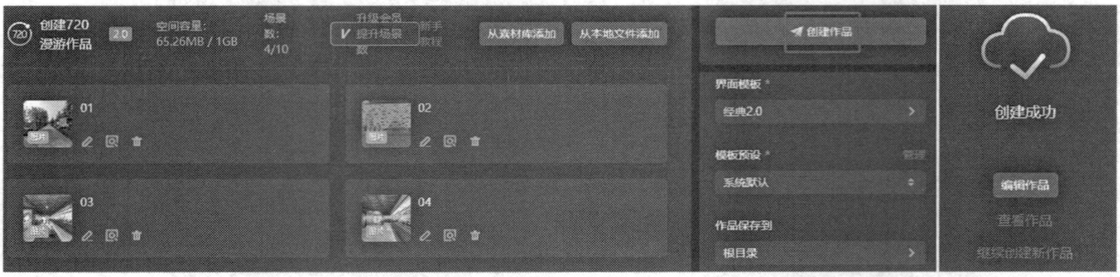

图 8-19　创建作品

步骤 05　在下端的"默认分组"标签下拖动图片改变先后顺序，如图 8-20 所示。

图 8-20　设置图片顺序

步骤 06　在左侧的导航栏中单击"全局"选项，进入全局设置。在右侧的作品信息区域中找到"作品封面"标签，并单击"设置封面"按钮。在打开的"作品封面"界面中，通过拖动左侧显示的全景图来选择希望作为封面的部分。选好后，单击"截图"按钮捕获封面图像，然后单击"确认操作"按钮，如图 8-21 所示。

图 8-21　封面设置

步骤 07　在左侧的导航栏中单击"视角"选项，在图中拖动光标，确定打开全景图的第一视角，然后单击"把当前视角设为初始视角"按钮，如图 8-22 所示。

图8-22　设置初始视角

步骤 08　按照上面的操作方法，将图片 02.jpg、图片 03.jpg 和图片 04.jpg 都设置好自己喜好的初始视角即可，然后单击右上角的"保存"按钮，界面提示保存成功，如图8-23所示。

图8-23　项目保存

步骤 09　设置热点。单击左侧导航栏中的"热点"选项，首先选择图片 01.jpg，然后在视图中拖动光标以确定热点的位置。单击右侧的"添加热点"按钮，这时在视图中心会出现一个热点图标。如果需要，可以更改热点图标的样式。在"场景切换设置"下单击"选择场景"按钮，在弹出的"选择目标场景"对话框中选择图片 02.jpg 作为切换的目标场景。完成选择后，单击"确认"按钮。最后，单击右侧的"完成设置"按钮以保存热点设置，如图8-24所示。

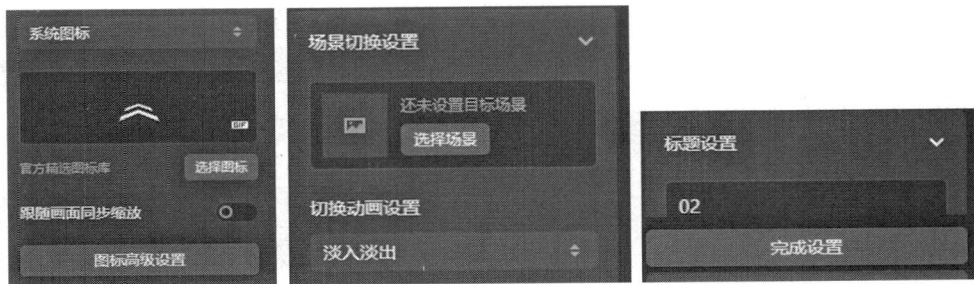

图8-24　设置热点

步骤 10 按照上述设置热点的方法，为图片 02.jpg 和 03.jpg 也添加相应的场景切换热点。确保每个图片的热点位置拖动光标以确定，并选择正确的目标场景进行场景切换设置。

对于图片 03.jpg，除了添加场景切换热点外，还需要添加一个图文交互热点。首先，在右侧单击"添加热点"按钮，然后在弹出的设置中选择"热点类型"为"图文"。在"标题设置"下输入"五子祝福"，然后在"图文设置"下单击"选择图片"按钮。当图片素材库弹出时，单击"上传素材"按钮，并从计算机中选择名为"五子祝福"的图片文件。选择并确认上传后，将图文图标拖动到对应位置上。最后，单击右侧的"完成设置"按钮，以保存对图文交互热点的设置，如图 8-25 所示。

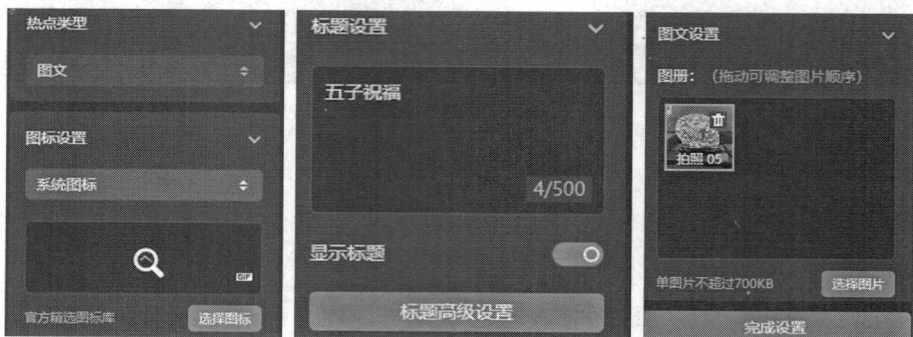

图 8-25 设置图文交互

步骤 11 使用同样的方法，为图片 03.jpg、04.jpg 中的其他玉雕添加图文热点，如图 8-26 所示。设置完成后，单击右上角的"保存"按钮。

图 8-26 保存图文热点

步骤 12 接下来设置音乐。单击左侧导航栏中的"音乐"选项，选择下端的图片 01.jpg，单击右侧的"选择音频"按钮，在弹出的音频素材库下选择喜欢的音乐，再单击"确认"按钮，接下来单击右侧的"把背景音乐应用到..."按钮，最后，再次单击"确认"按钮以保存音乐设置，如图 8-27 所示。设置完成后，单击右上角的"保存"按钮。

图 8-27 设置背景音乐

步骤 13 使用同样的方法，为图片 03.jpg、04.jpg 中的其他玉雕添加图文热点。设置完成后，单击右上角的"保存"按钮。

步骤 14 单击右上角的"分享"按钮，在弹出的"分享设置"界面中使用手机微信扫描下方提供的二维码来实现分享。此外，也可以选择将作品链接转发给他人，如图 8-28 所示。

图 8-28 二维码分享设置

本章总结

通过蓝田玉文化博物馆项目案例的学习，读者应能了解小红屋玲珑全景相机的使用方式，掌握使用 Photoshop 软件及其插件来修补图片的技巧，重点掌握利用 720 云平台设置多个交互热点和图文交互的设置方法。

练习与实践

法治文化广场	
项目背景介绍	在法治文化广场项目中，使用小红屋玲珑全景相机搭配固定三脚架进行拍摄。为了获取完整的全景图像，需要进行补地操作。拍摄完成后，根据展示地点来设置交互热点
设计任务概述	1. 安装和设置小红屋玲珑全景相机 2. 小红屋玲珑全景图像补地 3. 使用 720 云平台发布与分享全景图

VR 全景拍摄与制作实训教程

08

法治文化广场	
设计参考图	
实训记录	
教师考评	评语： 辅导教师签字：_____

第 9 章

学校 VR 全景的拍摄与缝合

◢ **本章导读**

在本章中，我们将通过学校项目案例来深入探讨四目全景相机的拍摄，这种相机能够同时捕捉4个不同的视角，从而提供更广阔的视野。由于三脚架的限制，在本项目中只能从地面的4个方向进行拍摄，因而只获得了4张图像。这些图像均通过鱼眼镜头拍摄，这种镜头能够提供广阔的视角，但同时会造成图像的桶形变形。为了创建出一张无缝的全景图像，我们必须对这4张鱼眼图像进行缝合和制作处理。这一过程不仅需要特定的技术手段，还需要对图像处理有一定的理解和操作技巧。因此，本章的重点将放在如何对这类图像进行有效的缝合和后期制作上，以帮助我们成功完成VR全景的拍摄和展示。本章将详细介绍相关的技术和方法，确保读者能够掌握全景图像处理的关键技能。

▲ **效果欣赏**

效果欣赏如图9-1所示。

图9-1　效果欣赏

▲ **学习目标**

了解PTGuiPro的遮罩功能。

了解PTGuiPro的剪切功能。

掌握控制点的方法。

▲ **技能要点**

掌握用优化的方法。

掌握全景拍摄的斜拍补地方法。

掌握控制点缝补的方法。

· AI伴学助手
· 配套资源
· 精品课程
· 进阶训练

扫码获取

▲ **实训任务**

VR全景图拍摄实践，将拍摄的4张图缝合为全景图，如图9-2所示。

图9-2　全景图

【项目导入】

　　本章将通过新华学校的案例，展示如何制作符合市场需求的校园 VR 全景。全景相机的具体介绍已在前章提供，本章不再重复。我们的任务是将拍摄得到的 4 张图片素材（见图 9-3）拼接成一幅全景图像，并演示如何在手机端进行分享和观看。

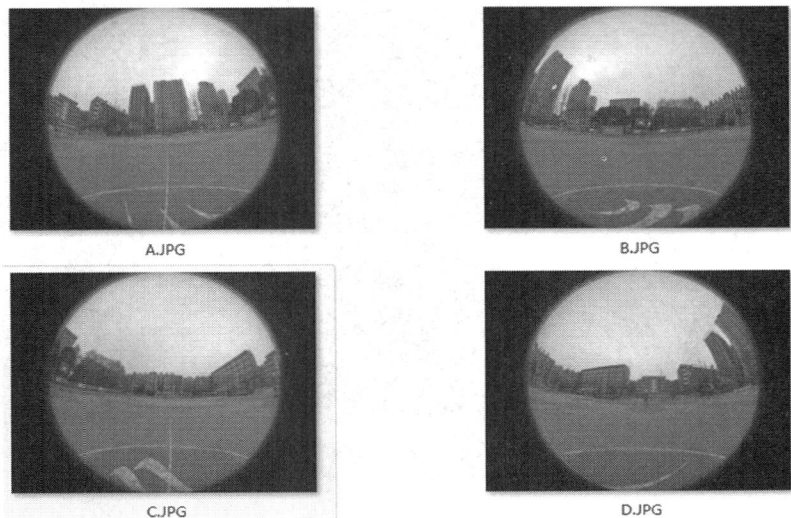

图 9-3　拍摄的素材

【项目说明】

　　在本章中，我们将使用 F4plus 四目全景相机来拍摄。这款相机的参数设置是：光圈值为 f/1.8，曝光时间为 1/652 s，ISO 感光度为 100，焦距为 3 mm。为了确保拍摄的稳定性，我们采用了带有水平和垂直水准柱的固定三脚架。拍摄过程是通过手机 APP 进行遥控操作的。由于使用了三脚架，最终的图像中会包含三脚架的部分。在图像缝合阶段，需要对这些区域进行遮罩和修补处理，以确保全景图的完整性和美观性。

9.1　使用四目全景相机拍摄新华学校

步骤 01　将 F4plus 全景相机固定在三脚架上，确保相机机身与地面保持垂直，同时注意观察三脚架上的水平仪以确保精确对齐，如图 9-4 所示。长按相机上的电源键以开启相机，准备进行拍摄。

步骤 02　相机启动后，接下来需要通过手机 WiFi 连接相机以进行远程操作。在手机的 WiFi 设置中搜索并找到 F4PLUS 相机的网络信号，然后输入默认的 WiFi 密码"12345678"，连接成功后就可以通过手机 APP 控制相机进行拍摄了，如图 9-5 所示。

步骤 03　在手机端打开得图 F4 APP，并确保拍摄设置处于图像模式下的自动模式。这种模式下，相机会自动适应环境光线条件，以便获取最佳的拍摄效果。准备好后，拍摄者可以移至相机视线之外的位置，以避免出现在全景图像中。然后，通过手机APP单击拍摄按钮以完成拍摄，如图9-6所示。注意如果拍摄室内场景时，相机应和墙面距离保持在1 m以上。

图9-4　F4plus四目全景相机　　　图9-5　安装得图F4 APP并连接WiFi　　　图9-6　手机拍摄

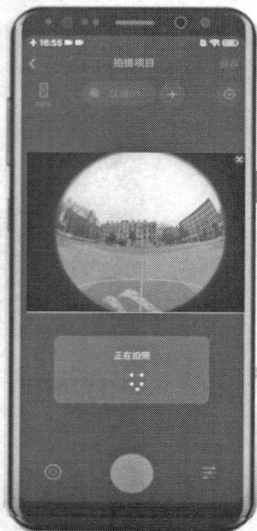

9.2 使用PTGui创建全景图

步骤 01　在PTGui软件中，首先单击界面上的"加载影象"按钮，在弹出的"添加影象"对话框中选择第9章素材文件夹中所提供的4张图片素材，单击"打开"按钮以将它们导入PTGui中，如图9-7所示。

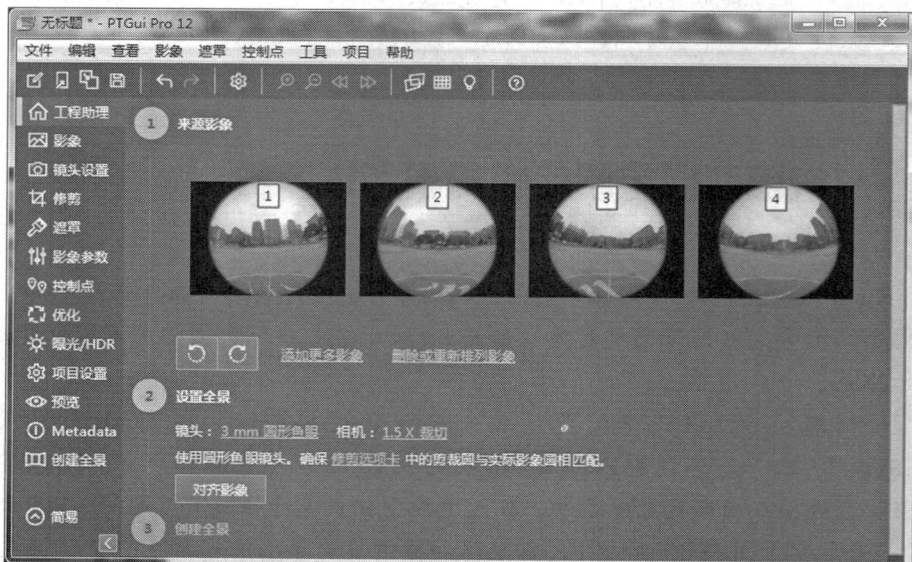

图9-7　加载影像

步骤 02 图像修剪。单击软件左侧工具栏中的"修剪"选项，在中部区域选择第1张图像，并在右侧勾选"独立设置"选项。通过细心调整这些参数，确保每张图像中的虚心圆（即中心区域）尽可能最大化，这样做可以减少图像畸变并优化视角效果。如图9-8所示，它展示了修剪和独立设置的操作界面，为用户提供了直观的参考。完成对第1张图像的设置和修剪后，重复上述步骤，对图像2、图像3和图像4也进行相应的独立设置和修剪处理，以确保所有图像都得到了适当的优化。

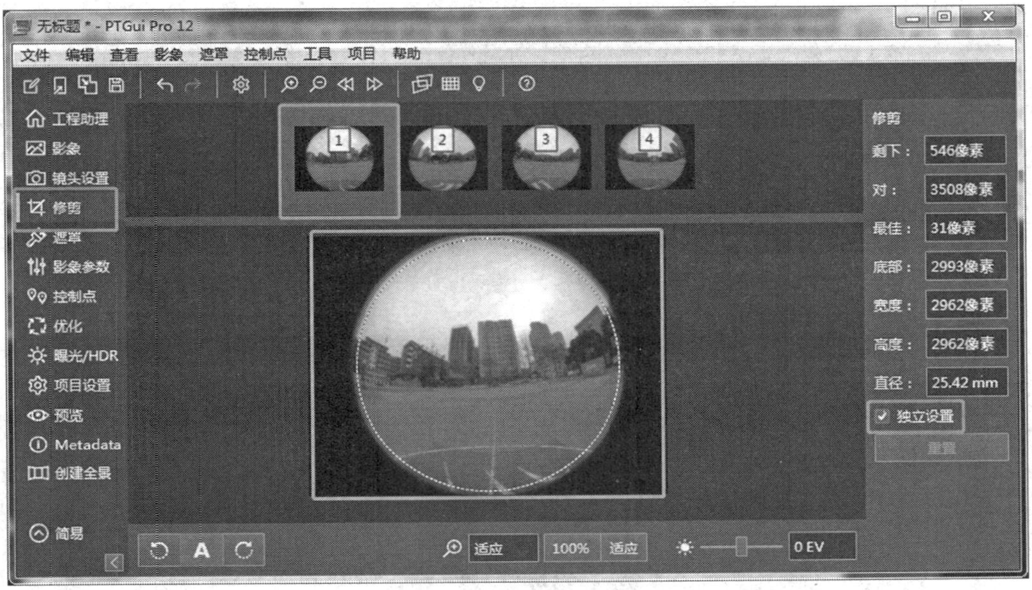

图9-8 设置修剪

步骤 03 控制点的指定和匹配。单击软件左侧工具栏中的"控制点"选项，在选取界面左侧显示图像1，并在右侧选择与之相邻的图像2。仔细寻找这两张图像之间相同的特征点或节点。在每个图像上分别指定至少4个对应的控制点（如以1#、2#、3#、4#标记等），并确保这些点在两张图片上的位置尽可能一致，这有助于软件更准确地进行图像对齐和拼接。完成图像1和图像2的控制点指定之后，重复此过程，为图像2与图像3、图像3与图像4以及图像4与图像1之间的控制点进行配对和匹配。控制点之间的距离越近，拼接的结果就越精细。如图9-9所示，它提供了相邻图像间指定和匹配控制点的视觉指导，帮助用户理解如何操作软件以获得最佳的拼接效果。

步骤 04 单击左侧工具栏中的"优化"选项，在软件界面上方找到并单击"进阶"按钮，将展开更多的高级选项可供选择。完成高级设置调整后，向下滚动界面，找到并单击"运行优化程序"按钮，如图9-10所示，此时软件将开始执行优化过程。

步骤 05 优化完成后将弹出一个对话框来显示优化结果，如图9-11所示，这个对话框会展示控制点的相关信息。如果平均控制点距离是个位数，这通常意味着优化结果是理想的。控制点的平均距离越小，表明拼接效果越好。如果结果显示理想，可以直接单击对话框中的"是"按钮以确认优化结果并继续后续的拼接步骤。

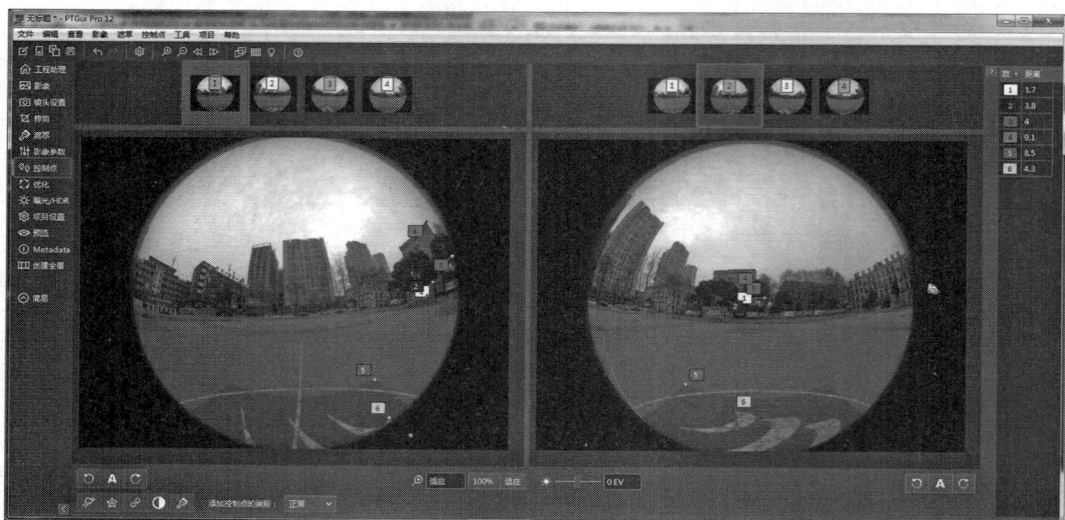

图 9-9　控制点设置

图 9-10　优化设置

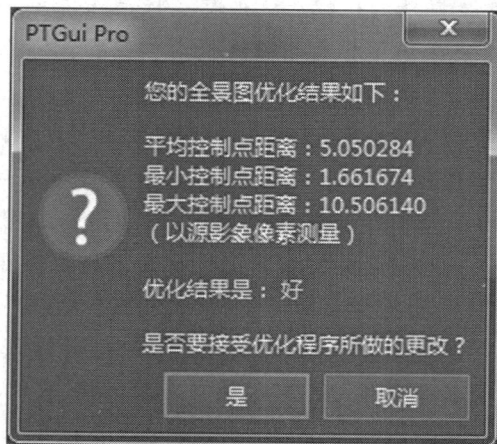

图 9-11　运行优化程序

步骤 06 执行"工具"→"全景编辑"命令,如图9-12所示。

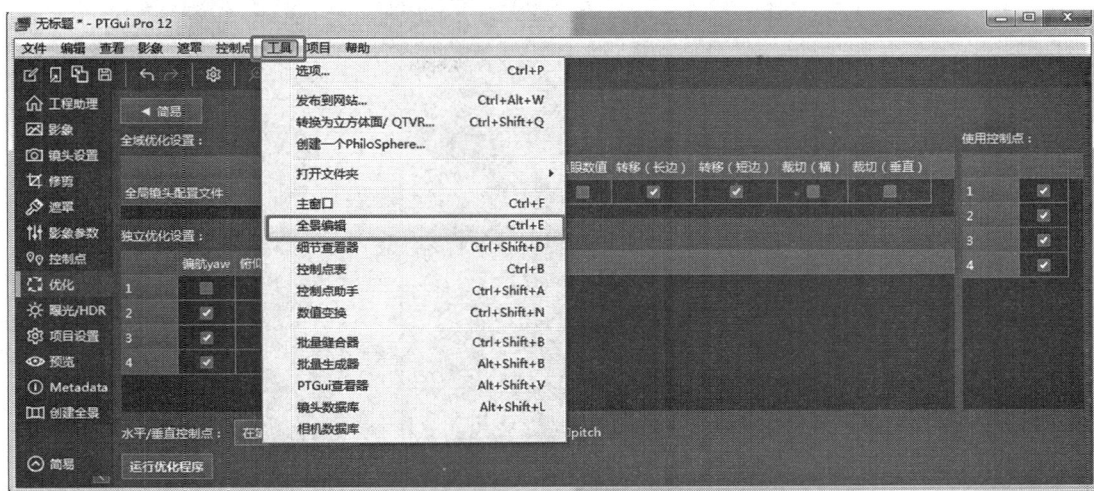

图9-12 全景编辑

步骤 07 打开"全景编辑"窗口,如图9-13所示,从中可进行进一步的编辑和调整。

图9-13 全景编辑器

步骤 08 关闭"全景编辑"窗口。在左侧工具箱中单击"工程助理"选项,在右侧区域中单击"创建全景"按钮,如图9-14所示。

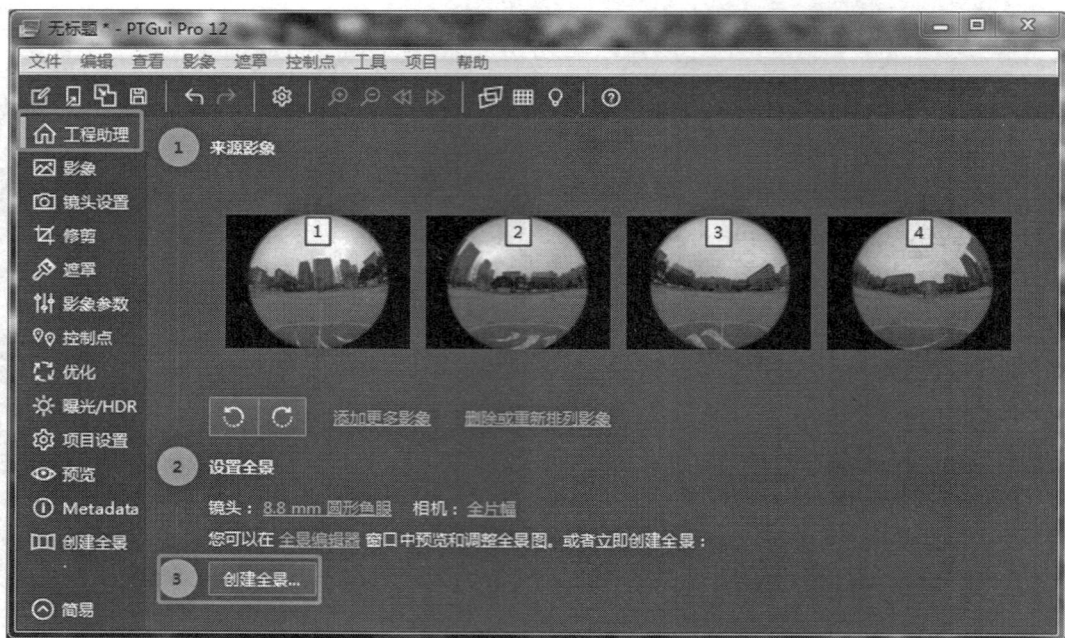

图9-14 创建全景

步骤 09 继续单击"创建全景"按钮，打开的界面如图9-15所示。

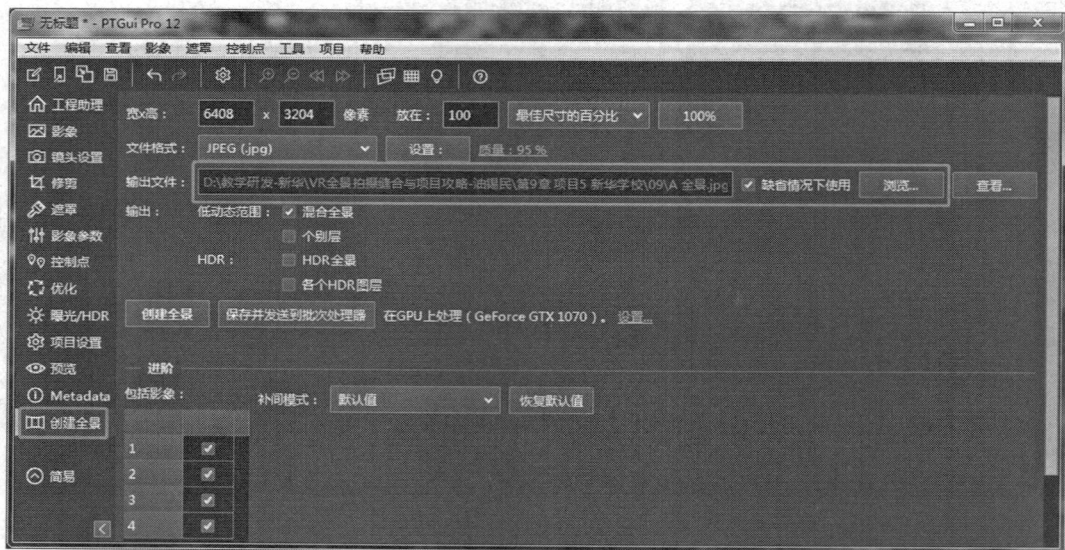

图9-15 路径保存设置

步骤 10 在界面中单击"浏览"按钮，设置输出文件的保存路径，如图9-16所示。单击"创建全景"按钮以开始生成全景图像。此时软件将显示一个进度条来展示处理进度。

步骤 11 处理完成后就已成功将创建的全景图保存到预先设定的路径。打开该位置的文件，预览刚刚生成的全景图，如图9-17所示。

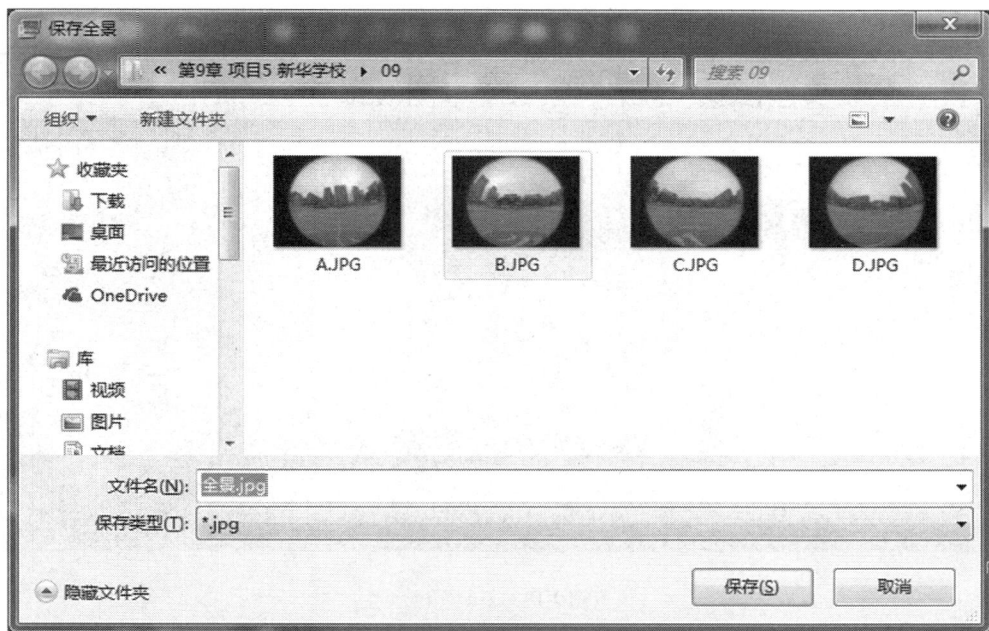

图9-16 "保存全景"对话框

图9-17 全景图

9.3 使用Photoshop插件修补地面

步骤 01 启动Photoshop软件，打开缝合好的全景图，确保已经根据第5章的指导安装了Flexify2滤镜插件。按Ctrl+J组合键，复制当前图像所在的图层，如图9-18所示。

图9-18　复制图层

步骤 02　执行"滤镜"→"Flaming Pear"→"Flexify2"命令，如图9-18所示，在弹出的"Flexify2"对话框中将Input设置为"equirectangular"，将Output设置为"zenith&nadir"，如图9-20所示。

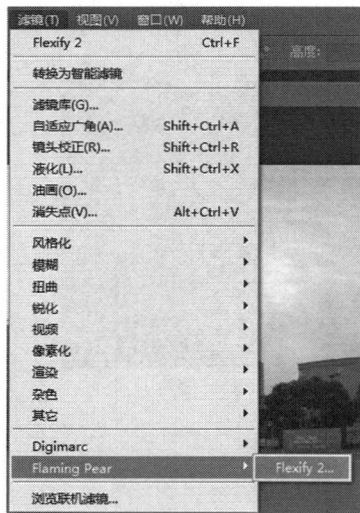

图9-19　执行命令

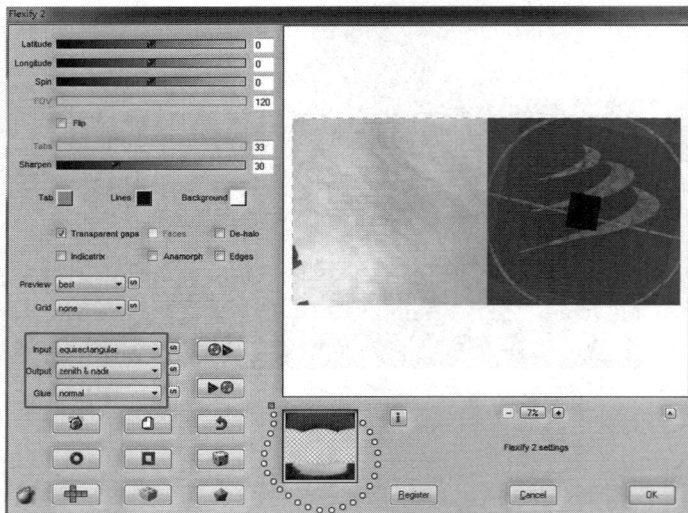

图9-20　设置Flexify2

步骤 03　在"图层"面板中选择"图层1"。在工具箱中选择修补工具，拖动鼠标以选取需要修补的黑色部分，如图9-21所示。

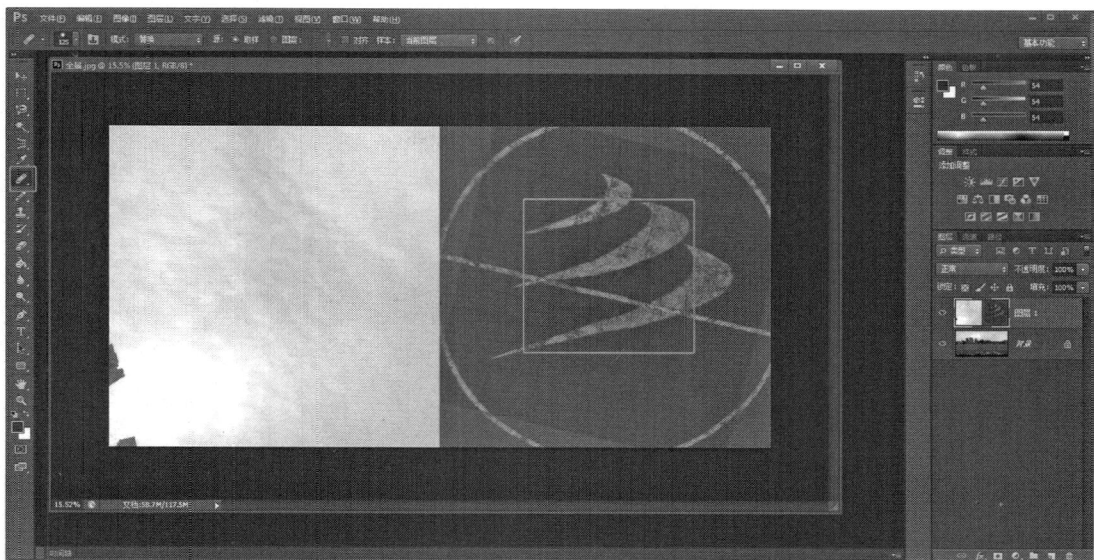

图9-21　修补设置

步骤 04　执行"滤镜"→"Flaming Pear"→"Flexify2"命令，如图9-22所示，在弹出的"Flexify2"对话框中将Input设置为"zenith&nadir"，将Output设置为"equirectangular"，如图9-23所示。

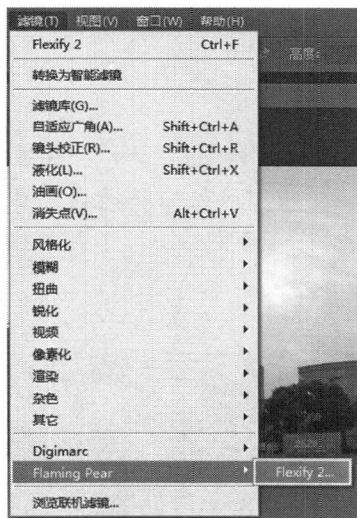

图9-22　执行命令

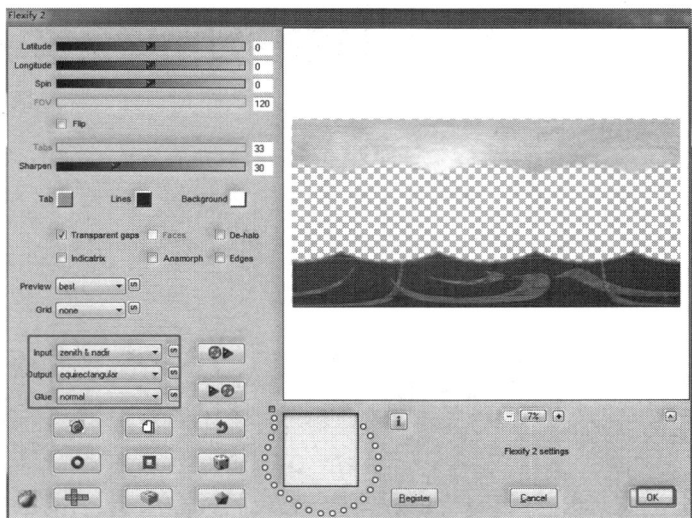

图9-23　设置Flexify2

步骤 05　单击"OK"按钮应用滤镜效果，处理后的结果如图9-24所示。执行"文件"→"存储为"命令，在弹出的对话框中将文件命名为"全景.jpg"，然后选择合适的格式（如JPEG）和位置进行保存。通过这个过程，已利用Photoshop插件成功修补了地面并保存了最终的全景图像。

图9-24　修补好的全景图

9.4 使用720云平台发布与分享VR全景

步骤01　使用浏览器访问720云平台网站，登录后单击右上角的"开始创作"→"720漫游"选项。在打开的页面中单击"从本地文件添加"按钮，弹出"版权保护提醒"界面，保持默认设置。单击"上传素材"按钮，上传上一节中制作好的全景图，如图9-25所示。

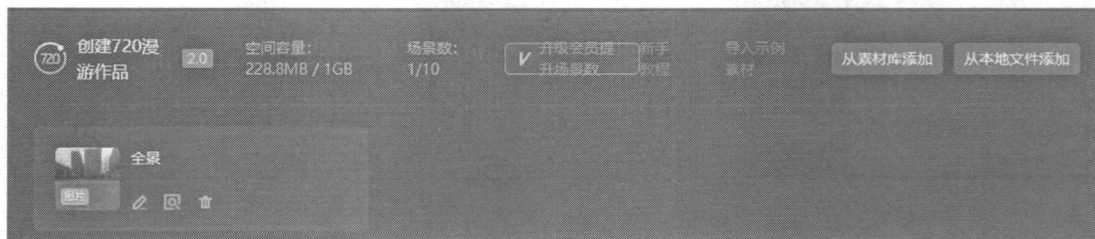

图9-25　从本地文件中添加全景图

步骤02　在右侧区域中设置"作品标题"为"新华学校"、作品分类为"教育机构"、所在城市为"北京"，如图9-26所示。

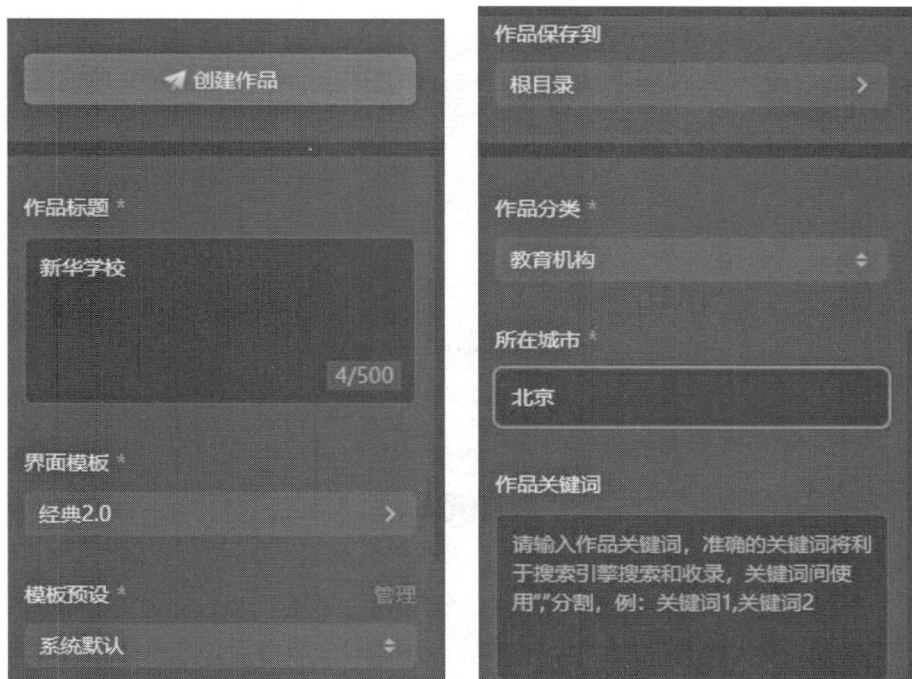

图9-26　设置作品信息

步骤 03　单击"创建作品"按钮，创建成功后单击"编辑作品"按钮，打开如图9-27所示的页面。

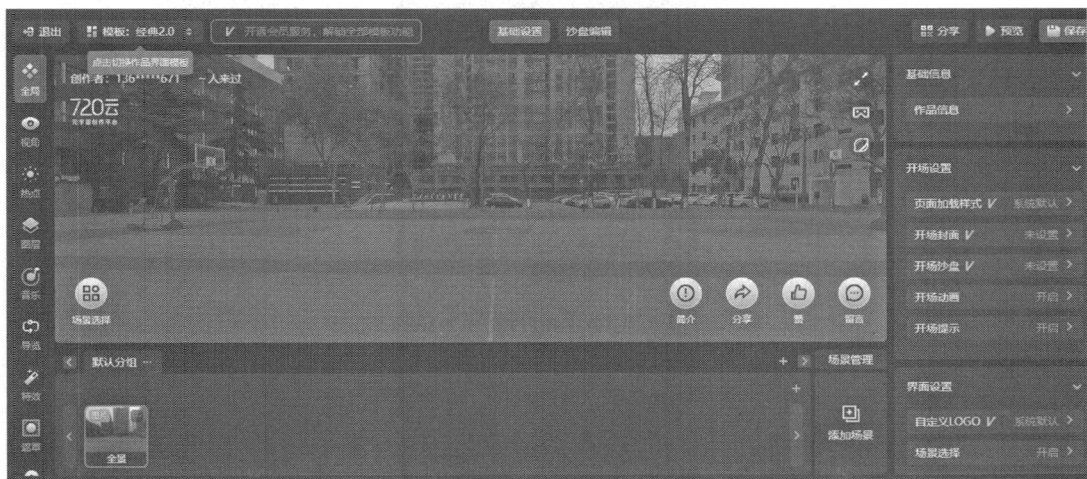

图9-27　编辑作品

步骤 04　单击左侧的"音乐"选项，然后在右侧区域中单击"选择音频"按钮。在打开的"音乐素材库"界面中，先单击"系统音乐"选项，然后在右侧区域中选择一个音乐文件，完成后单击"确认操作"按钮，如图9-28所示。

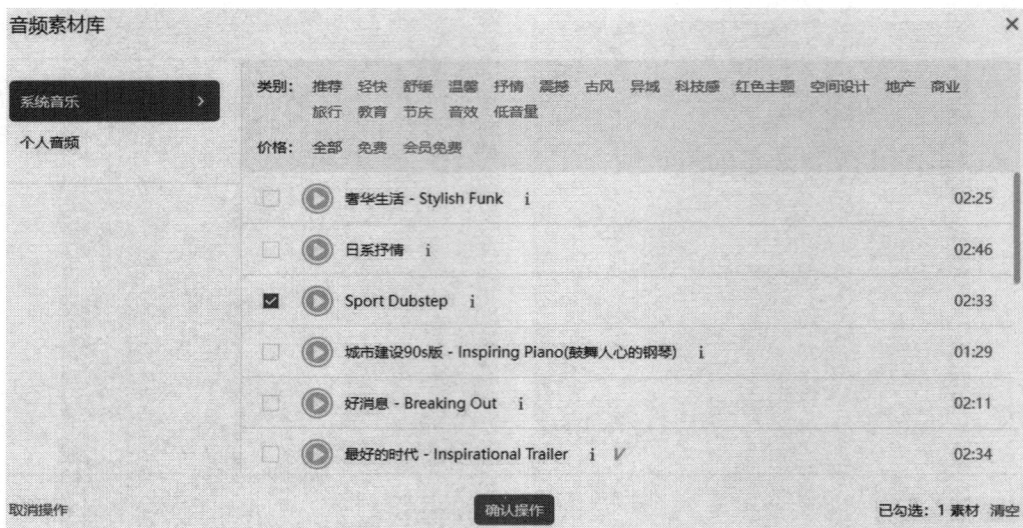

图9-28　选择音乐

步骤 05　单击左侧的"特效"选项，然后在右侧区域中单击"添加特效"按钮，在打开的右侧区域中选择"特效类型"为"飘落特效"，按照图9-29所示设置参数，此时可在预览画面中看到下雨的效果，完成后单击"完成设置"按钮，返回编辑作品页面。单击页面右上角的"保存"按钮，系统会提示保存成功。

图9-29　设置特效

- AI伴学助手
- 配套资源
- 精品课程
- 进阶训练

扫码获取

步骤 06　单击页面右上角的"分享"按钮，打开"分享设置"界面，从中可按需进行设置。完成后使用手机扫描二维码，即可欣赏或分享作品，如图9-30所示。

图9-30　分享设置

本章总结

通过本章的学习，学习者应该掌握以下内容：

● 了解720全景相机的拍摄方法，包括相机参数设置和拍摄技巧。

● 掌握VR四目全景相机的具体设置方法，能够进行有效的拍摄配置以得到最佳效果。

● 重点学会使用Photoshop中的补地插件（如Flexify等）来对拍摄的全景图像进行修补，解决拼接过程中可能出现的问题，如三脚架痕迹、接缝不自然等。

● 学会如何在网上发布处理好的全景图像，根据平台要求调整作品标题、分类等信息，并添加背景音乐和特效提升观感体验。

练习与实践

全景图的缝合	
项目背景介绍	使用小红屋玲珑全景相机搭配固定三脚架进行拍摄。为了获取完整的全景图像，需要进行补地操作。拍摄完成后，根据展示地点来设置交互热点
设计任务概述	1. 安装和设置小红屋玲珑全景相机 2. 小红屋玲珑全景图像补地 3. 使用720云平台发布与分享全景图

	全景图的缝合	
设计参考图		
实训记录		
教师考评	评语： 辅导教师签字：_____	

第 10 章

城镇 VR 全景的
航拍与缝合

▲ **本章导读**

本章通过城镇航拍项目案例的实际操作，深入剖析了 VR 全景拍摄的完整流程。由于大疆无人机无法直接拍摄到天空正上方的图像，我们采取了一种创新方法：结合 23 张地面图像与 1 张天空图片的融合策略来实现全景图的拼接。本章将细致讨论图像缝合技术，确保每张图像都能够无缝对接，从而制作出高品质的 VR 全景体验。

▲ **效果欣赏**

效果欣赏如图 10-1 所示。

图 10-1　效果欣赏

▲ **学习目标**

了解 PTGuiPro 的对齐功能。

了解 PTGuiPro 的控制点功能。

掌握控制点的方法。

▲ **技能要点**

掌握优化的方法。

掌握全景拍摄的补天方法。

掌握控制点缝补的方法。

▲ **实训任务**

VR 全景图拍摄实践，将拍摄的 23 张图缝合为全景图，如图 10-2 所示。

图 10-2　全景图

· AI伴学助手
· 配套资源
· 精品课程
· 进阶训练

扫码获取

【项目导入】

　　本案例专注于采用航拍技术制作城镇的 VR 全景图，迎合了当前高校和市场对全景视觉展示技术的强烈需求。使用大疆无人机进行航拍，我们获取了 23 张高质量的城镇场景图像（见图 10-3），并通过精细的图像处理技术将它们拼接成一幅无缝的全景图。用户可以通过手机应用程序轻松分享和沉浸在这一壮观的全景景观中。

DJI_0002.JPG	DJI_0003.JPG	DJI_0004.JPG	DJI_0005.JPG	DJI_0006.JPG	DJI_0007.JPG
DJI_0008.JPG	DJI_0009.JPG	DJI_0010.JPG	DJI_0011.JPG	DJI_0012.JPG	DJI_0013.JPG
DJI_0014.JPG	DJI_0015.JPG	DJI_0016.JPG	DJI_0017.JPG	DJI_0018.JPG	DJI_0019.JPG
DJI_0020.JPG	DJI_0021.JPG	DJI_0022.JPG	DJI_0023.JPG	DJI_0024.JPG	晴天 天空素材.

图 10-3　拍摄的素材

【项目说明】

在本案例中，我们采用了DJI FC330相机搭配大疆无人机执行城镇的航拍任务。相机的参数设置包括：光圈值为f/2.8，曝光时间为1/800 s，ISO感光度为100，焦距为4 mm。在后期图像缝合的过程中，我们特别关注了那些无法直接拍摄到的天空区域，对其进行了精心修补，以确保最终输出的全景图像具有高度的完整性和真实感。

10.1 航拍城镇

1. 飞行前环境检查

①在操控无人机执行飞行任务前，必须进行周密的航拍规划，包括确定起飞点、预定的悬停拍摄位置，并对周围环境有深入了解，确保飞行安全和设备安全。

②天气良好，无风（无人机具备一定的抗风能力，但是在大风情况下不要起飞）、无雨、能见度高。

③所在区域开阔，远离人群、高大建筑、主干道等。

④周边安全，注意不要在禁飞区或机场附近使用无人机。

⑤信号正常，避免靠近大型金属建筑物等会干扰无人机罗盘的物体。

2. 飞行前机身检查

①在操控无人机飞行前要对无人机的各个部件做相应的检查，任何一个小问题都有可能导致无人机在飞行途中出现事故或损坏，因此在飞行前应该做好检查，防止意外事

故的发生。

②检查无人机的磨损程度，确保无人机及其他装置没有肉眼可见的损坏，包括检查螺旋桨上有无缺口、无人机外壳上有无裂痕等。无人机的螺旋桨如果出现了缺口或变形，飞行时就会影响机身平衡，还会造成相机震动，拍摄出来的照片就会非常模糊。

③检查零件的牢固性，确保无人机所有的零件（尤其是螺旋桨）紧紧固定并且状态良好，确保无人机在飞行时不会有部件松动、脱落的情况出现。检查云台扣锁是否取下，确认云台上没有其他杂物。

④检查电池状态，确保所有设备的电池电量都已充满，包括遥控器、监视器、移动设备以及无人机的电池等。

⑤如果连接手机，可将手机调至飞行模式，防止有电话呼入而导致图传中断。

3. 飞行前准备操作

①安装电池。在为无人机安装电池之前，应确保无人机遥控器的操作杆放置在中间位置，这样无人机的电机就不会在装上电池后突然启动。

②遥控器。左边的拨杆控制上升降落以及飞机转向，右边的拨杆控制前后左右的平行移动，遥控器底部的 C1 键控制镜头垂直向下或返回之前的位置，遥控杆呈内"八"字状则是解锁状态，即内八解锁，也就是两个摇杆同时向内下侧拨到最底，此时电机进入怠速。

③云台的滚轮。上下滚动时是控制云台的俯仰，轻按则是调整光圈值、快门速度和感光度。

4. 飞行前相机参数设置

航拍相机的参数设置与单反相机的参数设置的原理是一样的，曝光参数设置参考如下：

- 拍照模式："M"（手动模式）。
- 光圈：航拍相机的镜头通常使用固定光圈（f/2.8）。
- 快门速度：根据曝光标尺的提示或者直接通过查看遥控器面板确定快门速度。
- 感光度：白天日光条件下建议设置 ISO 值为 100，傍晚可根据曝光组合设置，建议不要超过 1 600。
- 白平衡：白天日光条件下建议将白平衡参数设置为 5 300 K。
- 照片尺寸比例：3:2。
- 照片格式：JPEG+RAW。

5. 飞行前无人机设置

①校准罗盘。正确地校准罗盘是非常重要的，每次飞行前都要进行这一步操作，特别是当要在一个新的地点进行航拍时，这一操作有助于确保无人机的安全。

要远离金属物件，这是因为罗盘对电磁干扰非常敏感，大型建筑物和手机信号发射塔可能会对罗盘产生干扰，受干扰后罗盘会产生不正确的方向指示数据。

②设置返航 GPS 坐标。在校准罗盘的同时，飞行控制器也锁定了能够接收信号的卫星，通常它会自动设定好返航的 GPS 坐标。有些无人机也可能拥有单独的 GPS 锁定功能。

③设置云台俯仰。在"高级设置"中打开"扩展云台俯仰轴限位至上30度"选项，如图10-4所示，设置后云台可以上仰30°，以便拍摄更多的天空。

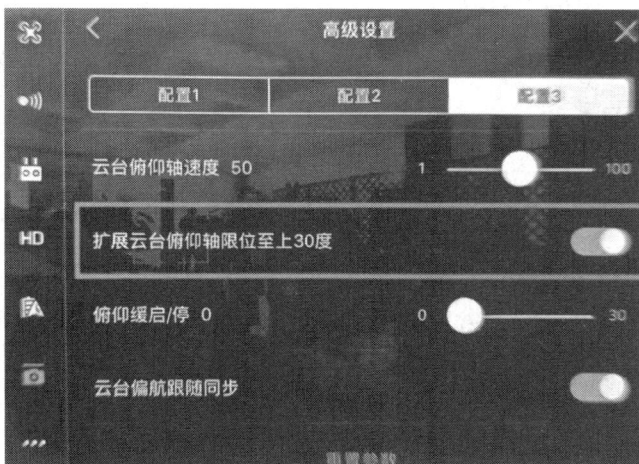

图10-4　高级设置

④在"感知设置"中打开"启用视觉避障功能"选项，如图10-5所示，防止误操作导致无人机与障碍物碰撞，保证无人机的安全。

⑤在"智能电池设置"中打开"低电量智能返航"选项，如图10-6所示，保证无人机可以安全返回起飞地点，防止因低电量迫降导致无人机丢失。

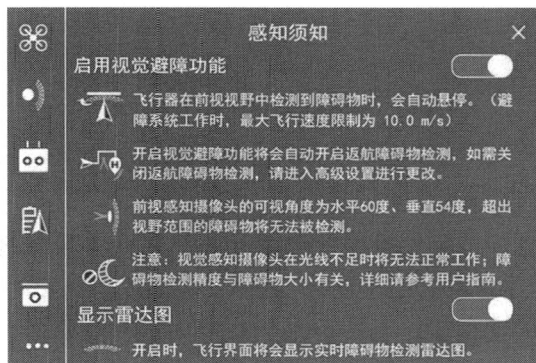

图10-5　启用视觉避障功能

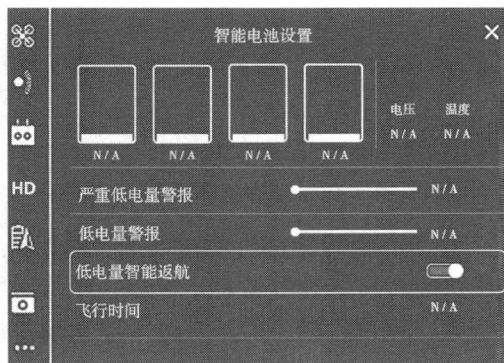

图10-6　设置智能电池

6. 航拍 VR 全景图

以大疆"悟"系列无人机搭载相机X5和4∶3镜头为例，在水平和上下相邻重叠拍摄3层。拍摄流程如下：

步骤 01　水平拍摄层，无人机每旋转40°拍摄1张照片，拍摄8~10张照片即可首尾相接，如图10-7所示。

步骤 02　向下俯拍摄第2层，无人机每旋转50°拍摄1张照片，拍摄7~9张照片即可首尾相接，如图10-8所示。

水平指摄层，每旋转40°拍1张，拍摄8～10张照片

图10-7　水平拍摄

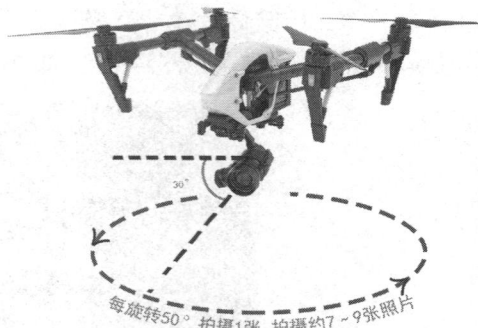

每旋转50°拍摄1张，拍摄约7～9张照片

图10-8　向下俯30°拍摄

步骤 03　向下俯拍摄第3层，无人机每旋转90°拍摄1张照片，拍摄4张照片即可首尾相接，如图10-9所示。

步骤 04　垂直90°向下俯拍摄1张照片，如图10-10所示。

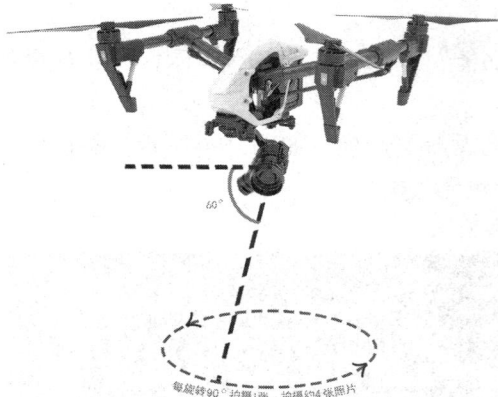

每旋转90°拍摄1张，拍摄约4张照片

图10-9　向下俯60°拍摄

垂直拍摄1张照片

图10-10　垂直拍摄

　　最少拍摄20张照片就可完成VR全景拍摄。实际拍摄中，考虑无人机在空中拍摄过程中可能会有位移等情况，可以在拍摄时将相邻图片之间重叠率增大，这样后期容错空间也大，便于拼接。另外，为了能手动控制转动角度，可多留出一些空间，一般可增大每层的重叠面积，增加拍摄张数。

　　拍摄完毕后无人机会悬停在原地，此时可以开始准备返航。

10.2　使用PTGui创建全景图

步骤 01　在PTGui软件中，单击"加载影象"按钮，在弹出的"添加影象"对话框中选择第10章素材文件夹中的24张图片素材，单击"打开"按钮导入这些图像，如图10-11所示。

步骤 02　单击"设置全景"下的"对齐影象"按钮。此操作将打开"全景编辑"窗口，从中可对图像进行进一步的调整和编辑，如图10-12所示。

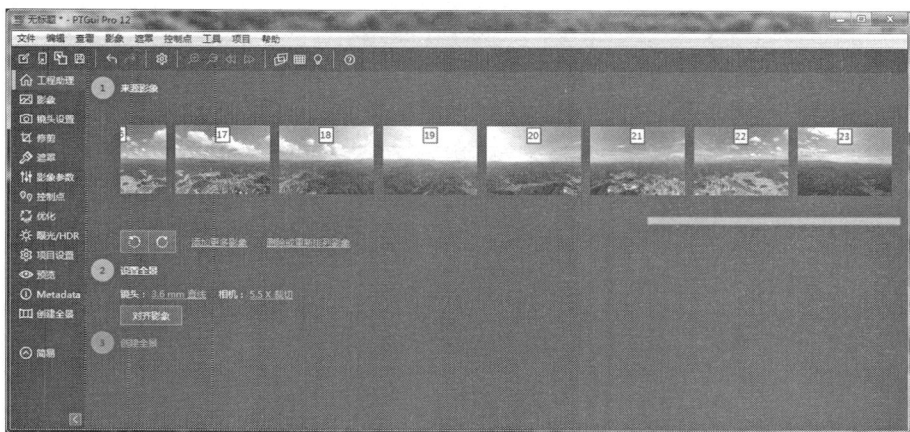

图 10-11　加载影像

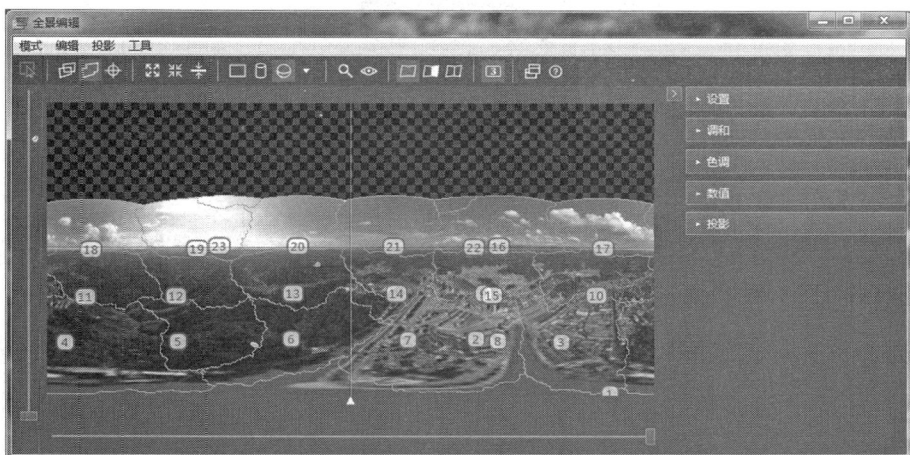

图 10-12　对齐影像

步骤 03　在"全景编辑"窗口中单击左侧的"优化"按钮,然后单击右侧区域中的"进阶"按钮,并在其下区域中找到并单击"运行优化程序"按钮,以便进行图像对齐和拼接的优化处理,如图 10-13 所示。

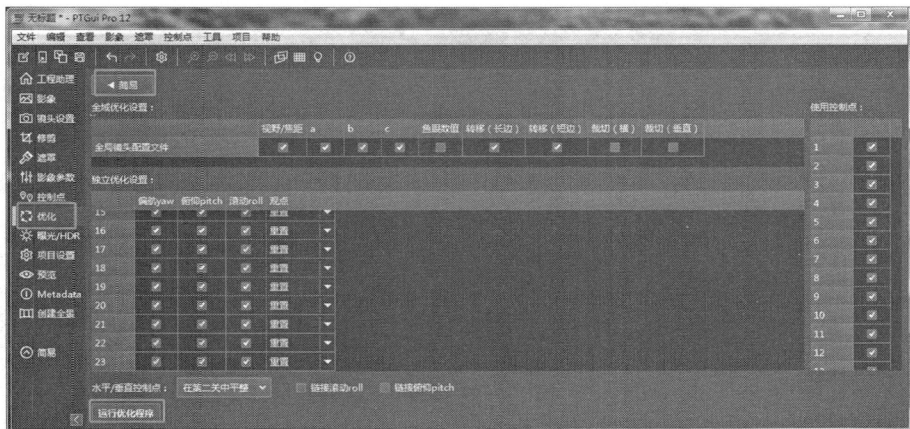

图 10-13　运行优化程序

步骤 04 如果优化后出现的对话框显示控制点的平均距离是个位数，这通常意味着优化结果是满意的。一般来说，控制点的平均距离越低，表示图像之间的对齐越精确。确认这一信息后，可以单击对话框中的"是"按钮以继续操作，如图 10-14 所示。

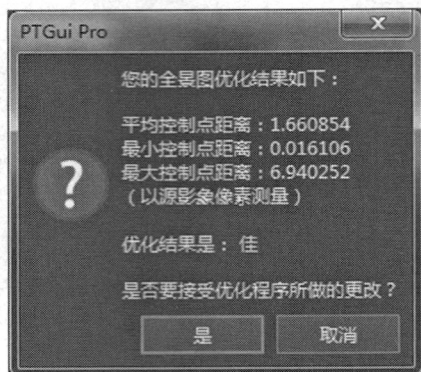

图 10-14　优化信息

步骤 05 单击左侧的"工程助理"选项，在右侧区域中单击"创建全景"按钮，如图 10-15 所示。

图 10-15　创建全景

步骤 06 在出现的界面中继续单击"创建全景"按钮，如图 10-16 所示。

图 10-16　继续单击"创建全景"按钮

步骤 07 在右侧区域中找到并单击"浏览"按钮,在打开的对话框中指定输出文件的保存路径,如图10-17所示。

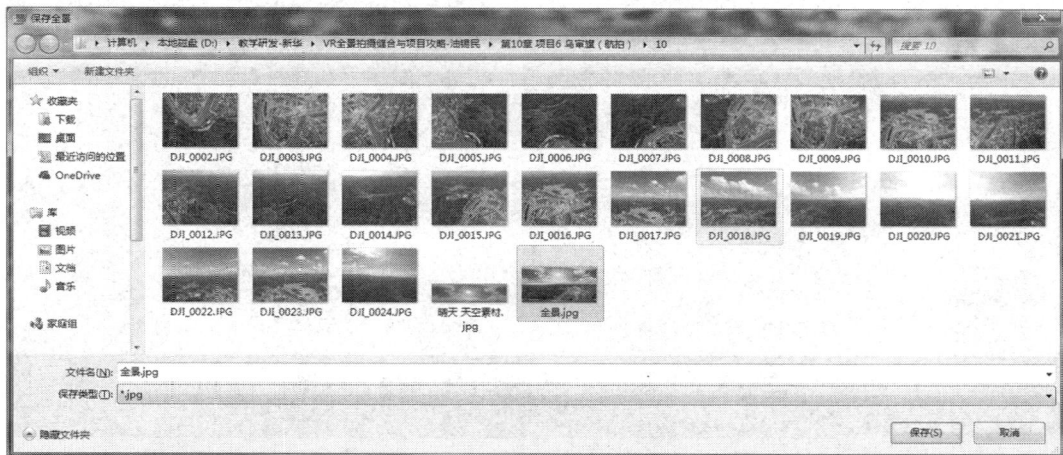

图10-17 指定保存路径

步骤 08 这样就将创建的全景图片保存到指定位置。预览结果如图10-18所示。

图10-18 全景图预览

10.3 使用Photoshop修补天空

步骤 01 创建的全景图中的天空部分需要修补。首先启动Photoshop软件,打开已经缝合好的全景图,按Ctrl+J组合键复制图层,准备进行编辑修复工作,如图10-19所示。

图 10-19　复制图层

步骤 02　执行"文件"→"打开"命令，找到并打开存放晴天天空素材图片的文件夹，选择该素材图像并打开它。使用移动工具将晴天天空素材图像拖动到全景图的窗口中。按 Ctrl+T 组合键启动自由变换功能，调整素材图像的大小使其适合全景图中的天空区域，如图 10-20 所示。

图 10-20　添加天空素材

步骤 03　在"图层"面板中选中"图层 2"（即拖入的晴天天空素材图像），然后单击"图层"面板下方的"添加图层蒙版"按钮，为"图层 2"添加一个图层蒙版，如图 10-21 所示。

图 10-21　添加图层蒙版

步骤 04　选择工具箱中的画笔工具，确保前景色设置为黑色。在"图层"面板中选中"图层 2"的图层蒙版后，使用画笔在图像中的天空区域进行涂抹。通过这种方式，可以隐藏天空素材图像中不需要的部分，使其与全景图的其他部分自然融合，如图 10-22 所示。

图 10-22　设置图层蒙版

步骤 05　执行"图层"→"合并可见"命令，合并所有当前可视的图层，如图 10-23 所示。

图 10-23　合并可见图层

步骤 06　执行"图像"→"调整"→"亮度/对比度"命令，参照图 10-24 的示例进行设置，调整全景图像的亮度和对比度，以增强其视觉效果。

图 10-24　设置亮度/对比度

步骤 07　执行"文件"→"存储"命令，保存处理完成的全景图像，得到最终优化调整后的全景图，效果如图 10-25 所示。

图 10-25　优化后的全景图

10.4　使用 720 云平台发布与分享 VR 全景

步骤 01　使用浏览器访问 720 云平台网站，登录后单击右上角的"开始创作"→"720 漫游"选项。在打开的页面中单击"从本地文件添加"按钮，弹出"版权保护提醒"界面，保持默认设置，单击"上传素材"按钮，上传上一节中制作好的全景图，如图 10-26 所示。

图 10-26　从本地文件中添加全景图

步骤 02　在右侧区域中设置"作品标题"为"城镇航拍"、作品分类为"风光/景区"、景区名称为"城镇"，如图 10-27 所示。

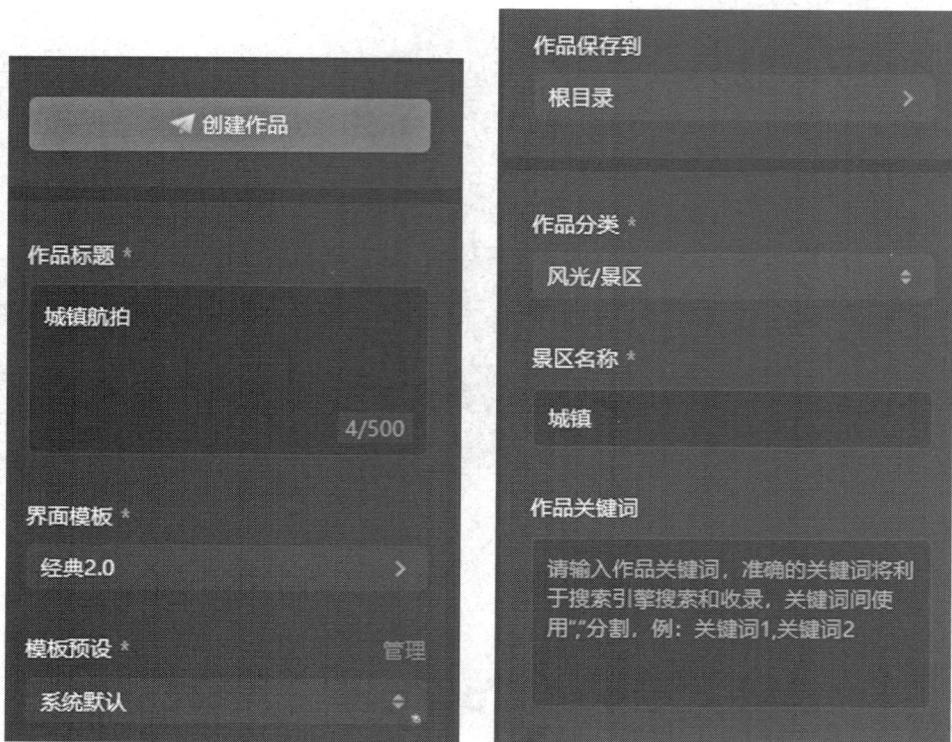

图 10-27　设置作品信息

步骤 03　单击"创建作品"按钮，创建成功后单击"编辑作品"按钮，打开如图 10-28 所示的页面。

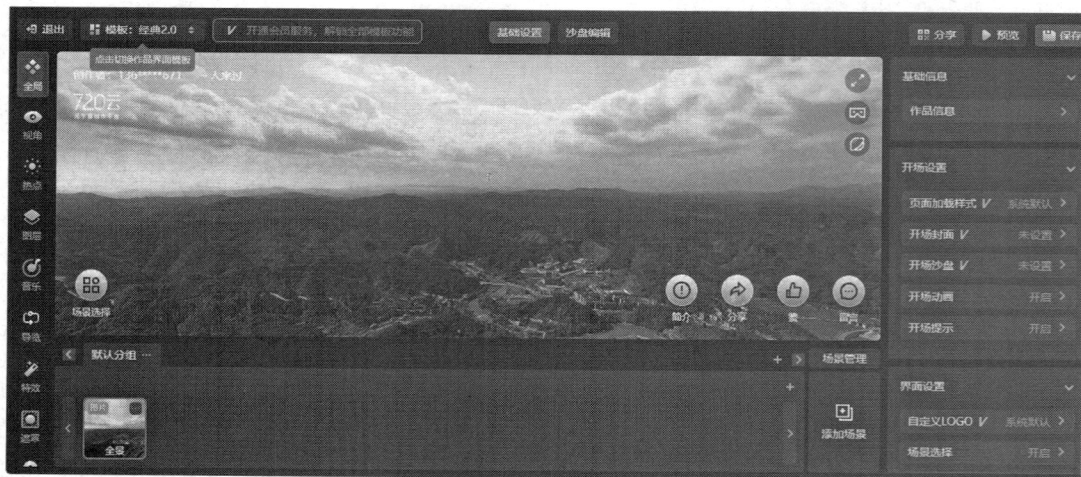

图 10-28　编辑作品

步骤 04　单击左侧的"视角"选项，然后在中间的区域中使用鼠标滚轮来调整视野的远近，并通过拖动鼠标来设置视野的角度，确定后单击"把当前视角设为初始视角"按钮即可，如图 10-29 所示。

图10-29　设置初始视角

步骤 05 单击左侧的"音乐"选项，然后在右侧区域中单击"选择音频"按钮，在打开的"音乐素材库"界面中，先单击"系统音乐"选项，然后在右侧区域中选择一个音乐文件，完成后单击"确认操作"按钮，如图10-30所示。

图10-30　选择音乐

步骤 06 单击左侧的"特效"选项，然后在右侧区域中单击"添加特效"按钮，在打开的右侧区域中选择"特效类型"为"太阳光"，在"效果选择"列表中根据需要进行选择，在中间的区域中拖动鼠标来调整其位置，此时可在预览画面中看到太阳光的效果，如图10-31所示，完成后单击"完成设置"按钮，返回编辑作品页面。单击页面右上角的"保存"按钮，系统会提示保存成功。

图 10-31　设置特效

步骤 07　单击页面右上角的"分享"按钮，打开"分享设置"界面，从中可按需进行设置。完成后使用手机扫描二维码，即可轻松分享全景作品，如图 10-32 所示。

图 10-32　分享设置

本章总结

　　通过本章的学习，读者应掌握大疆无人机的拍摄技巧与方法，熟悉无人机的具体设置流程，重点学会使用 Photoshop 进行天空修补处理，即"补天"技术，以及全景图像的编辑和修饰技巧。此外，读者也将了解如何将完成的全景图发布到网上，包括选择适合的平台、上传作品以及进行必要的设置和编辑，确保作品能够在网上展示并分享给大众。

全景图的缝合	
项目背景介绍	使用 DJIFC2103 相机进行拍摄。设置光圈值为 f/2.8，曝光时间为 1/866 s，ISO 感光度为 102，焦距为 4 mm，在缝合时要天空修补
设计任务概述	1. 安装和设置 DJIFC2103 相机 2. 使用 DJIFC2103 相机拍摄 3. 使用 PTGui 缝合图片 4. 使用 720 云平台发布与分享全景图
设计参考图	
实训记录	
教师考评	评语： 辅导教师签字：_____

城堡别墅VR全景的拍摄与缝合

◢ 本章导读

本章通过城堡别墅项目案例的实操学习，引导读者学习使用智能手机进行全景摄影的技巧。即使没有单反或全景相机，摄影爱好者也能通过智能手机拍摄出全景效果。然而，使用手机拍摄的一个缺点是可能需要拍摄较多的图片，并且在整个过程中，手机需固定在三脚架上以保证稳定性。此外，我们还将介绍如何运用Photoshop软件进行图片后期修补处理。

◢ 效果欣赏

效果欣赏如图11-1所示。

图11-1 效果欣赏

▲ **学习目标**

掌握智能手机拍摄的方法。

掌握 PTGui Pro 的遮罩功能。

掌握 PTGui Pro 的拉直功能。

掌握使用 Photoshop 修补三脚架的方法。

掌握全景交互平台的展示功能。

· AI伴学助手

· 配套资源

· 精品课程

· 进阶训练

▲ **技能要点**

掌握智能手机拍摄前的设置和调整方法。

掌握 Photoshop 插件补地方法。

掌握 PTGui Pro 的垂直方向拉直方法。

▲ **实训任务**

用 Apple 手机（iPhone X）拍摄实景，并将拍摄的 42 张图片缝合为全景图，如图 11-2 所示。

图 11-2　全景图

【项目导入】

本案例将展示使用苹果手机（iPhone X）拍摄一座城堡别墅的 42 张素材图片（见图 11-3），然后拼接成一幅全景图像，并实现在手机端进行分享和观看的全过程。

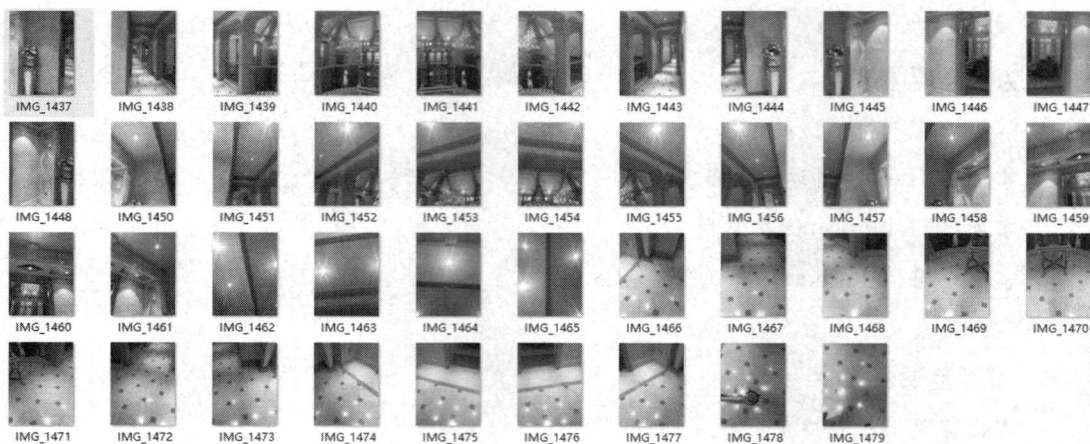

IMG_1437	IMG_1438	IMG_1439	IMG_1440	IMG_1441	IMG_1442	IMG_1443	IMG_1444	IMG_1445	IMG_1446	IMG_1447
IMG_1448	IMG_1450	IMG_1451	IMG_1452	IMG_1453	IMG_1454	IMG_1455	IMG_1456	IMG_1457	IMG_1458	IMG_1459
IMG_1460	IMG_1461	IMG_1462	IMG_1463	IMG_1464	IMG_1465	IMG_1466	IMG_1467	IMG_1468	IMG_1469	IMG_1470
IMG_1471	IMG_1472	IMG_1473	IMG_1474	IMG_1475	IMG_1476	IMG_1477	IMG_1478	IMG_1479		

图 11-3　拍摄的城堡别墅素材

【项目说明】

在本案例中，我们使用 iPhone X 手机，配置了光圈值 f/1.8、曝光时间 1/17 s、ISO 感光度 50 以及 4 mm 焦距的镜头来拍摄一系列城堡别墅的图片。手机被稳固地安装在带有云台的三脚架上以保证稳定性。为了实现全景拍摄，我们采用了移动手机补地法沿地面移动拍摄。在拍摄过程中，最后两张图片中出现了三脚架的身影，这需要在后期编辑时进行处理。本案例利用 Photoshop 软件对三脚架进行遮罩和修补，从而确保最终拼接成的全景图像呈现出无缝且完整的视觉体验。

11.1　使用iPhone拍摄城堡别墅

步骤 01　安装设备。首先，将 iPhone X 手机牢固地固定在专用的手机架上；然后，把手机架安装在手机全景云台上，以便能够进行平稳的水平旋转；最后，将装有手机的全景云台整个固定在三脚架上。重要的是，为了避免视差问题，要特别留心调整设备，确保手机摄像头的中心线与三脚架的中心线保持一致，如图 11-4 所示。

图 11-4　安装手机全景云台

步骤 02　调整曝光并锁定曝光。打开手机相机应用后，在手机屏幕上长按以锁定曝光，这样无论场景如何变化，曝光值都将保持不变。然后，将手机平行地固定在全景云台上，并按照设定的角度进行拍摄。首先，保持云台水平，每旋转全景云台30°，就拍摄1张照片。在这个水平位置，连续拍摄12张图片。随后，解锁云台上端的转钮，将云台臂向上旋转45°，并重新锁定。再次每旋转30°拍摄1张，这个角度上再拍摄12张。最后，重复相同的步骤，将云台臂向下旋转45°并锁定，继续以30°的增量拍摄最后一组12张图片，如图11-5所示。

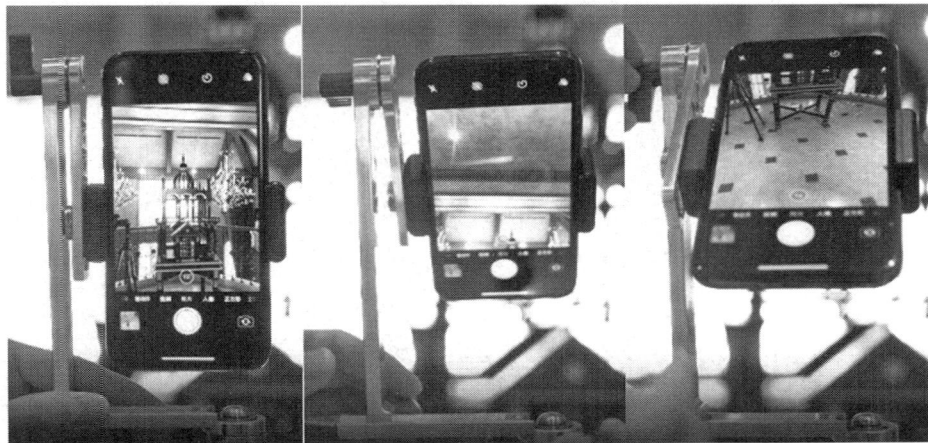

图11-5　按角度进行拍摄

步骤 03　首先，解锁云台上端的转钮，并将云台臂向上旋转90°，使镜头对准天花板方向，然后重新锁定。在这个位置上，每旋转全景云台45°就拍摄1张图片，这样一共拍摄了4张图片，覆盖了头顶部分的场景。随后，为了捕捉向地面的视角，我们再次解锁全景云台上端的转钮，并把云台臂向下旋转90°，使镜头对向地面，并锁定。在这个位置上将减少拍摄频率，每旋转全景云台90°拍摄1张，因此这组只拍摄了2张图片，用以补充底部的视角，如图11-6所示。

图11-6　拍摄顶部、底部视角

步骤 04 拍摄完成后检查手机图像是否完整，共计42张，如图11-7所示。

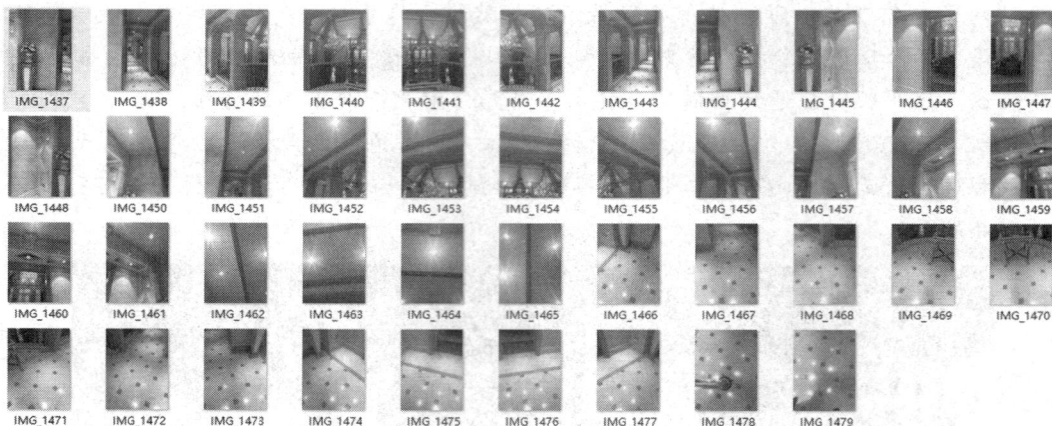

图11-7 拍摄的图片

11.2 使用PTGui创建全景图

步骤 01 打开PTGui软件，单击"加载影象"按钮，在弹出的"添加影象"对话框里找到第11章的素材文件夹，拖动鼠标框选42张图片，单击"打开"按钮，如图11-8所示，图片即将被导入。

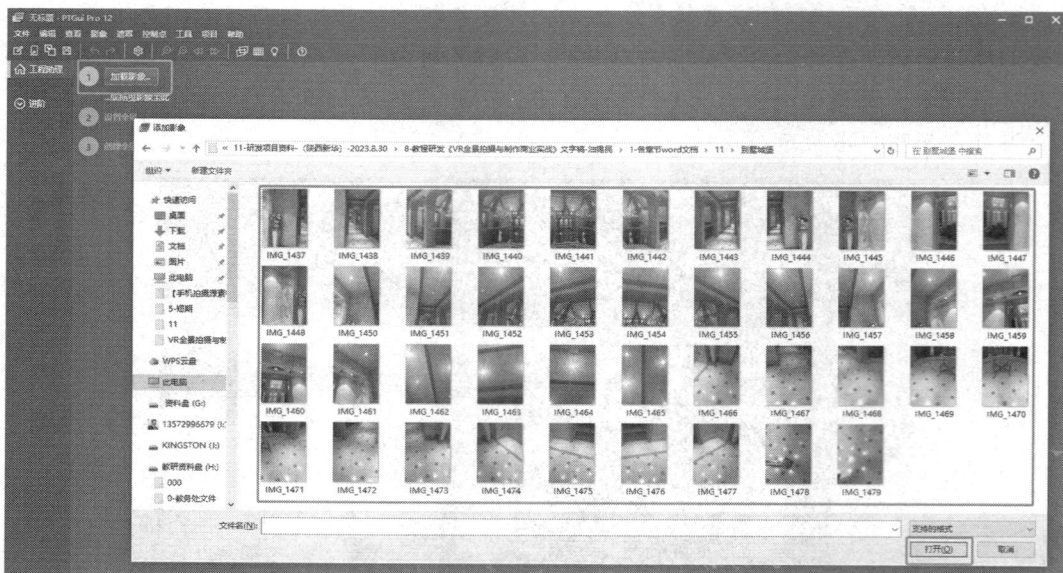

图11-8 加载影像

步骤 02 由于使用了移动三脚架进行拍摄，图片序列中的第41张和第42张包含了三脚架的元素，如图11-9所示。

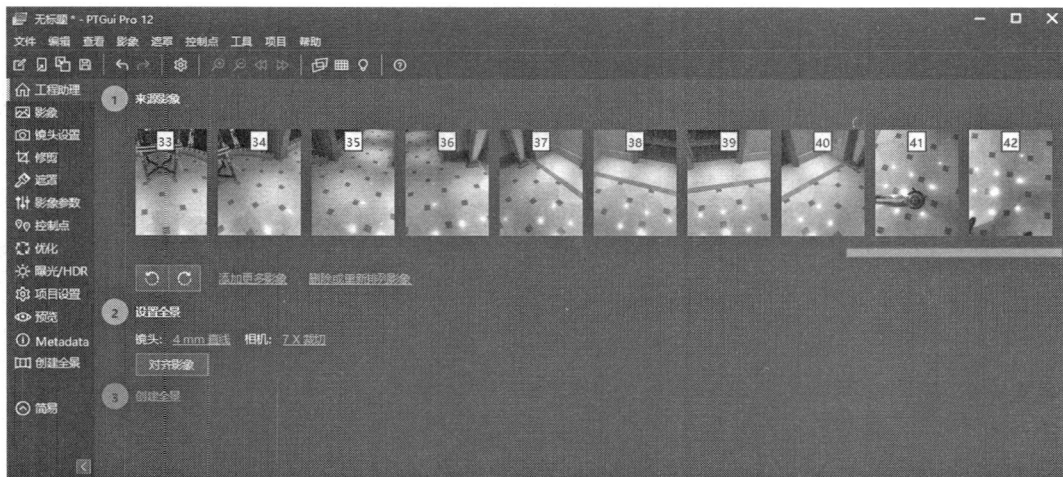

图11-9　导入的图片

步骤 03　单击软件左侧的"遮罩"选项。选择第41张素材，使用红色画笔涂抹掉图像口的三脚架部分。在此过程中，配合滚动鼠标进行缩放，以确保精确地遮盖住不想要的元素，如图11-10所示。使用同样的方法，对第42张素材进行处理，涂抹掉图中人脚部分，以便在最终的全景图像中去除这些干扰元素。

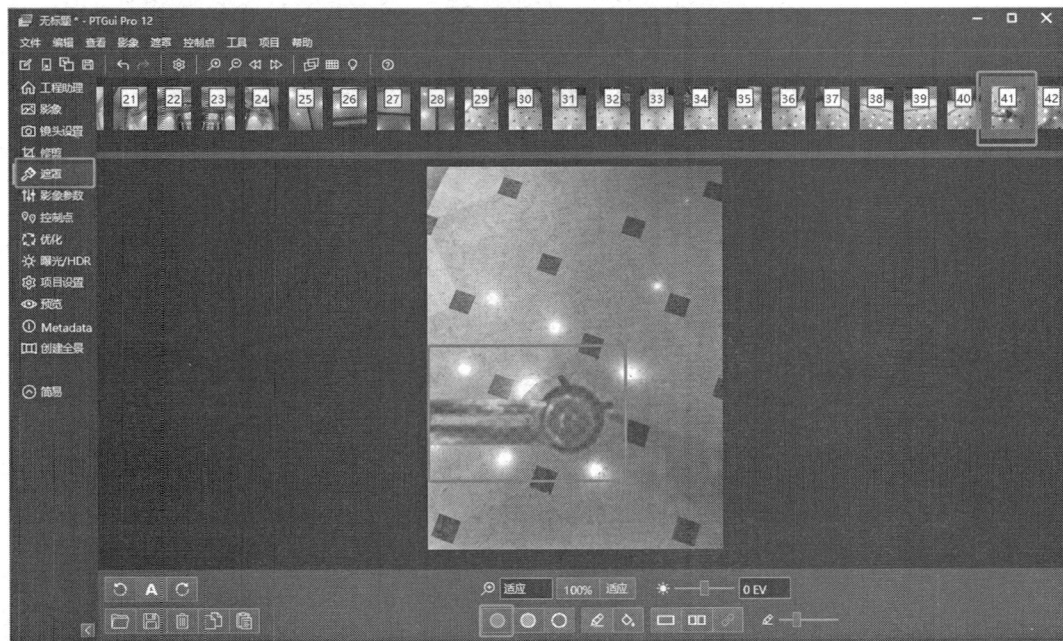

图11-10　遮罩处理

步骤 04　单击软件左侧的"工程助理"选项，返回软件主界面。在"设置全景"下单击"对齐影象"按钮，准备开始图片的拼接对齐过程，如图11-11所示。

图 11-11　对齐影像

步骤 05　继续单击"对齐影象"按钮，在弹出的"全景编辑"窗口中可以预览到缝合好的效果，如图 11-12 所示。

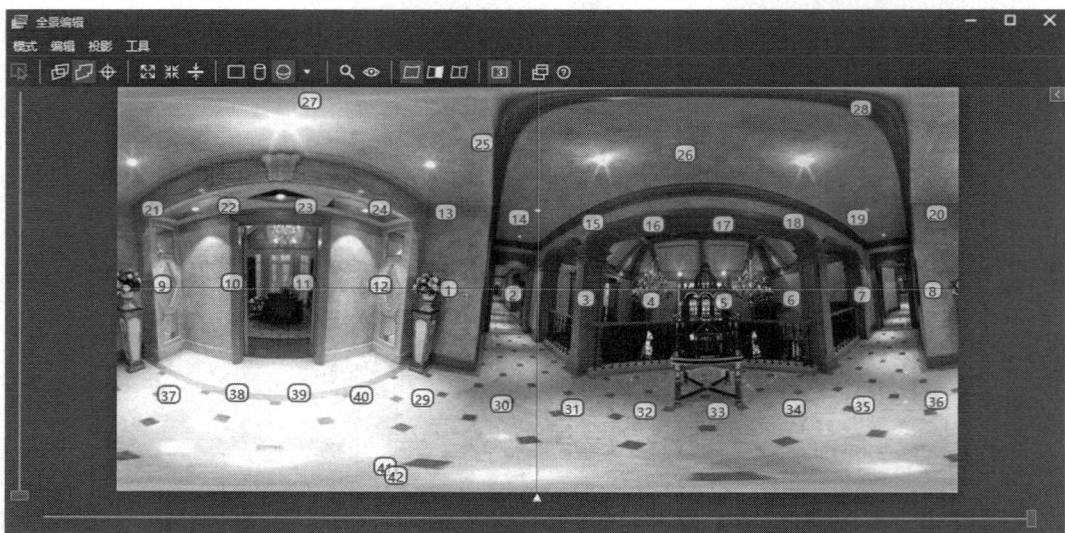

图 11-12　查看编号

步骤 06　在"全景编辑"窗口中可以查看到墙体和柱体有些倾斜，需要进行拉直处理。单击界面左侧的"控制点"选项，选中左图中倾斜墙体图 13 号，再选中右图中倾斜墙体图 13 号，在左图中添加"1 号"控制点，并且也在右图中添加"1 号"控制点，也就是说左图中的"1 号"控制点和右图中的"1 号"控制点是垂直线，如图 11-13 所示。

图11-13 设置控制点垂直线

步骤 07 使用同样的方法，将编号为14~24的图片进行拉直，然后单击界面左侧的"优化"选项，在中部区域中单击左上角的"进阶"按钮，在下面找到编号41和42后面的"重置"选项，并将其切换为"优化"，随后单击左下角的"运行优化程序"按钮。优化过程完成后，将弹出的优化结果为"好"，单击下面的"是"按钮，如图11-14所示。

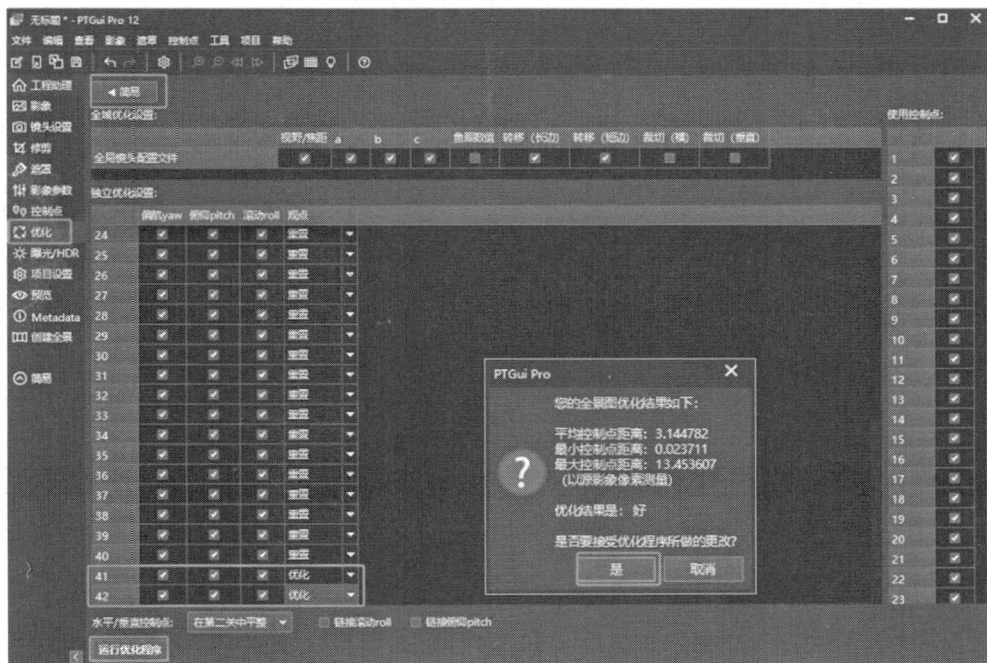

图11-14 优化信息

步骤 08 执行"工具"→"全景编辑"命令或者按Ctrl+E组合键,如图11-15所示。

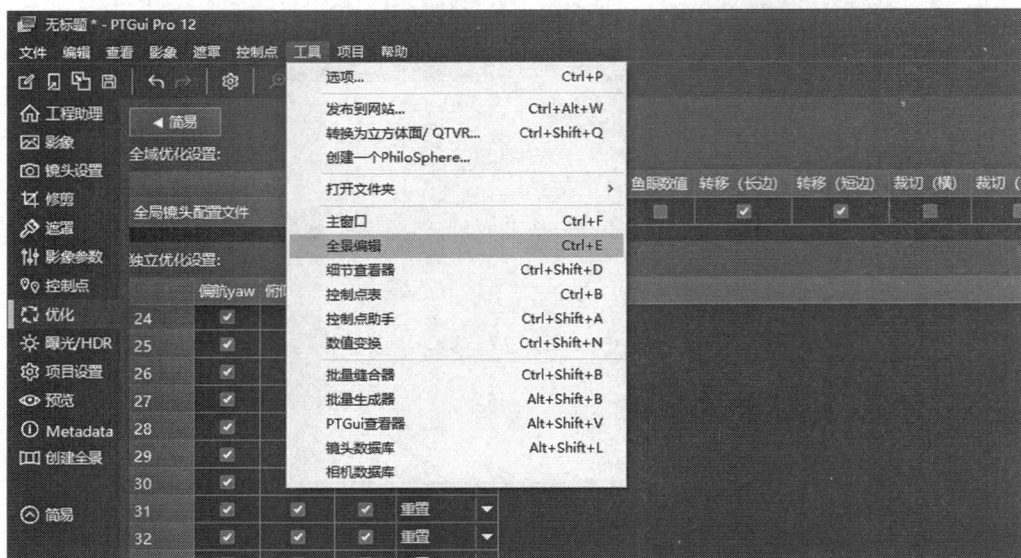

图11-15 执行"全景编辑"命令

步骤 09 打开"全景编辑"窗口,如图11-16所示。

图11-16 "全景编辑"窗口

步骤 10 单击界面左侧的"工程助理"选项,在选项3中单击"创建全景"按钮,如图11-17所示。

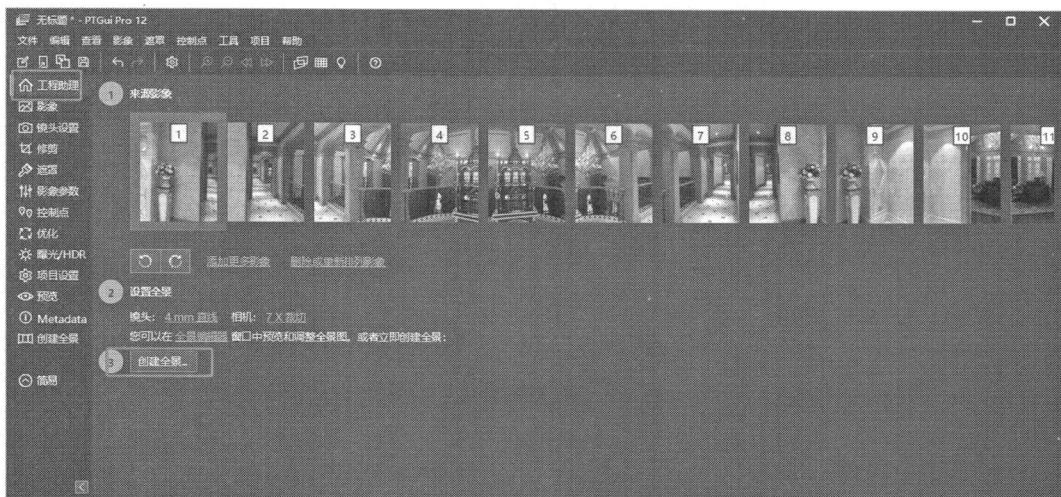

图 11-17　创建全景

步骤 11　单击界面中"输出文件"右侧的"浏览"按钮，设置文件保存路径，如图 11-18 所示。

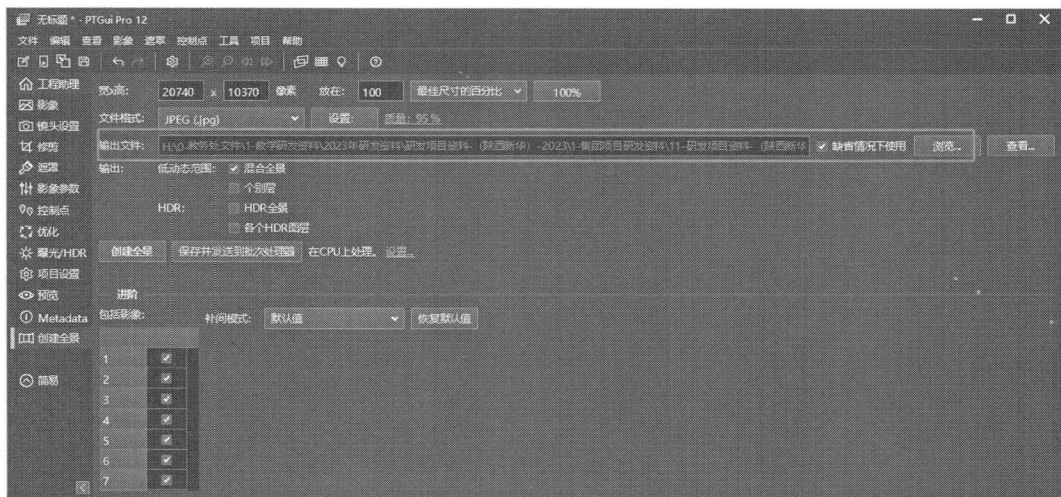

图 11-18　单击"浏览"按钮

步骤 12　在弹出的"保存全景"对话框中设置好输出文件的路径和文件名称，然后单击"保存"按钮，如图 11-19 所示。

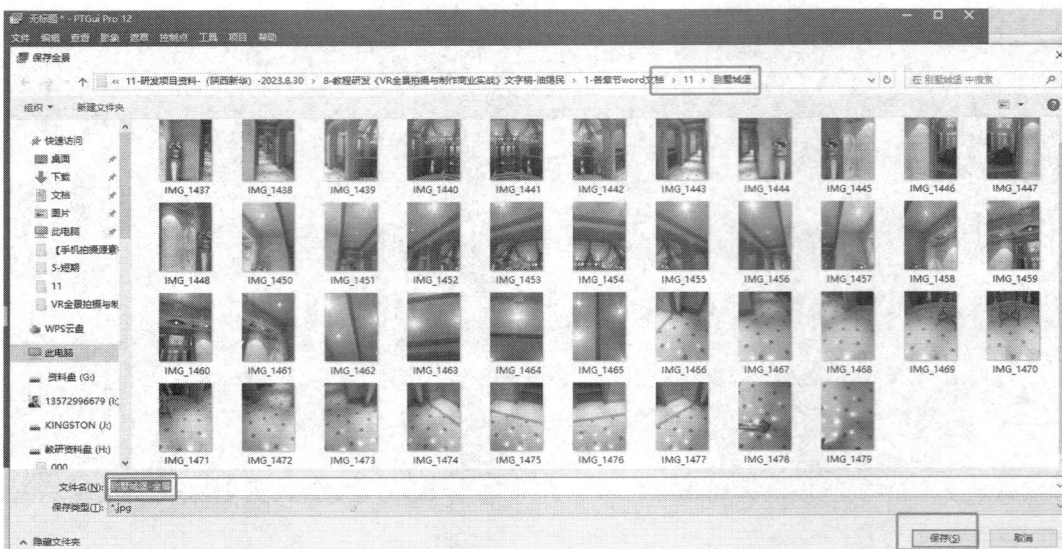

图 11-19　设置保存路径

步骤 13　在界面中单击"创建全景"按钮，将弹出"生成全景"进度条，如图 11-20 所示。待进度到 100% 时，全景图像合成完成。

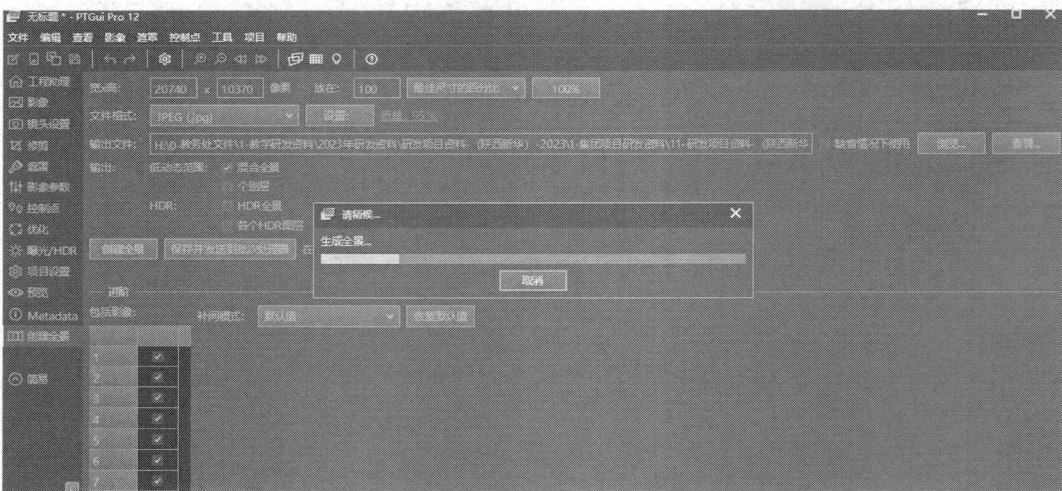

图 11-20　"生成全景"进度条

11.3　使用 Photoshop 插件修补地面

步骤 01　进入 Photoshop 软件，打开缝合好的全景图"城堡别墅 - 全景 .jpg"，按 Ctrl+J 组合键，将图层复制为"图层 1"，如图 11-21 所示。

图 11-21　复制图层

步骤 02　执行"滤镜"→"Flaming Pear"→"Flexify2"命令，在弹出的"Flexify2"对话框中设置 Input（输入）为"equirectangular"、Output（输出）为"zenith&nadir"，如图 11-22所示。

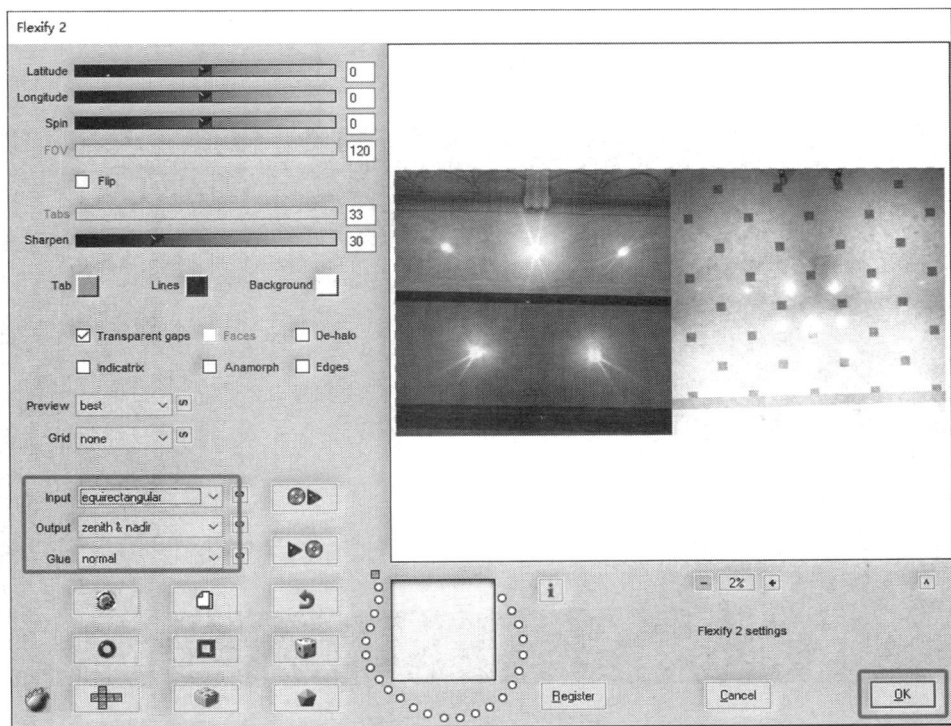

图 11-22　设置 Flexify2

步骤 03 选择"图层1",单击工具箱中的修补工具,在图中拖动光标选择要修改的区域,如图11-23所示。

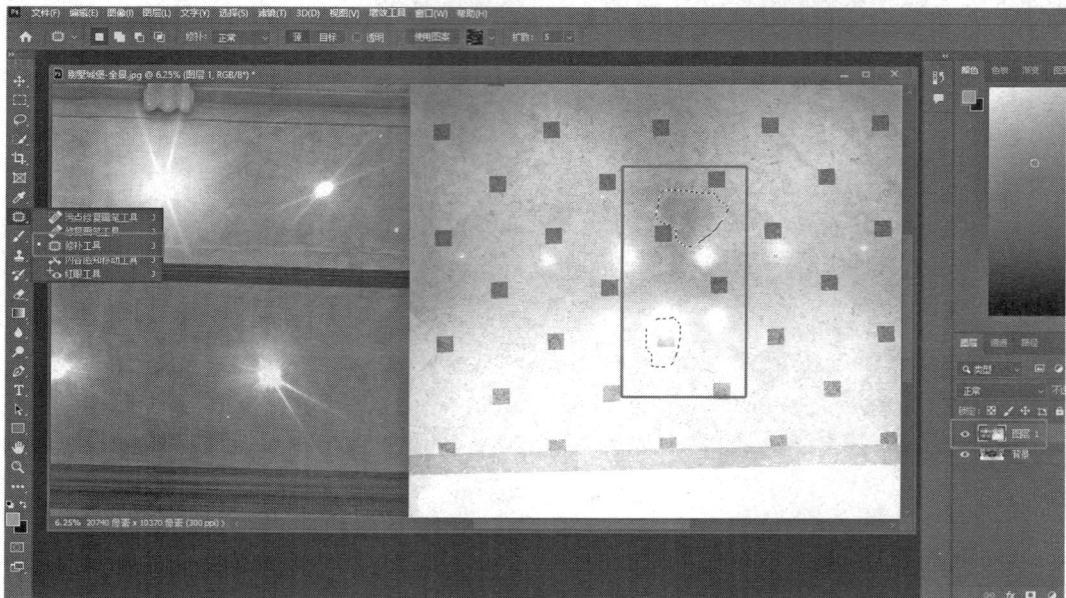

图 11-23 选择修补区域

步骤 04 将光标放置在选区内部,然后拖动到替换区域,松开鼠标,即可完成图像的修补,如图11-24所示。此处要注意边沿的对齐。

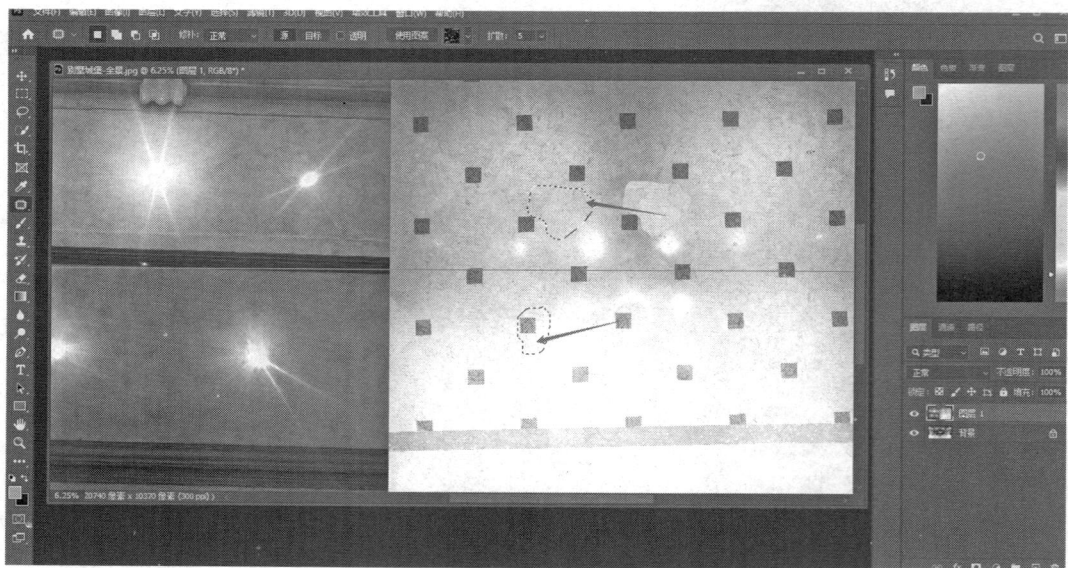

图 11-24 替换修补区域

步骤 05 可以重复几次拖动到要修补的区域，完成修补效果，如图 11-25 所示。

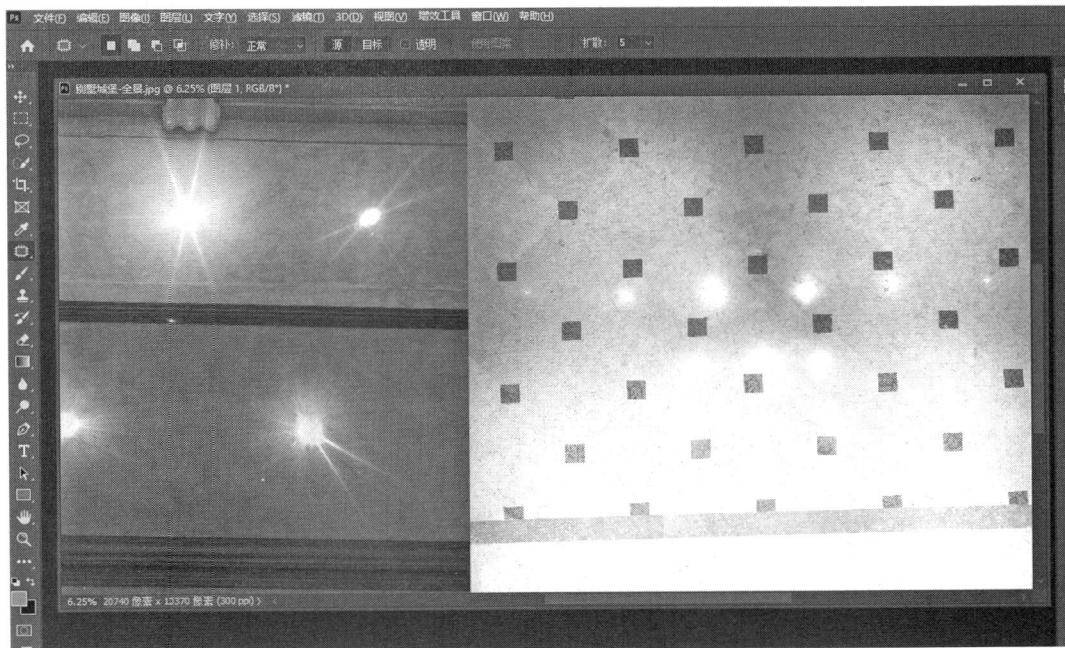

图 11-25　修补效果

步骤 06 再次执行"滤镜"→"Flaming Pear"→"Flexify2"命令，在弹出的"Flexify2"对话框中设置 Input（输入）为"zenith&nadir"、Output（输出）为"equirectangular"，如图 11-26 所示。

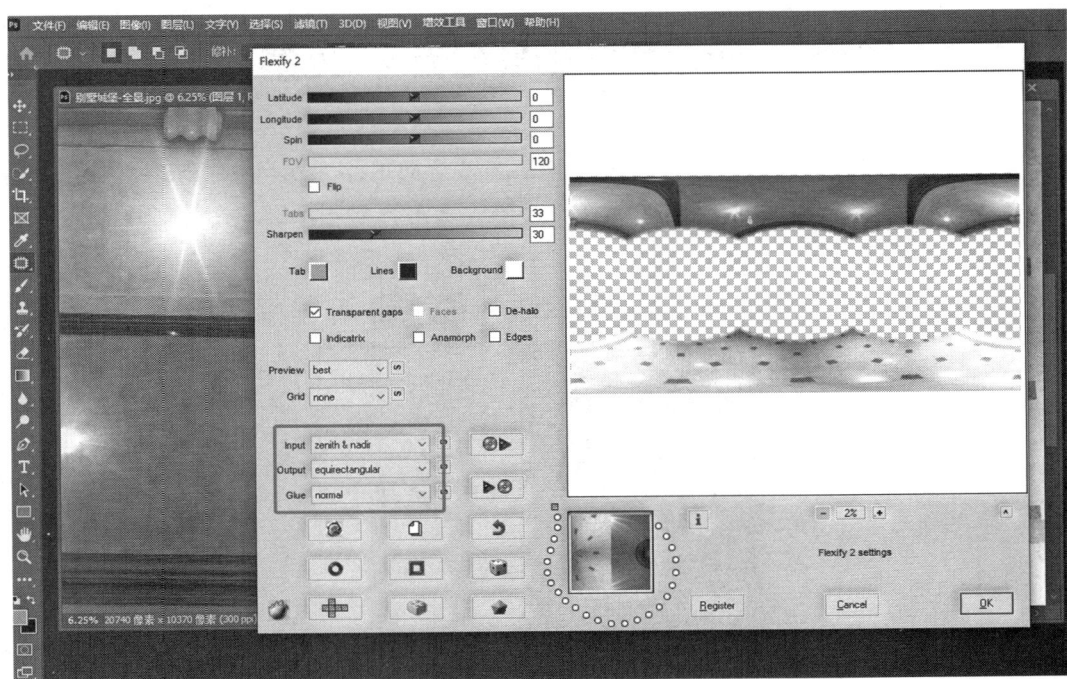

图 11-26　设置 Flexify2

步骤 07 单击"OK"按钮，完成后的效果如图11-27所示。执行"文件"→"存储副本"命令，将图像保存为"城堡别墅-全景"文件。这样就使用Photoshop插件完成了地面的修补工作。

图 11-27　修补效果

11.4　使用720云平台发布与分享VR全景

步骤 01 打开IE浏览器，键入相应网址并按回车键访问网站。在网站登录界面上，输入用户名和密码进行登录。登录成功后，在页面的右上角找到并单击"开始创作"→"720漫游"按钮以继续操作，如图11-28所示。

图 11-28　开始创作

步骤 02 在页面左侧的"创建作品"下输入作品标题"城堡别墅",设置作品分类为"酒店/民宿",选择所在城市,如图11-29所示。

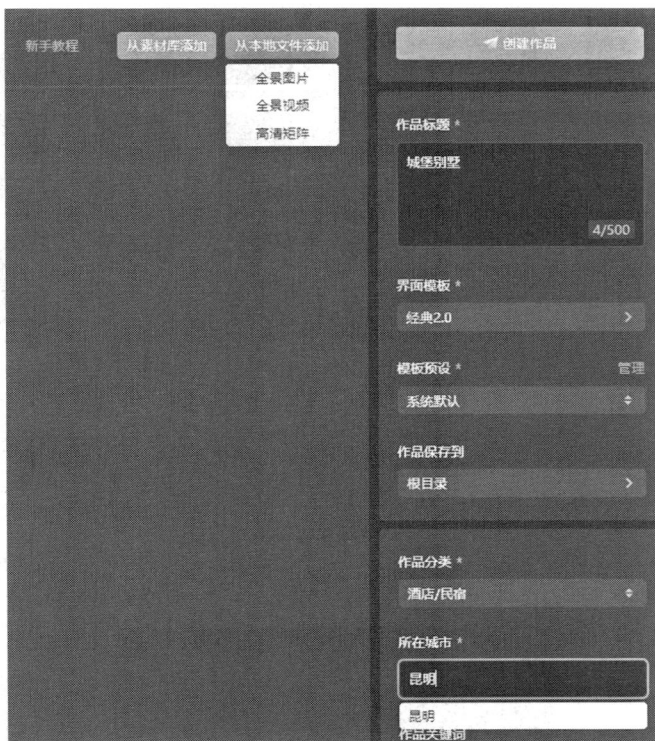

图11-29　设置作品信息

步骤 03 在界面中单击"从素材库添加"→"全景图片"按钮,在弹出的"版权保护提醒"界面中单击"上传素材"按钮,如图11-30所示。

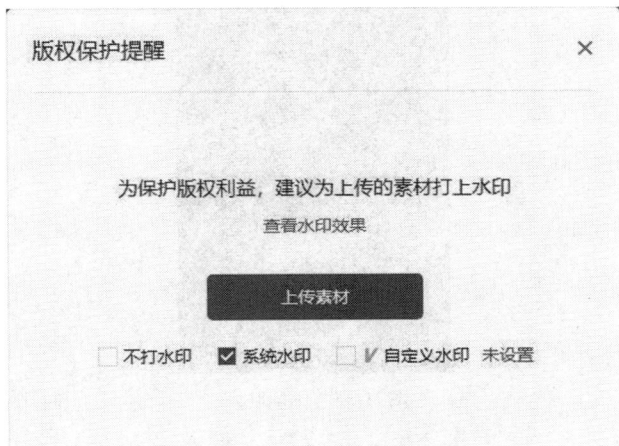

图11-30　上传素材

步骤 04 在打开的对话框中找到本章下保存的"城堡别墅-全景"全景图,单击"打开"按钮,如图11-31所示。

第 11 章 城堡别墅 VR 全景的拍摄与缝合

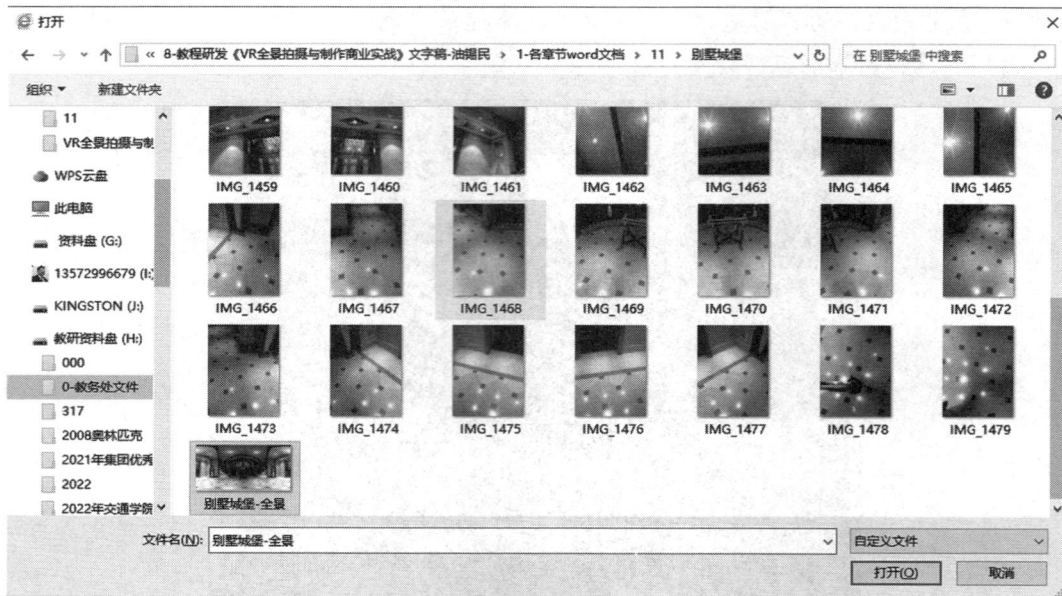

图11-31　加载图片

步骤 05　等待上传完成后，单击页面上方的"创建作品"按钮，如图11-32所示。

图11-32　创建作品

步骤 06　在弹出的"创建成功"提示中，单击"编辑作品"按钮，再进一步编辑作品，如图11-33所示。

图11-33　编辑作品

步骤 07　项目需要在桌面端和移动端进行展示，先选择界面左侧的"视角"选项，然后单击"桌面端"按钮以调整适用于桌面浏览器的视图，拖动光标确定好视角后，再单击"把当前视角设为初始视角"按钮，如图11-34所示。

图11-34 设置初始视角

步骤 08 由于本项目案例是从一个固定机位拍摄的，因此不需要添加热点交互设置。继续编辑项目，单击界面左侧的"音乐"选项，为全景图片添加背景音乐或音效，增强观看体验，如图11-35所示。

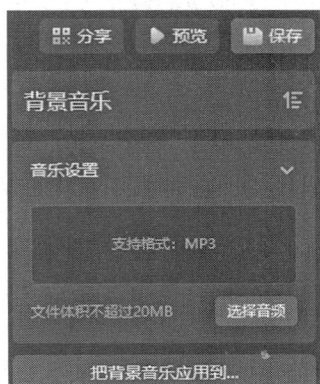

图11-35 设置背景音乐

步骤 09 在弹出的"音频素材库"中选择"系统音乐"→"异域"→"阿尔罕布拉宫的回忆"音乐文件，完成后单击"确认操作"按钮将该音乐应用到全景项目中，如图11-36所示。

图11-36 选择音乐

步骤 10 单击界面右上角的"保存"按钮，如图11-37所示，保存当前项目。

图 11-37　保存应用设置

步骤 11　单击界面右上角的"分享"按钮，在打开的"分享设置"界面中按需进行设置，如图11-38所示。使用手机扫描二维码，即可在手机上欣赏刚刚创建的全景作品，或者将其分享到微信朋友圈等社交平台上。

图 11-38　设置二维码分享

本章总结

　　通过本章项目案例的全景图制作，读者能够掌握使用单反相机在移动拍摄地面时进行补地的技术方法。同时，通过实际操作，应已熟悉了使用PTGui Pro软件将多张图片缝合成全景图像的流程。此外，还应学会如何利用Photoshop补地插件对全景图中的地面部分进行修补和编辑的技巧，以及如何在720云平台上共享和发布全景作品。

练习与实践

全景图的缝合	
项目背景介绍	采用智能手机拍摄全景效果。手机的相机设置如下：光圈值为 f/1.8，曝光时间为1/17 s，ISO感光度为50，焦距为4 mm。手机固定在配有云台的三脚架上以确保稳定性。使用移动手机拍摄补地法对地面进行拍摄时，由于三脚架的存在，在最后两张图中可以看到三脚架。因此，在后期制作中，需要使用Photoshop软件对三脚架部分进行遮罩和修补，以获得理想的全景图像效果
设计任务概述	1. Apple 手机（iPhone X）的安装和设置 2. Apple 手机（iPhone X）的全景云台拍摄 3. PTGui Pro 的遮罩和拉直缝合 4. 使用 Photoshop 插件修补地面 5. 使用 720 云平台发布与分享全景图
设计参考图	
实训记录	
教师考评	评语： 辅导教师签字：_____

参 考 文 献

[1] 朱富宁, 刘纲. VR 全景拍摄一本通 [M]. 北京：人民邮电出版社, 2021.

[2] 刘新文. 全景摄影和 PTGui Pro 详解 [M]. 西安：西北大学出版社, 2013.

[3] 杨建飞. 摄影基础教程 [M]. 杭州：浙江摄影出版社, 2021.

[4] 许倩倩, 孙静, 曾珍. VR 全景拍摄实用教程 [M]. 南京：南京大学出版社, 2022.

[5] 柯林·史密斯. 无人机航空摄影与后期指南 [M]. 北京：北京科学技术出版社, 2017.

[6] 雷波. 尼康 Z6 Ⅱ /Z7 Ⅱ 摄影与视频拍摄技巧大全 [M]. 北京：化学工业出版社, 2023.

[7] 美国纽约摄影学院. 美国纽约摄影学院摄影教材 [M]. 北京：中国摄影出版社, 2010.

 学习笔记

· AI伴学劲手
· 配套资源
· 精品课程
· 进阶训练

扫码进入

VR全景拍摄与制作

云讲堂

AI伴学助手

随时在线 解答本书疑惑

配套资源

课件助学 实操演练

精品课程

夯实基础 实践进阶

进阶训练

磨炼技艺 启发灵感